친구야, 나와 함께
발명대회 도전하자

친구야, 나와 함께
발명대회 도전하자

발명에 헌신할 수 있도록 도와주신 부모님과 사랑하는 조카 다원이,

그리고 함께한 보성고등학교 과학발명반(SCINOVATOR: 과학으로 세상을 개혁하는 사람들) 제자들에게

이 책을 드립니다.

친구야, 나와 함께

발명대회 도전하자

정호근 지음

친구야, 나와 함께

발명대회 도전하자

Prologue

많은 학생과 선생님이 저에게 질문합니다.

"선생님! 발명은 어떻게 하나요?"

"선생님! 발명대회에 참가해서 좋은 성적을 내려면 어떻게 준비해야 할까요?"

이러한 질문들에 한 번에 답할 방법이 무엇일지 고민했습니다. 특허청이나 각 시도교육청에서 주관하는 전국 강연에서 여러분의 이러한 고민을 해결해 주려 노력했지요. 그러나 매년 같은 질문이 끊이지 않는 것을 보고 이 책을 쓰게 되었어요. 강연에 직접 참가하지 못하는 학생들에게도 도움이 되기를 바랍니다.

이 책은 질문과 답변 형태로 구성되어 있습니다. 제가 20년간 만난 여러 학생과 선생님이 공통으로 궁금해했던 내용을 간추려 발명에 대한 여러분의 궁금증에 최대한 답해보려고 노력했습니다. 발명대회에서 훌륭한 성적을 거둔 우수 작품들을 사례로 들었고, 그 외에도 눈여겨볼 만한 놀라운 발명 사례들을 소개했습니다. 발명이 진로와 어떻게 연결되는지에 관한 내용도 담았으며, 누구나 쉽게 따라서 도전할 수 있도록 정리하였습니다. 저도 여러분의 옆에서

 친구야, 나와 함께 발명대회 도전하자

함께 발명의 길을 걸어가겠습니다!

　제 이야기를 한번 해보겠습니다. 저는 대학생 때 '대한민국학생발명전시회'에 나가면서 발명을 처음 시작했습니다. 대회에서 수상을 하면서 발명에 대해 더욱더 관심을 가지게 되었지요. 그렇게 저는 발명 교사가 되었고, 전국의 발명 선생님과 학생, 학부모를 가르치는 발명교육명인(발명 마스터)이 되었습니다. 지금은 우리나라 거의 모든 발명대회의 심사 위원이자 자문위원으로 활동하고 있어요. 이 책을 집필한 또 하나의 이유는 발명대회의 문턱을 낮춰서 지금까지 발명을 어렵게만 생각했던 학생, 학부모, 선생님이 좀 더 적극적으로 용기를 내서 발명대회에 참가하기를 바라는 마음이 있었기 때문입니다.

　매년 발명대회 시즌이 되면 '발명대회 준비를 어떻게 하면 좋은지' 많은 질문을 받습니다. 이 책의 1장 '아이디어는 주변 관찰에서부터 시작한다!'에서는 발명대회 참가에 관한 질문을 모아 답변하였습니다. 다양한 발명대회를 소개하는 것은 물론, 여러분이 학교에서 배우는 지식이 얼마나 중요한지도 설명했어요. '아는 것이 힘이다'라는 말처럼 여러분의 지식은 다양한 발명품을 생각해 내고 발전시키는 데 원동력이 될 수 있습니다. 꼭 3월이 되어 발명대회 참가를 준비하는 것보다는, 평소 아이디어를 정리하고 준비해서 대회에 참가하는 방법을 알 수 있도록 발명일지의 형태로 본문에 정리했습니다. 또한, 이러한 아이디어를 바탕으로 진로를 정한 여러분 선배들의 사례도 넣었습니다. 사례를 참고하여 따라 해 본다면 여러분도 시상대 가장 높은 자리에 오를 수 있을 것입니다.

　2장 '대한민국학생발명전시회에 도전하라!'에서는 우리나라 학생들이 많이 참가하는 대회 중 하나인 '대한민국학생발명전시회'에 관해 설명했습니다. 대회에 참가하는 과정을 상세하게 설명하였고, 1차 제출 서류에 필요한 내용도 정리해서 넣었습니다. 그리고 대한민국학생발명전시회 수상 작품 중 생활 속에서 찾은 아이디어, 도구에서 찾은 아이디어, 체험을 통해 찾은 아이디어, 수업에서 찾은 아이디어, 안전을 위한 아이디어를 정리했습니다. 여러분에게 아이디어가 생겼을 때 참고할 수 있도록 발명일지와 보고서 형태를 그대로 넣었습니다. 대한민국학생발명전시회 참가를 준비하는 여러분의 아이디어를 발전시키는 데 도움이 될 것입니다.

3장 '전국학생과학발명품경진대회에 도전하라!'에서는 우리나라 학교에서 가장 많이 참가하는 대회인 '전국학생과학발명품경진대회'에 관해 설명했습니다. 대회에 참가하는 과정을 상세하게 설명하였고, 제출 서류를 작성하는 사례를 넣어 여러분이 쉽게 따라 할 수 있도록 구성하였습니다. 수상 사례도 생활 속, 도구, 체험, 수업 등 아이디어를 어디서 어떻게 생각해 냈는지에 따라 분류하여 여러분이 보고서를 작성할 때 도움을 받을 수 있도록 제시하였습니다. 2장의 대한민국학생발명전시회 사례와 마찬가지로 이 책을 참고하여 대회를 준비하고 아이디어를 발전시키기를 바랍니다.

4장 '발명하다가 생긴 궁금증을 풀어보자!'에서는 발명대회에 참가하려는 초보자를 위한 팁을 정리했습니다. 아이디어 발상 과정과 특허 검색, 시제품 제작 방법 등 발명 기초 단계를 설명하여 여러분이 발명대회에 도전하는 데 도움을 주고자 하였습니다.

제가 발명 교육을 하게 된 다른 큰 이유 하나는 조카 다원이였습니다. 다원이는 태어나면서부터 몸이 아팠습니다. 삼촌으로서 다양한 의료 기구가 발명되고 신약이 개발되어 다원이가 좀 더 호전되었으면 하는 바람이 매우 컸기 때문에 자연스레 많은 제자와 함께 발명과 연구에 관심을 더 두게 되었습니다. 저도 그 희망적인 걸음에 함께하려고 노력했습니다. 이러한 노력들이 모여 새로운 연구의 결과물로 세상의 많은 환자들이 좀 더 편리하고 건강하게 살 수 있기를 바랍니다. 그래서 저는 앞으로도 많은 발명가를 양성할 생각입니다.

여러분이 발명에 관심을 가지고 세상을 좀 더 즐겁고, 편리하고, 건강하게 만드는 데 이 책이 도움이 되기를 바랍니다. 발명대회에도 꼭 한번 도전해 보세요! 이러한 과정이 여러분의 진로를 찾는 데도 도움이 되기를 바랍니다.

지금까지 보성고등학교를 빛내고, 과학발명반 연구실에서 함께한 고재호, 박재형, 홍건영, 권민재, 임환균, 정재원, 이영석, 송재현, 양현민, 김찬수, 이영현, 노성훈, 이한별, 김우석, 양성민, 오원빈, 이정찬, 원종윤, 배상윤, 김지훈, 김성림, 최민성, 김형식, 안민석에게 고마움을 전합니다. 모든 제자의 앞길에 행운이 가득하고 꽃길만 이어지기를 바랍니다.

친구야, 나와 함께 발명대회 도전하자!

Contents

Prologue   4

Chapter 1

아이디어는 주변 관찰에서부터 시작한다!

01   선생님, 발명하기 위해서 우리가 처음으로 가져야 할 태도는 무엇인가요?   14

02   선생님, 발명에 처음 도전합니다! 어떻게 시작해야 하나요?   17

03   선생님, 발명을 더 잘하고 싶어요. 방법이 있을까요?   23

04   선생님, 다른 나라에서도 발명 관련 활동이 많이 이루어지고 있나요?   27

05   선생님, STEAM 교육, 메이커 교육, 소프트웨어 교육 등은 발명 교육과
어떤 관련이 있나요?   30

06   선생님, 저는 발명 교육 과정을 체계적으로 배우고 싶어요.
방법을 이야기해 주세요!   36

07   선생님, 발명 교육이 중요한가요?   38

08   선생님, 발명대회에 참가하는 것이 좋을까요?
대회에 참가하는 장점은 무엇인가요?   41

09   선생님, 발명을 잘 모르는 학생도 참여할 수 있는 발명대회가 있나요?
(대한민국학생발명전시회)   43

10   선생님, 저는 단계적인 연구 과정을 통해 발명 아이디어를 발전시키는
발명대회에 나가고 싶어요 (전국학생과학발명품경진대회)   52

11   선생님, 발명이 우리의 진로에 영향을 주나요?
발명과 진로를 연결한 사례를 이야기해 주세요!   58

Chapter 2
대한민국학생발명전시회에 도전하라!

01   선생님, 대한민국학생발명전시회에 참가하는 과정이 궁금해요!   66

02   대한민국학생발명전시회에서는
지금까지 어떤 작품이 수상했나요?   73

1. 생활에서 찾은 아이디어   74
1) 화장실에서 찾은 발명
2) 공부하다가 찾은 발명
3) 자전거를 이용하면서 찾은 발명

2. 도구에서 찾은 아이디어   132
1) 택배에서 찾은 발명
2) 드라이버에서 찾은 발명

3. 경험에서 찾은 아이디어   134
1) 자판기에서 찾은 발명
2) 목발에서 찾은 발명
3) 도로에서 찾은 발명

4. 수업에서 찾은 아이디어 140

1) 컴퍼스에서 찾은 발명

2) 책에서 찾은 발명

5. 안전을 위한 아이디어 144

1) 사건과 사고에서 찾은 발명

2) 공공장소를 위한 발명

3) 건축물에서 찾은 발명

4) 해상 조난에서 찾은 발명

Chapter 3
전국학생과학발명품경진대회에 도전하라!

01 선생님, 전국학생과학발명품경진대회 참가 과정에 관하여
소개해 주세요 170

02 선생님, 전국학생과학발명품경진대회에 참가하기 위해
우리들은 어떻게 준비해야 하나요? 172

03 선생님, 전국학생과학발명품경진대회의 수상 사례를 소개해 주세요 177

1. 생활에서 찾은 아이디어 178

1) 옷걸이에서 찾은 발명

2) 스탠드형 빨래 건조대에서 찾은 발명

2. 도구에서 찾은 아이디어 232

1) 드라이버에서 찾은 발명

3. 경험에서 찾은 아이디어 244

1) 엘리베이터에서 찾은 발명

4. 수업에서 찾은 아이디어   259

1) 수학 공부에서 찾은 발명

5. 장애인과 노약자를 위한 아이디어   269

1) 시각장애인을 위한 발명

2) 외할아버지를 위한 발명

Chapter 4
발명하다가 생긴 궁금증을 풀어보자!

01   선생님, 발명 아이디어는 어떻게 떠올리고, 발전시키나요?   298

02   선생님, 특허 검색을 하고 싶어요!   309

03   선생님, 발명을 하면서 처음으로 모형을 제작해 보려고 해요.
     어떻게 하면 될까요?   313

04   선생님, 모형을 종이로 제작해 제출해서 수상해 보신 적도 있나요?   318

05   선생님, 발명을 한 대통령이 있다고요?   320

06   선생님, 우리가 사용하는 가정용품은 어떻게 발명되었나요?   324

07   선생님, 세계의 친구들에게 자랑할 수 있는
     우리나라 발명품을 소개해 주세요!   328

참고문헌

Chapter 1

아이디어는 주변 관찰에서부터 시작한다!

선생님, 발명하기 위해서 우리가 처음으로 가져야 할
태도는 무엇인가요?

저는 자연 속에서 걷는 것을 좋아합니다. 어느 날 숲을 산책하다가 주변 경치를 찍어 보았는데요. 여러분, 오른쪽 숲 사진에서 무엇이 보이시나요?

파란 잎, 나뭇가지, 풀, 하늘 등등 너무 아름다운 광경입니다. 그런데 숲을 자세히 관찰하다 보니 가운데에 앉아 있는 꿩을 한 마리 볼 수 있었습니다. 제가 자세히 살펴보지 않았다면 보지 못했을 거예요.

인간은 시야에 들어오는 모든 내용을 한꺼번에 볼 수 없습니다. 정확히 말하자면 인간의 두뇌가 다 볼 수 없도록 막고 있다고 뉴욕주립대학교(SUNY) 메디컬 센터의 신경과학자는 이야기합니다.

그래서 인간은 한 번에 한 가지 것에만 집중할 수 있다고 해요. 예를 들어 사람이 길을 건널 때는 다가오는 차에만 집중합니다. 그리고 무언가에 집중하다 보면 다른 사물이나 다른 장면이 눈에 들어오지 않는 것을 체험할 수 있습니다.

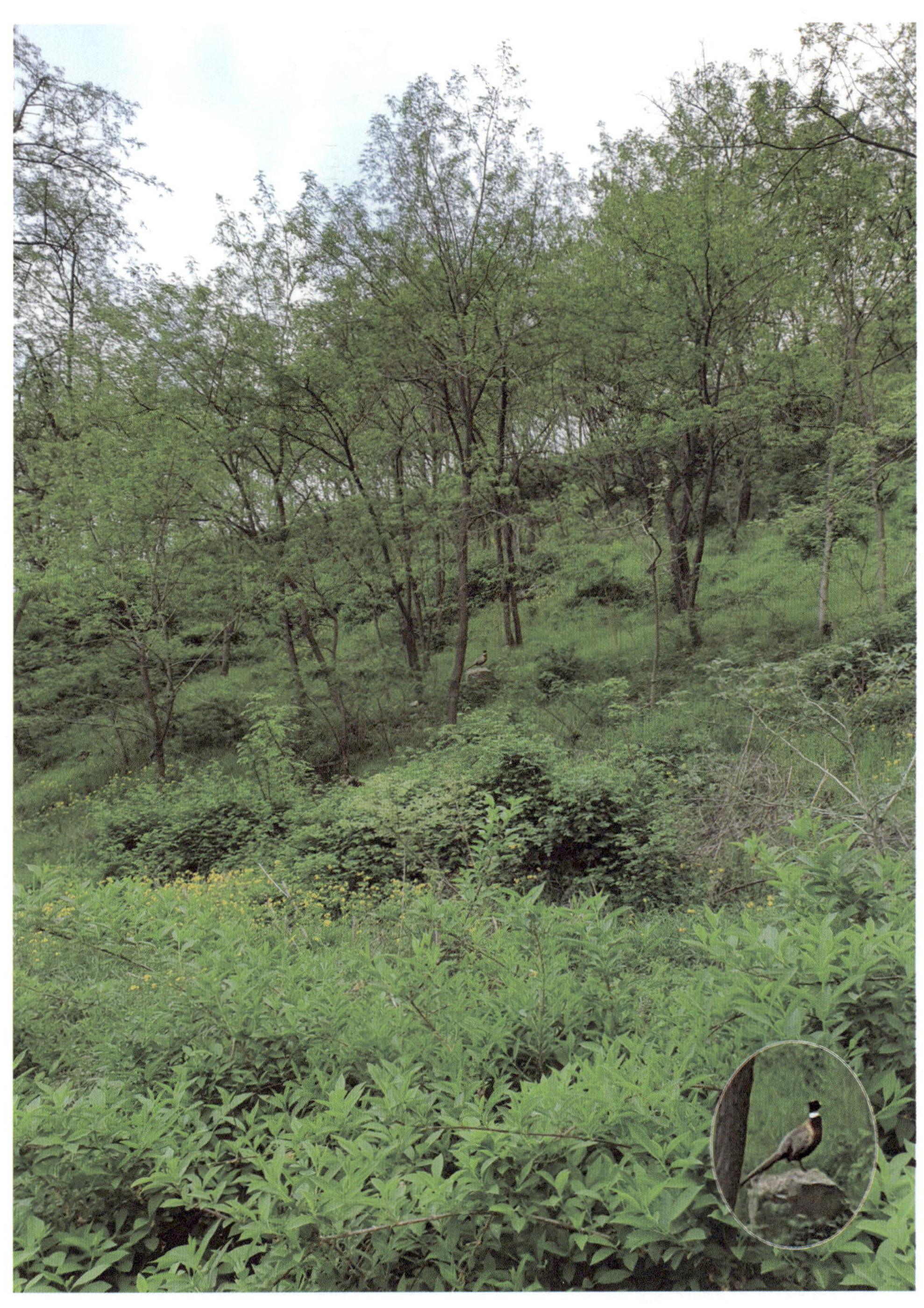

만일 여러분이 이 숲에서 꿩을 쉽고 빠르게 찾고 싶다면, 어떻게 해야 할까요? 우선 사진 전체를 보고, 그다음 사진을 여러 부분으로 나누어서 한 번에 한 부분씩 자세히 바라보면 꿩을 빨리 찾을 수 있을 거예요.

우리가 일상생활에서 아이디어를 찾는 것도 마찬가지입니다. 학교생활, 가정생활을 하면서 겪는 다양한 상황과 연구, 공부할 때 등등을 자세히 관찰하다 보면 그 가운데 아이디어를 찾아낼 수 있습니다. 이렇게 활동을 나누어서 생각하고 접근하는 방법은 발명하는 데 매우 유용하답니다.

우리 주변에서 벌어지는 일들 그리고 책을 읽거나 인터넷을 보면서 다양한 환경에서 벌어지는 모든 것을 그냥 지나치는 것이 아니라 하나의 발명 문제로 정의하고, 문제를 해결해 보는 습관이 필요합니다.

이러한 습관을 교육하는 것이 '발명 교육'입니다. 우리는 발명 교육을 통해 문제를 찾는 능력, 그리고 그 문제를 해결하는 능력을 기를 수 있습니다. 또한, 지식 재산 이해를 통해 본인의 권리를 찾는 과정까지 배울 수 있습니다.

이때, 자신의 생활을 잘 '관찰'하는 것이 매우 중요합니다. 문제를 찾아가는 과정의 기본이 자세하고 꼼꼼한 관찰이기 때문입니다. 관찰은 발명에 도전하기 위해서 가져야 할 매우 중요한 태도입니다. 관찰은 여러분에게 문제를 해결할 정답을 바로 주기도 하고, 여러분의 새로운 아이디어를 기다리기도 하지요. 주변에서 벌어지는 여러 상황과 사건을 잘 관찰해 보기를 바랍니다. 평소 생활 속에서 발명 아이디어를 찾는 것이 바로 관찰을 통해 생활 속의 숨겨진 보물을 찾는 과정입니다.

선생님, 발명에 처음 도전합니다!
어떻게 시작해야 하나요?

첫째, 관찰할 때 일부분도 잘 살펴보고, 전체도 바라보는 시각이 필요합니다.

이것은 무엇일까요? 여러 개의 나무가 서로 끼워져 있는 것처럼 보이네요.

십자가 모양으로도 보입니다. 붉은색 미로같이 보이기도 해요! 이것은 코엑스에 있었던 하트 모양의 구조물입니다.

우리의 위치나 상황에 따라 바라보는 모습이 전부가 아닐 수도 있습니다. 우리 주변에서 일어나는 문제 상황도 겉으로만 보이는 게 전부가 아닐 때가 있습니다. 여러분은 이러한 이야기를 '시각장애인과 코끼리 이야기'를 통해서도 들어본 적 있을 거예요. 여러 시각 장애인이 코끼리를 만져보고 설명하는데, 각자 자신이 만져본 것만을 토대로 그 모양을 말하는 바람에 설명이 각양각색이었다는 이야기지요.

우리도 관찰할 때 전체가 아닌 문제의 일부분만을 볼 때가 있습니다. 문제는 전체인데, 일부분의 문제만을 해결하려고 노력하는 상황도 많이 발생합니다.

발명의 시작은 일상생활 속 숨겨진 다양한 아이디어 보물을 생각해 보고,

찾아보는 것입니다. 관찰할 때는 놓치는 부분 없이 전체도, 일부도 꼼꼼히 잘 살펴봅시다.

둘째, 익숙함에서 벗어나는 역량이 필요합니다.

저는 마술사의 멋진 마술을 좋아합니다. 마술사는 새로운 공연 때 자신이 발명(?)한 새로운 마술 도구로 퍼포먼스를 합니다. 물론 마술 도구에는 다양한 과학적 원리가 숨겨져 있습니다. 마술사는 새로운 마술을 보여주기 위해서 평생 과학 기술에 관심을 가지고 연구하지요. 이러한 연구는 익숙한 사물과 현상에서 탈출을 꿈꿔왔던 노력이자 결과입니다.

일본의 '가와가미 겐지'라는 발명가는 '진도구'라는 재미있는 발명을 했습니다. 선입견을 부수고 우리가 찾지 못했던 내용을 다양한 각도에서 볼 수 있도록 만든 하나의 발명품입니다. 우리에게는 '엉뚱 황당 발명품'으로 소개되었어요.

미국이나 일본에서는 진도구를 파티용품이라고 보고, 유럽에서는 예술 작품, 호주나 영국에서는 과학 용품이라고 봅니다. 중국이나 홍콩에서는 '왜 만들었을까?'라고 평가하지요. 이 세상에 유일한 물건들은 우리에게 특별한 기쁨을 줄 뿐만 아니라 창의적인 새로운 창조품으로서 가치가 있습니다.

진도구에는 스프링을 이용한 발명품, 자석을 이용한 발명품, 빛의 산란을 이용한 발명품, 표면적을 이용한 발명품, 회전력을 이용한 발명품, 태양열을 이용한 발명품 등 초등학교에서 배우는 다양한 과학적 원리가 숨어 있습니다.

실제 발명품을 통해 과학적 원리를 볼 수 있는 새로운 세계, 진도구 전시회는 우리나라에서도 열린 적이 있습니다.

▶ 양쪽으로 신을 수 있는 고무신 (엉뚱황당발명전시회 사례 1)

이 발명품은 집에 들어갈 때 신발을 벗어놓았다가 나갈 때 다시 돌려 신어야 하는 귀찮음을 해소해 줍니다. 그냥 벗어두기만 하면 어디가 앞이고 어디가 뒤인지 모르기 때문에 어느 방향으로든 그대로 신고 벗는 게 가능한 신발이에요.

▶ 우산 고정 머리 벨트 (엉뚱황당발명전시회 사례 2)

우산을 쓰면 손을 사용하지 못하는 어려움을 해결하는 아이디어입니다. 이 벨트를 머리에 두르고 우산을 고정하면 비 오는 날에도 양손을 자유롭게 사용할 수 있습니다. 원래 사용하던 우산을 끼워서 사용하는 것도 가능하므로 편리한 발명품입니다.

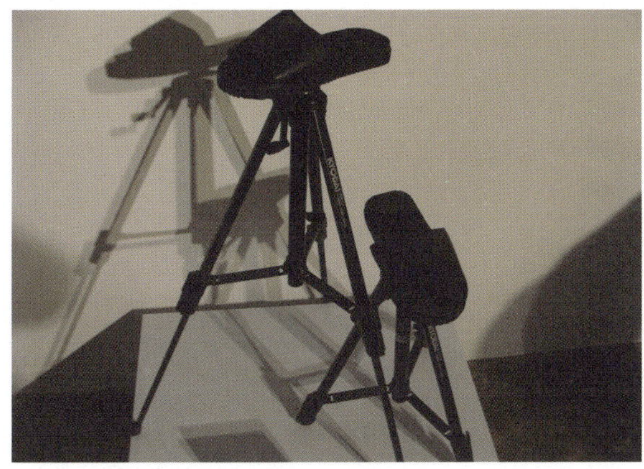

▶ 사다리 샌들 (엉뚱황당발명전시회 사례 3)

높은 곳에서 작업할 때 없어서는 안 될 것이 사다리입니다. 하지만 움직일 때마다 매번 내려가서 사다리의 위치를 옮긴 후 다시 올라가야 하는 불편함이 있지요. 그러다 보면 막상 해야 하는 일보다도 사다리를 옮기는 일이 더 번거롭고 힘들기도 합니다. 그래서 발명된 것이 '사다리 샌들'입니다. 발에 신고 자유자재로 걸어 다닐 수 있습니다.

▶ 5가지 냄비 (엉뚱황당발명전시회 사례 4)

한꺼번에 다섯 가지 요리를 할 수 있고, 한가운데에는 구이 요리도 할 수 있습니다. 에너지 절약에도 도움이 되고, 요리가 완성되는 시간이 서로 달라도 마지막 요리가 완성되기까지 모두 불이 켜져 있어 따뜻한 상태에서 음식을 먹을 수 있습니다.

우리에게는 쓸데없는 것처럼 보일지라도, 불편한 점을 해소하는 문제 해결 사례라고 볼 수 있습니다.

우리는 일상생활에서는 물론 다양한 전시회, 과학관, 박물관을 방문하면서 익숙함에서 벗어날 수 있도록 많은 아이디어를 생각해 봐야 합니다.

발명의 시작은 문제 해결의 관점으로 세상을 바라보는 것입니다. 특정 부분에 집중해 살펴보기, 전체를 보는 큰 시각 갖기, 익숙함에서 벗어나 새롭게 보기 등 관점에 변화를 주고 습관을 들이는 것이 발명의 첫걸음입니다.

여러분, 우리 모두 세상에 관심을 가지고 바라보기에 도전합시다! 모든 발명의 시작은 세상을 관찰하고, 생각하고, 문제 해결에 도전하는 것입니다.

선생님, 발명을 더 잘하고 싶어요.
방법이 있을까요?

다른 친구들보다 발명 활동을 잘하는 방법의 하나는 우리가 보는 다양한 사물을 그냥 지나치지 않는 것입니다. 잘 관찰하고, 다른 발명품과 차이점을 비교하고, 더 편리한 방법을 찾아보는 것입니다. 이러한 과정은 매우 중요하며, 친구들과는 다른 역량을 키울 수 있습니다.

여러분, 요사이 도로에 다양한 발명품이 생긴 것을 알고 있나요?

더운 여름, 길을 걷다가 건널목을 건너야 하는 경우가 있습니다. 빨간색 신호등이 녹색으로 바뀔 때까지 기다리며, 내리쬐는 태양 때문에 짜증이 나기도 하지요? 이때 찾을 수 있는 것이 그늘막입니다.

그늘막은 열사병에 걸릴 위험을 방지하는 효과도 있습니다. 열사병은 침묵의 살인자라고 불릴 만큼 위험하답니다. 싱가포르 국립의대 허나이창 교수는 진시황이 장생불로의 묘약을 찾아 떠난 전국 순시 도중, 한여름에 화려하고 두꺼운 옷을 입은 채로 자신을 죽이려는 자객을 피하려고 꽁꽁 싸맨 청동 마

▶ 그늘막

▶ 가로수를 그늘막으로 활용한 사례

차 안에 있다가 '더위를 먹어' 열사병으로 숨졌을 것이라고 주장하기도 해요.

이러한 위험을 방지하고자 우리나라에서는 2013년 동작구청을 시작으로 전국 여러 곳에 그늘막을 설치했습니다. 우리 주변에서 쉽게 볼 수 있는 그늘막 외에도 주변 조건을 고려한 다양한 아이디어의 그늘막을 찾아볼 수 있습니다.

가로수가 그늘막으로 변신할 수 있다는 사실을 아시나요? 이렇게 우리 주변을 잘 관찰하고, 환경에 따라 새롭게 적용하는 것도 중요한 발명 방법입니다. 이 그늘막을 생각한 사람은 새로운 발명을 한 사람입니다.

이 외에도 문제를 좀 더 세밀하게 관찰하고, 주변 상황을 고려하여 아이디어를 고민한다면 다른 발명 사례도 생각해 볼 수 있습니다.

다음 그늘막은 신호등이 바뀌기 전에 앉아서 쉴 수 있도록 고려해서 벤치까지 만든 사례입니다. 몸이 불편한 장애인이나 노인이 매우 편리하게 이용할 수 있습니다. 경제성 측면에서는 조금 문제가 될 것으로 생각하는 친구들도

▶ 그늘막 아래에 벤치를 설치한 사례

있을지 모르겠는데요. 우리 주변 사람들의 불편함을 더 생각해 본다는 측면에서 문제를 다른 시각으로 바라볼 수 있습니다.

건널목에서 발견할 수 있는 또 다른 새로운 문제를 보겠습니다. 전 세계적으로 스마트폰 보급률이 높아지면서 많은 사람이 스마트폰을 보면서 걸어 다닙니다. 이렇게 스마트폰을 보면서 걸어 다니는 사람을 스마트폰 좀비, 스몸비(smombie)라고 합니다. 스몸비는 스마트폰(smartphone)과 좀비(zombie)의 합성어로, 스마트폰에 집중한 채 걷는 사람을 뜻하는 신조어입니다. 이렇게 스마트폰을 보느라 건널목을 건너다 교통사고를 당하는 사람도 많아졌습니다.

다음의 건널목 사진을 함께 보겠습니다. 두 건널목의 차이가 보이나요? 오

▶ 일반적인 건널목

▶ 안내문과 조명을 설치한 건널목

른쪽 건널목에는 바닥에 건널목임을 안내하는 글씨가 쓰여 있고, 신호등 불빛도 들어옵니다. 오른쪽과 같은 새로운 건널목은 스마트폰을 보느라 고개를 숙이고 걷는 사람들의 시선에도 길을 건널 때 필요한 안전에 관한 중요한 정보가 잘 들어와요. 건널목을 안전하게 건널 수 있도록 만든 이러한 사례는 안전과 관련된 발명입니다.

우리 주변에서 사회 환경의 변화에 따른 다양한 발명 사례를 보면서 우리도 문제점을 찾아보고 문제를 개선해 보려는 생각, 이것이 발명을 잘할 수 있는 습관입니다.

선생님, 다른 나라에서도 발명 관련 활동이 많이 이루어지고 있나요?

전 세계적으로 학생들은 과학, 공학 등 관련된 지식 역량을 기반으로 각종 발명 프로젝트 활동에 참여하고 있습니다. 현재 한국의 과학고등학교나 영재학교에서 실시하고 있는 탐구 기반 연구 활동(R&E, Research & Education, 산출물 활동)과 같은 교육 모델도 유사하게 운영하고 있습니다.

그 결과물로 학생들은 발명대회, 연구 대회에 참가하고 있으며, 우수한 수상자들은 세계대회에 참가하여 본인의 아이디어를 세계에 발표하고 있습니다.

미국 햄프턴 고등학교의 학생들은 학교 수업 시간에 배운 생명과학 지식을 바탕으로 척추 손상을 줄이는 기구에 관한 아이디어를 냈고, 발명 문제를 정의하였습니다. 그리고 연구 과정을 통하여 아이디어를 발전시켰지요. 아마존에서 필요한 도구와 재료를 구매하고, 모형(프로토타입)으로 직접 만드는 과정을 보여주었습니다. 학생들은 배운 지식을 발전시켜 새로운 아이디어로 발명하고 보완하는 과정을 통해 새로운 것을 만들어내는 능력을 키웠습니다. 또한,

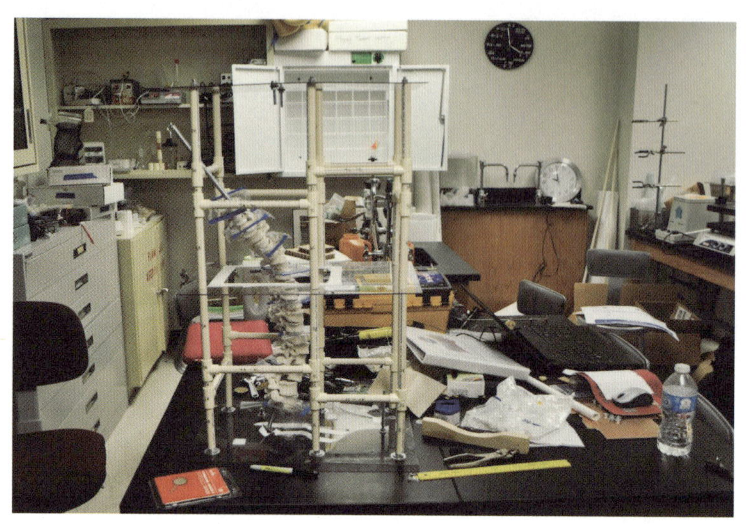

지식 재산권을 출원하면서 현재 다른 사람들의 생각, 연구까지 찾아보고 새로운 방법이나 도구를 발명하는 중요한 과정을 배웠지요.

미국에서 창의 발명 교육은 '발명 교육(Invention Education)'이라는 국가 공식 이름으로 불립니다. 법제화되거나 정규 교과 교육으로 시행되고 있지는 않지만 정부, 기업, 비영리 단체, 학교 등의 기관이 유기적으로 연계하여 시행하고 있습니다. 개인이 어릴 때부터 창의, 혁신, 발명 등의 역량을 개발할 수 있도록 광범위하고 다양한 교육 프로그램 및 전시, 행사 등이 학교 안과 밖에서 나이별로 체계적으로 이루어지고 있는 것을 볼 수 있습니다.

미국은 이러한 도전과 연구에서 탄생한 혁신적인 기술을 기반으로 세계의 강대국이 되었고, 창의적인 아이디어를 근간으로 한 다수의 국제적 기업을 배출한 나라가 되었습니다.

　이러한 미국 교육 중심에는 'STEM 교육'과 '발명 교육'이 있습니다. 학생들은 수업 시간에 배운 융합 교육과 활동을 통하여 ISEF(국제과학기술경진대회) 같은 대회의 공학 분야에 참여하고 있습니다.

　STEM 교육과 발명의 관계는 다음과 같습니다.

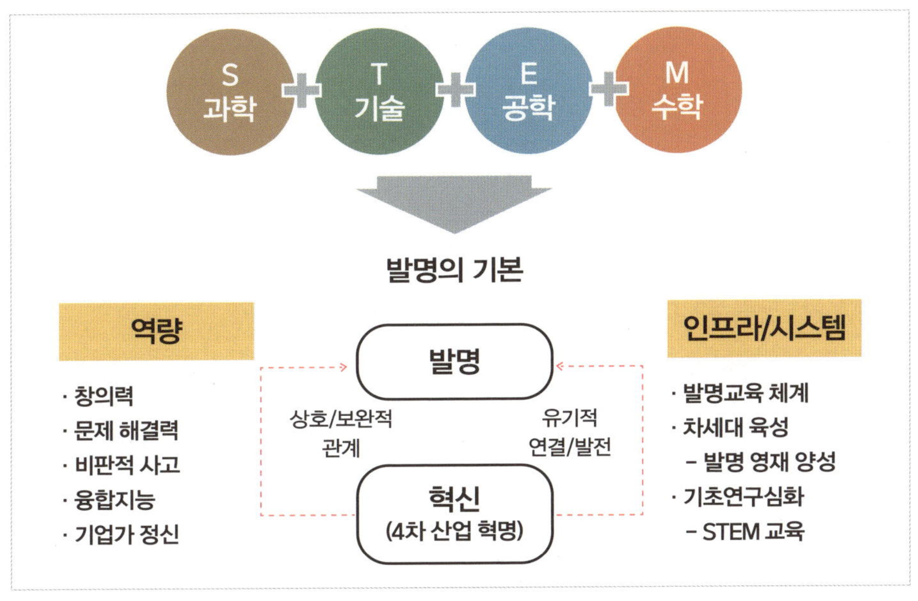

▶ STEM 교육과 발명 교육의 유기적 연관성(출처: 한국발명진흥회)

　4차 산업혁명에서 혁신을 위해서 발명은 꼭 필요한 과정입니다. '역량'이라는 말을 많이 들어봤지요? 역량은 '어떠한 일을 해낼 힘'입니다. 학교와 발명교육센터를 통해서 발명을 잘하기 위한 역량을 기르고, 특허청과 한국발명진흥회가 운영하는 환경(인프라)에서 열심히 공부하고, 도전하는 것이 중요합니다. 이렇게 여러분은 다양한 교육 환경에서 발명 능력을 키울 수 있습니다.

선생님, STEAM 교육, 메이커 교육, 소프트웨어 교육 등은 발명 교육과 어떤 관련이 있나요?

STEAM 교육은 무엇일까요?

STEAM 교육은 미국의 STEM 교육에서 출발하였습니다. STEM은 과학 (Science), 기술(Technology), 공학(Engineering), 수학(Mathematics)의 머리글자를 따서 만든 용어입니다. 우리나라의 STEAM은 여기에 인문학적 소양과 예술적 감성 등을 고려하여 인문·예술(Arts)을 추가했어요.

미국의 STEM 교육은 지식 기반의 문제 해결 학습(Problem-Based Learning)이며, 콘텐츠에 기반을 둔 융복합 교육입니다. 실생활에서 마주하는 현실적 문제나 공익적 차원의 해결 방안에 대한 상황을 제시하면 학생들이 팀 단위로 아이디어를 제안하고, 문제를 해결하는 과정에서 다양한 시도 및 긍정적 실패를 경험하는 학교 교육 과정이지요.

이 과정에서 학생들은 흥미를 느끼고, 문제 해결에 몰입하며, 문제를 해결하면 성취의 기쁨을 느낄 수 있습니다. 물론 실패를 통해서도 많은 것을 배우고 경험할 수 있지요.

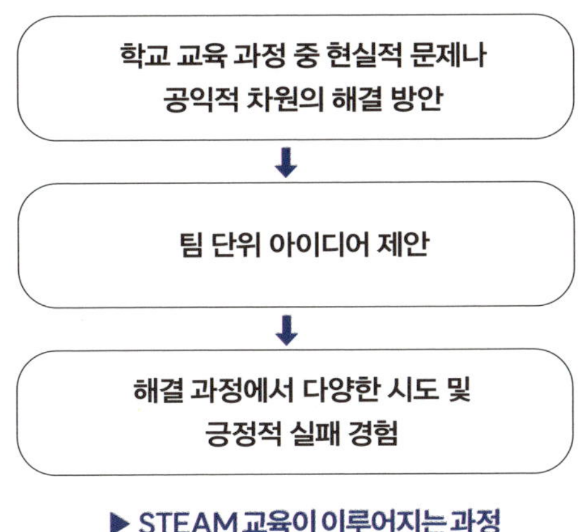

▶ STEAM 교육이 이루어지는 과정

우리나라에서는 STEAM 지식을 바탕으로 과제에 따라 경제, 역사, 건축, 예술 등 다양한 분야의 내용을 체험적으로 배우고, 여러 지식을 연결하여 응용하는 모듈화된 교육 과정을 시행하는 융합 교육을 실천하고 있습니다. 여러분도 학교에서 다양한 문제를 접하고 아이디어에 대한 해결책을 제시하는 경험을 많이 하고 있지요?

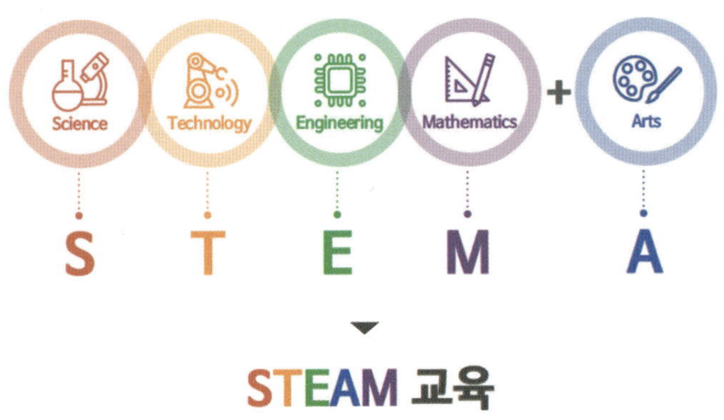

▶ STEAM 교육(출처: 한국과학창의재단)

STEAM 교육은 '상황 제시', '창의적 설계', '감성적 체험' 세 가지 요소로 이루어지고 있습니다. 선생님이 실생활 관련 문제를 제시하면, 학생들은 제시된 문제를 해결하는 창의적인 방법을 설계합니다. 이 과정에서 나오는 문제 해결 사례를 통해 여러분은 다양한 경험을 하고 새로운 도전 의지를 갖출 수 있습니다.

우리나라 STEAM 교육은 한국과학창의재단에서 주도적으로 운영하고 있습니다.

▶ STEAM 교수학습 준거(출처: 한국과학창의재단)

메이커 교육은 무엇일까요?

'메이커'는 '디지털 기기와 다양한 도구를 사용한 창의적인 만들기 활동을 통해 자기 아이디어를 실현하는 사람'입니다. 만드는 활동에 적극적으로 참여하고 만든 결과물과 지식, 경험을 공유하는 교육을 메이커 교육이라고 합니다.

메이커, 메이커 운동이라는 용어는 2005년 창간된 『메이크 매거진』을 통해 처음 언급되었으며, 이후 전 세계적으로 통용되기 시작했습니다. 전문가들은 메이커를 아래와 같이 다양하게 정의합니다.

"만드는 활동은 인간의 본성이라는 관점에서, 제작방식에 관계없이 '우리는 모두 만드는 사람'" – 데일 도허티(Dale Dougherty), 메이크미디어(Make Media) 설립자
"다가올 새로운 산업혁명을 주도하며, '제품 제작 및 판매의 디지털화를 이끄는 사람, 기업'" – 크리스 앤더슨(Chris Anderson), 『메이커스(Makers)』 저자
"메이커는 어디에나 존재함, '물리적인 방식으로 자신의 세계에 영향을 미치고 변화를 초래하는 모든 사람'" – 데이비드 랭(David Lang), 『제로 투 메이커(Zero to Maker)』 저자
"발명가, 공예가, 기술자 등 기존의 제작자 카테고리에 구속받지 않으며, '손쉬워진 제작 기술을 응용해서 폭넓은 만들기 활동을 하는 대중'" – 마크 해치(Mark Hatch), 테크숍(TechShop) 설립자

▶ 출처: https://www.makeall.com/home/kor/contents.do?menuPos=3

메이커 운동(Maker Movement)이란, 메이커들이 일상에서 창의적 만들기를 실천하고 자기 경험과 지식을 나누고 공유하려는 경향입니다. 최근 시제품 제작과 창업이 쉬워지면서 소규모 개인 제조 창업이 확산하는 추세 역시 메이커 운동의 일부라고 볼 수 있습니다.

메이커 운동 선언을 살펴보면 다음과 같습니다.

▶ 메이커 운동 선언

메이커 교육은 노작 교육(勞作敎育)을 기반으로 학생들이 만들고 체험하는 교육과 연결되어 있습니다. 노작 교육은 단순하게 지식을 전달하는 교육이 아니라 학생들이 스스로 체험하는 교육입니다. 이러한 교육은 일본의 발명 교육인 직접 제작하고 체험하는 공작교육과 같은 맥락이라고 볼 수 있습니다. STEAM 교육도 문제 해결 과정에 직접 참여하여 제작해 보는 감성적 체험이라는 과정을 두고 있는 것처럼요.

소프트웨어 교육은 무엇일까요?

마크 앤더슨은 2011년 『더 월 스트리트 저널』에 실은 "소프트웨어가 세상을 집어삼키는 이유"라는 제목의 칼럼에서 소프트웨어가 다른 산업을 집어삼킨 사례를 소개했습니다. 많은 나라에서 소프트웨어 교육에 큰 관심을 보이는데요. 소프트웨어 교육은 '컴퓨터적 사고를 통해 문제를 해결하는 인재를 길러내는 교육'이라고 정의합니다.

'컴퓨터적 사고'는 세 단계를 거칩니다. 컴퓨터 공학의 기본 개념을 바탕으로 문제(또는 시장의 필요)를 해결하고, 시스템을 설계하며, 인간의 행동을 이해하지요. 문제를 해결하려면 기기(스마트폰, PC, 로봇 등)가 필요하고, 시스템을 설계할 때는 프로그래밍 언어를 사용해 코딩합니다. 이 모든 과정을 거치면 문제를 해결(상품을 개발하거나 서비스를 제공)할 수 있게 됩니다.

그렇다면 발명 교육은 무엇일까요?

발명 교육은 STEAM 교육, 메이커 교육, 소프트웨어 교육 등을 기반으로 하는 혁신 교육이라고 할 수 있습니다. 다양한 교육을 기반으로 하는 발명 교육으로 학생들은 좀 더 높은 수준의 문제 해결을 할 수 있습니다.

이후 발명 아이디어로 창업을 한다면 여러분은 기업가 정신 교육이나 창업 교육을 받아야 합니다. 또한, 문제 해결 결과를 사업화하기 전에 권리화해야 합니다. 그래서 학생들은 지식 재산권에 대해서도 꼭 이해해야 합니다.

우리나라의 경우 특허청에서 발명 교육의 씨앗을 뿌렸고, 한국발명진흥회가 다양한 사업을 진행하여 다른 교육에 접목하고 여러 시도를 할 수 있는 환경을 조성하는 데 많은 역할을 하였습니다. 그렇게 해서 여러분이 다양한 발명 교육을 받을 수 있게 되었어요.

지금까지 STEAM 교육, 메이커 교육, 소프트웨어 교육에 대해 알아보았습니다. 이제 우리가 현재 받는 교육에 대한 궁금증이 풀렸나요?

06

선생님, 저는 발명 교육 과정을 체계적으로 배우고 싶어요.
방법을 이야기해 주세요!

발명을 체험하는 좋은 방법으로는 우선 발명교육센터 교육 프로그램 참여가 있습니다. 전국에는 총 270개의 발명교육센터가 있으며, 다양한 교육 프로그램이 여러분을 기다리고 있습니다. 이곳에서는 기본 교육 과정과 특별 교육 과정으로 수준별, 단계별 맞춤형 발명 교육 프로그램을 운영하고 있습니다. 발명체험교실, 가족발명교실, 1일 발명교실 등으로 발명 교육을 도와주고 있습니다.

가까운 발명교육센터가 어디에 있는지 궁금한가요? 발명교육포털사이트의 '발명교육센터 찾기'(https://www.ip-edu.net/home/kor/center/find/index.do?menuPos=3)에서 검색하면 가까운 발명교육센터를 쉽게 찾을 수 있습니다.

또한, 발명교육센터에서 배운 학생들은 '차세대영재기업인 육성사업'을 통해서 발명 역량을 더욱더 성장시킬 수 있습니다. 이 사업은 2년 과정으로, 카이스트와 포스텍에서 각각 80명 내외를 선발하고 있습니다. 중학생을 대상으로

▶ 발명교육포털사이트의 발명교육센터 찾기 페이지

하며, 서류 접수는 보통 8월에 시작합니다. 지원은 KAIST IP영재기업인교육원 (https://ipceo.kaist.ac.kr), 포스텍 영재기업인교육원(https://ceo.postech.ac.kr)을 통해서 할 수 있습니다.

차세대영재기업인 육성사업에 지원할 때 여러분이 꼭 잊지 말아야 할 점은, 한 사람이 카이스트 교육원과 포스텍 교육원에 중복 지원이 불가능하다는 것입니다. 만약 중복으로 지원하면 불합격 처리가 됩니다. 이 점 꼭 잊지 마세요!

그럼, 여러분의 도전을 응원합니다!

07

선생님, 발명 교육이 중요한가요?

다음 사진은 어느 기업의 휴게 공간입니다. 무슨 기업인지 한번 맞혀보세요!

이 기업은 바로 유명한 애플(Apple)입니다. 그리고 사진의 공간은 애플 파크의 비지터 센터(Visitor Center)이지요. 조명, 테이블, 의자 등 휴게 공간은 아이폰과 아이폰의 아이콘 디자인을 기반으로 만들었습니다. 휴게 공간의 가구를 봐도 알 수 있듯이 애플은 지금까지 디자인의 단순함, 그리고 누군가 갖고 싶어 하는 디자인을 표방해 왔습니다.

애플의 초기 아이디어가 지금까지 유지될 수 있는 원동력은 무엇일까요? 애플은 다양한 교육과 연수를 통하여 이를 유지하고 있습니다. 함께 애플 대학의 교육 내용 하나를 살펴보겠습니다.

애플 직원들은 애플 대학에서 피카소의 1945년 작품 「황소」를 보면서 '단순함'을 배웁니다. 그렇게 직원들은 애플의 디자인 특징인 단순함을 개발하고,

▶ 파블로 피카소(Pablo Ruiz Picasso), 「황소」 연작, 1945~46, 석판화, 뉴욕 현대 미술관(MoMA) 소장

회사의 디자인을 유지하는 역할을 하게 되지요. 이렇듯 교육은 결과물을 창조하고, 아이디어의 창의성을 유지하는 매우 중요한 역할을 하고 있습니다.

이처럼 교육은 매우 중요합니다. 우리나라에서 발명 교육은 여러분의 창의적인 문제 해결 능력을 키우는 교육으로 자리 잡고 있습니다.

낮은 수준의 창의성은 기존에 있는 문제를 보고 해결책을 찾는 것입니다. 그보다 높은 수준의 창의성은 본인이 문제를 새로 발견해 내고 그 문제의 해결책을 찾는 것입니다. 발명 교육은 문제를 찾는 능력, 문제를 해결하는 능력을 키워주는 교육이니 매우 중요하다고 볼 수 있습니다.

선생님, 발명대회에 참가하는 것이 좋을까요?
대회에 참가하는 장점은 무엇인가요?

발명대회에 참가하는 중요한 목적 중 하나는 발명에 대한 흥미와 호기심을 가지는 것입니다. 발명대회에 참가하며 접하는 어려운 개념들을 즐거운 마음으로 이해해 보는 거예요. 즐거운 일을 할 때 겪는 어려움도 즐거움이지요!

특히 여러분이 접하는 개념을 더 잘 이해하는 측면에서 발명대회 참가는 매우 유용합니다. 게다가 여러분은 이 과정을 통해 배운 내용을 이해하는 것을 넘어 응용의 수준까지 생각할 수 있게 되므로 매우 의미 있는 작업이 될 것입니다.

과거부터 자원이 부족했던 우리나라는 인적 자원을 중시하고, 미래의 주역인 청소년들에게 탐구심을 길러주고, 과학 능력과 창의력 그리고 문제 해결력을 높여주어야 한다는 목표를 가졌습니다. 그렇게 1979년에는 전국학생과학발명품경진대회가, 1990년에는 대한민국학생발명전시회가 창설되었습니다.

청소년들의 과학 발명 활동을 통한 창의력 계발과 과학에 대한 탐구심 함양을 위해 마련된 이 대회는 그동안 뛰어난 아이디어를 담은 발명품들을 발굴, 시상함으로써 우리나라 과학 기술 발전에 밑거름이 되어 왔습니다.

발명대회의 큰 장점은 바로 이것입니다.

첫 번째, 여러분의 아이디어를 객관적으로 평가받는 좋은 기회입니다. 여러분의 가족이나 친구가 아닌 사람이 여러분의 아이디어를 객관적으로 보고 평가해 줍니다. 그것도 전문가가 말입니다. 이 순간은 발명대회 최고의 순간입니다. 내 생각을 그리고 나의 연구를 주의 깊게 들어주는 순간, 이 순간은 무엇과도 바꿀 수 없습니다. 대회에 계속 참가하는 학생들이 공통으로 느끼는 엔도르핀이 솟는 순간입니다.

두 번째, 발명대회를 통해 연구 능력, 발표 능력 등 여러분의 역량을 성장시킬 수 있습니다. 사실 여러분이 참가할 수 있는 대회는 매우 많습니다. 그러나 그중에서도 여러분이 도전하기 쉽고, 정부 기관에서 주관하는 대회에 참가하는 것이 좋습니다. 앞서 언급한 우리나라의 대표적인 발명대회, 대한민국학생발명전시회와 전국학생과학발명품경진대회가 바로 그것입니다. 이 책에서는 이 대회들을 중심으로 설명할 예정입니다.

이 외에도 다양한 발명대회가 있습니다. 다른 발명대회도 소개할 예정이니 끝까지 읽어주세요!

선생님, 발명을 잘 모르는 학생도 참여할 수 있는
발명대회가 있나요? (대한민국학생발명전시회)

여러분이 저에게 가장 많이 하는 질문인데요. 이 책을 통해 여러분에게 대회 참가에 관한 내용을 알기 쉽게 전달하겠습니다.

학생들이 참여하기 가장 쉬운 대회로는 대한민국학생발명전시회가 있습니다. 이 대회가 왜 참여하기 가장 쉬운 대회일까요?

첫째, 온라인으로 언제 어디서나 쉽게 접수할 수 있습니다.

둘째, 접수 방법도 어렵지 않아서 처음 발명대회에 참여하는 학생이라도 누구나 쉽게 접수할 수 있습니다.

셋째, 요구하는 서류가 많지 않습니다. 나의 발명 아이디어를 정리한 자료와 도면만 있으면 접수할 수 있는 대회입니다. 즉, 모형이나 발명품을 처음부터 만들 필요가 없습니다. 완성품이 있어야 출전할 수 있는 대회가 아니라는 의미입니다.

지금부터 대한민국학생발명전시회를 소개하겠습니다.

(1) 누가 참가할 수 있나요?

대한민국 국적의 초등학생, 중학생, 학교에 소속되지 않은 만 7세~만 18세 청소년이 참가할 수 있습니다.

(2) 어떤 출품 부문이 있을까요?

자유발명으로 일상생활에서 착안할 수 있는 모든 발명을 출품할 수 있습니다. 발명 부문 예시를 보면 다음과 같습니다.

- 장애인, 노약자(노인, 임산부, 어린이)에게 도움을 주는 발명품
- 에너지를 절약할 수 있는 발명품
- 재난, 자연재해 대비, 기타 안전을 위한 발명품
- 대중교통 이용에 도움을 주는 발명품
- 건강 관리에 도움을 주는 발명품
- 환경(황사, 미세먼지 등) 문제 해결에 도움을 주는 발명품
- 학습에 도움을 주는 발명품
- 애플리케이션 등 소프트웨어와 관련된 발명품
- 웨어러블 기기 관련된 발명품
- 리사이클링(recycling) 관련 발명품
- 반려동물 관련 발명품
- 적정기술 관련 발명품 등

참가 신청을 하기 전에 대한민국학생발명전시회 역대 수상 작품을 살펴보고, 어떤 발명 아이디어가 수상을 했는지 살펴보면 좋습니다. 이 과정에서 여러분은 다른 학생들과 같은 아이디어로 참가하는 잘못을 하지 않을 수 있습니다.

대한민국학생발명전시회 우수작을 살펴보는 방법은 다음과 같습니다.

첫 번째, 발명교육포털사이트(https://www.ip-edu.net)에 접속합니다.

두 번째, 홈페이지 상단의 메뉴 중 '발명교육콘텐츠'를 클릭합니다.

세 번째, 하위 메뉴 '교수자료 및 발간콘텐츠'를 클릭합니다.

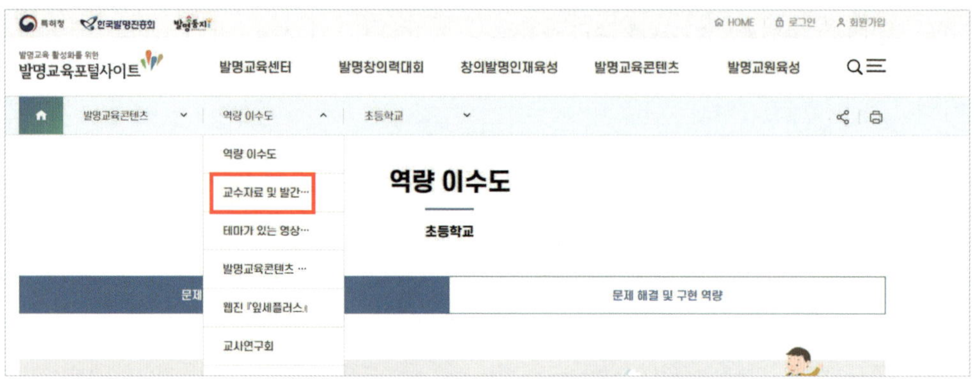

네 번째, 하위 메뉴 '발명창의력대회 수상작품집'을 클릭합니다.

다섯 번째, 역대 수상작품집 PDF를 다운로드한 후 나의 콘텐츠와 유사한 작품이 있는지 살펴봅니다.

(3) 출품은 어떻게 할까요?

학생은 일인당 최대 다섯 개의 작품을 출품할 수 있습니다. 공동 발명으로는 참가할 수 없습니다. 친구와 이름을 같이 넣어 출품할 수 없다는 이야기예요. 이 점을 꼭 염두에 두시기를 바랍니다. 여러분의 명의로 지식 재산권을 출원, 등록한 아이디어도 출품할 수 있습니다. 그리고 중복 수상 시에는 상위상 한 개만 시상하고 있습니다.

(4) 언제, 어떻게 접수할까요?

접수 기간은 일반적으로 2월 말에서 4월 초입니다. 발명교육포털사이트(https://www.ip-edu.net)에서 온라인으로 신청할 수 있는데, 반드시 로그인을 해야 신청이 가능합니다.

접수 마감일 기준으로 3~5일 전부터는 접속량이 폭증해요. 그래서 거의 매년 접수 시스템이 멈추는 일이 있습니다. 기본 내용을 한글 파일로 미리 작성해 두고 신청서에 붙여넣기를 하면 서류를 좀 더 편리하게 작성할 수 있습니다. 신청서 작성에는 중간 저장의 기능도 있으므로, 중간중간 저장하면 좋습니다.

(5) 출품할 수 없는 작품은 무엇이 있을까요?

출품자 본인의 발명이 아니라고 인정되는 작품, 대한민국학생발명전시회에 출품된 적이 있거나 다른 기관에서 주최한 발명대회 및 이와 유사한 대회에 출품한 적 있거나 수상을 한 작품, 공공의 질서 또는 선량한 풍속을 어지럽게 하거나 공중의 위생을 해할 염려가 있는 발명, 대한민국학생발명전시회 사업 목적에 어긋나거나 대회 취지에 반하는 발명, 기타 사회 통념상 정당하지 않게 출품된 발명은 출품할 수 없습니다.

> • 출품할 수 없는 작품에 해당할 때는 시상 후에도 상격을 취소할 수 있으며, 관련된 학생 또는 청소년은 5년간 출품이 제한되니 위의 내용은 꼭 기억해 두세요!

(6) 심사는 어떻게 진행되나요?

심사는 다음과 같은 단계로 진행됩니다.

1) (기초심사) 신청 요건에 어긋나는 작품을 심사 대상에서 제외하는 단계입니다.

2) (1차 유사작심사) 유사작, 작품 수준을 검토하는 단계입니다.

3) (아이디어심사) 서류로 창의성, 실용성, 필요성을 심사하여 선행기술조사

대상을 선정합니다.

4) (선행기술조사) 공지 기술에 대한 유사성 심사를 합니다.

5) (작품심사 공고) 메일 및 문자로 작품심사 대상자에게 연락을 합니다.

6) (일반공중심사) 일반인 대상 정보 제공 및 기술 분류를 합니다.

7) (작품(현물)심사) 창의성, 경제성, 실용성, 완성도를 심사합니다. 이때 작품과 발표 동영상을 제작하여 제출합니다.

8) (심층선행기술심사) 공지 기술에 대한 동일, 유사성 심사를 합니다.

9) (2차 유사작심사) 기존 유사 대회 출품작과의 유사성 검토를 합니다.

10) (종합심사) 실시간 화상 인터뷰를 통해 종합 검토 및 최종 상격을 결정합니다.

* 이때 여러분은 가점 사항(발명탐구일지, 선행기술조사 결과물)에 해당하는 자료를 빠짐없이 제출해야 합니다.
* 필요 시 작품 설명 및 질의응답을 통한 대면 심사(또는 비대면 심사)를 진행합니다.

작품(현물)심사 시 유의 사항

• 작품 설명은 5분 이내로 정확히 설명할 것

• 기존 작품과의 차별성 및 개선점 등을 강조하여 설명하고 작품 내용을 잘 파악하고 있음을 보여줄 것

---

(7) 심사 배점은 어떻게 구성되어 있나요?

　① 서류심사: 창의성(50), 실용성(30), 필요성(20)

　② 작품(현물)심사: 창의성(30), 경제성(30), 실용성(20), 완성도(20)

　③ 상세 심사 기준

항목	평가지표
1. 창의성	• 아이디어의 참신성, 독창성 • 문제에 대한 아이디어의 계발 및 발전 정도
2. 경제성	• 발명품의 산업상 이용 가능성 • 생산비 절감 및 대체 효과
3. 실용성	• 일상생활에서의 실제적인 쓰임 • 다른 제품과 비교, 개선 및 발전 정도 • 적합한 재료 선택 및 안전한 사용
4. 완성도	• 출품자의 수준에서 작품의 완성도 • 발명품을 통한 문제 해결의 정도

　④ 가점 부여 기준: 최대 2점 이내

　• 작품(현물)심사 시 아래에 해당하는 자료를 운영사무국에 제출

　- 본인이 직접 작성한 발명품 제작 과정을 보여주는 발명탐구일지 최대 1점

　- 공중 심사 국민투표 최대 득표자 특별 가점 1점

⑻ 대한민국학생발명전시회의 시상은 어떻게 되어 있나요?

상격	시상주체	수량	시상내역
대통령상	대통령	1	상장, 메달, 상금 300만 원
국무총리상	국무총리	2	상장, 메달, 상금 각 200만 원
금상	교육부장관	9	상장, 메달, 상금 각 50만 원
	과학기술정보통신부장관	9	
	산업통상자원부장관	17	
은상	특허청장	20	상장, 메달, 상금 각 30만 원
특별상	WIPO사무총장	1	상장, 메달, 상금 각 30만 원
	조선일보사장	1	
동상	한국발명진흥회장	20	상장, 메달
	대한상공회의소회장	10	
	한국경제인연합회장	10	
	한국무역협회장	10	
	중소기업중앙회장	10	
	대한변리사회장	10	
	한국여성발명협회장	10	
	한국특허정보원장	10	
	한국특허전략개발원장	10	
장려상	한국발명진흥회장	40	상장, 메달
합계		200	

선생님, 저는 단계적인 연구 과정을 통해 발명 아이디어를 발전시키는 발명대회에 나가고 싶어요 (전국학생과학발명품경진대회)

발명 아이디어를 좀 더 구체화하고, 발전시키는 과정을 체험하고 싶다면 전국과학발명품경진대회는 좋은 기회이자 도전입니다. 특히 연구 과정을 통해 나의 발명 연구 역량을 향상할 수 있습니다. 앞서 살펴본 대한민국학생발명전시회가 반짝이는 아이디어를 출품하는 대회라면, 전국학생과학발명품경진대회는 발명 연구 대회라고 생각할 수 있습니다.

(1) 누가 참가할 수 있나요?

전국학생과학발명품경진대회는 창의적인 아이디어를 구체화하는 과정을 통해 학생들의 문제 해결 능력을 배양하고 지속적인 발명 활동을 장려하고자 개최하는 대회입니다. 초등, 중등, 고등학생들이 참여할 수 있습니다. 학교의 예선 대회를 거치기 때문에 학교 재학생만 참가 가능합니다.

(2) 어떤 출품 부문이 있을까요?

과학적 사고와 창의적 발명을 활용하여 직접 제작한 작품으로서 널리 보급할 가치가 있는 과학 기술 창작품을 출품할 수 있습니다. 전국학생과학발명품경진대회 부문은 초등학생, 중학생, 고등학생으로 나뉘어져 있습니다.

(3) 출품은 어떻게 할까요?

학생과 지도교사가 팀을 구성하여 출품합니다.

(4) 언제, 어떻게 접수할까요?

전국학생과학발명품경진대회는 학교 예선 대회 – 교육청 예선 및 본선 대회(지역대회) – 전국 대회 순으로 되어 있습니다. 대회에 접수할 때는 접수 기간과 방법을 잘 확인해야 한다는 것을 잊지 마세요. 그리고 대회 접수 과정에 필요한 자료들을 미리 정리해 두어야 합니다. 학교 예선 대회와 교육청 예선 및 본선 대회 일정은 각 시도별 교육청에 따라 다릅니다. 아래의 예시는 2024년 제45회 전국학생과학발명품경진대회 추진 일정입니다.

구분	제45회 전국학생과학발명품경진대회
접수	7월 4일(목), 09:00~18:00
서면 심사	7월 22일(월)~7월 31일(수)
작품 설치	8월 16일(금)~8월 17일(토), 9:30~17:00
면담 심사	8월 18일(일)
심사결과 발표	9월 3일(화), 12:00(정오)

작품 전시	8월 24일(토)~9월 13일(금)
시상식	10월 8일(화)
지방순회 전시	11~12월 중(약 3주간)

(5) 출품할 수 없는 작품은 무엇이 있을까요?

국내외 유사 대회에서 이미 공개되었거나 발표된 작품, 출품자가 직접 창안하여 연구한 작품이 아니라고 인정되는 작품, 과학적 원리로 설명할 수 없는 작품, 전시 시 인체에 해로운 영향을 줄 수 있다고 인정되는 작품은 출품할 수 없습니다.

- 특히 지역대회 원서접수일 기준으로 공개된 작품은 출품 불가함
- 표절작, 대리작, 타 대회 중복 응모 등 기타 정당하지 못한 작품을 출품한 자는 3년간 출품을 제한하고 입상을 취소함

(6) 심사는 어떻게 진행되나요?

예선 대회는 각 지역대회의 공고를 확인해야 합니다. 전국 대회 심사는 코로나19로 인해 1차 심사(작품 설명서, 동영상)와 2차 심사(면담)로 진행되었으나 현재(2024년)는 1차 서면 심사와 작품에 대한 설명 및 질의응답 등을 통한 2차 면담 심사로 진행되고 있습니다. 면담 심사는 개인 면담 방식으로 출품 학생과 심사위원이 1:3으로 진행하고 출품 학생 개인당 한 번의 발표 기회를 부

여하고 있습니다. 만약 2차 면담 심사에 불참하면 수상에서 제외된다는 점을 잊지 마세요. 면담 심사 시간은 작품당 출품 학생 발표(3분), 심사위원 질의 및 응답(10분)으로 구성되어 있습니다. 이때 심사위원이 즉석에서 작품의 작동 시연을 볼 수 있도록 준비가 필요합니다. 동기와 목적은 가능한 간략하게 설명하는 것이 좋습니다. 작품을 처음 생각하게 된 계기나 기존의 다른 작품과 비교해서 나의 작품이 어떤 점에서 창의적이고 우수한지 차별성을 강조해서 설명하는 것이 중요합니다. 이때 단순히 암기한 내용을 전달하는 것보다는 작품의 내용을 정확히 이해하고 연구 과정을 설명하는 것이 바람직합니다.

(7) 심사 배점은 어떻게 구성되어 있나요?

전국학생과학발명품경진대회는 작품 제작 동기, 작품의 내용이 학생 수준에 적합한지 여부, 본인의 노력 정도 등과 문제 해결을 위한 창의성 및 탐구 과정에 중점을 두고 심사합니다.

구분	심사 기준	심사 배점(100점)	
		1차 심사 (작품 설명서)	2차 심사 (면담)
창의성 탐구성	- 작품 아이디어의 독창성 정도 - 작품 제작 과정에서 도출된 문제 해결 노력 및 능력 정도 - 작품의 학력(초·중·고) 수준에서의 창의성·탐구성 반영	15점	20점

실용성	- 작품이 일상생활에서의 실제적 응용 정도 - 기존 작품 또는 제품과 비교하여 개선·발전시킨 정도 - 작품이 일상생활에 이바지할 것으로 기대되는 정도	10점	20점
노력도	- 발표에 대한 준비성(명료성 및 발표 자료의 적절성) - 작품의 제작과 출품 과정에 대한 학생의 노력 및 직접 참여 정도(탐구일지 실적 등을 반영)	-	20점
경제성	- 작품 제작의 경비 절감 및 경제적 파급 효과 - 수요 창출 효과, 경제성, 현실성 여부	5점	10점
총합		30점	70점

⑧ 전국학생과학발명품경진대회의 시상은 어떻게 되어 있나요?

시상 및 훈격은 2024년 기준으로 다음과 같습니다.

상명	분야	수량	시상훈격	시상내역	비고(대상)
대통령상	종합	1점	대통령	상장	(학생)
				상금	(학생 400만 원) (지도교원 400만 원)
국무총리상	종합	1점	국무총리	상장	(학생)
				상금	(학생 200만 원) (지도교원 200만 원)

최우수상	3개 (초·중·고)	10점	과학기술정보통신부장관 교육부장관 환경부장관 해양수산부장관 중소벤처기업부장관	상장	
특상	3개 (초·중·고)	50점	과학기술정보통신부장관 교육부장관 환경부장관 해양수산부장관 중소벤처기업부장관	상장	
우수상	3개 (초·중·고)	100점	과학기술정보통신부장관 교육부장관 환경부장관 해양수산부장관 중소벤처기업부장관 특허청장	상장	초·중·고 출품작 수 비례하여 분리 심사 및 수상
장려상	3개 (초·중·고)	139점 내외	과학기술정보통신부장관 중소벤처기업부장관 특허청장 국립중앙과학관장 한국연구재단이사장 한국과학창의재단이사장 한국과학기술기획평가원장 동아일보사장 에치와이사장	상장	
학교단체상	초·중·고	17점	과학기술정보통신부장관	상장	

11

선생님, 발명이 우리의 진로에 영향을 주나요?
발명과 진로를 연결한 사례를 이야기해 주세요!

여러분, 혹시 이런 휴대폰을 본 적 있나요? 2008년에 유행했던, '고아라폰'이라고 불리던 휴대폰입니다. 당시에는 국민 휴대폰이라고 불릴 정도로 많은 사람이 사용했어요.

▶ '고아라폰'이라고 불렸던 삼성전자 애니콜 슬림폴더 HSDPA

이 휴대폰을 사용하던 한 학생은 휴대폰에 관한 새로운 아이디어를 생각하게 됩니다. 그 아이디어를 한번 볼까요?

재호는 현대인에게 있어서 휴대폰이 더는 통화를 위한 기기에 머물러 있지 않고, 나 자신을 표현하는 하나의 액세서리로 역할이 바뀌어 가는 상황을 생각해 보았습니다. 그리고 과거부터 현재까지 나온 휴대폰 디자인을 검토해 보고 사람들은 크기가 작고, 휴대가 간편하고, 많은 기능을 가진 나만의 휴대폰을 원한다고 생각했습니다.

재호는 사람들이 하는 일, 장소, 복장에 따라 실제로 휴대폰 사용에 불편을 느낄 때가 있다고 생각했어요. 예를 들어, 주머니가 없는 옷을 입거나 핸드백 또는 가방을 가지고 다니기 어렵다면 휴대폰을 소지할 다른 방법을 찾아야 했지요. 그래서 등장한 휴대폰용 목줄이 조금이나마 불편을 덜어주고는 있지만, 여전히 상당히 불편하다고 생각했습니다.

'그렇다면 나만의 개성을 살려주고, 복장과 상황에 어색하지 않으면서 간편하게 휴대하려면 어떻게 해야 할까?' 이 문제를 고민하던 재호는 말 그대로 휴대폰이 액세서리가 되면 된다고 생각했지요. 그 결과 다음과 같은 발명 아이디어를 생각하게 됩니다.

몸에 걸쳤을 때 자연스러우면서도 휴대폰 기능을 할 만한 것이 많았지만, 그중에서도 간편한 세 가지 액세서리를 발명 아이디어에 접목했는데요. 재호의 아이디어는 바로 목걸이, 팔찌, 안경을 이용한 새로운 휴대폰이었습니다.

◎ 재질

각각의 액세서리의 경우 보석을 사용하여 고급스러운 분위기를 줄 수 있다. 그리고 구매자의 취향이나 판매자의 기호에 따라 상대적으로 다르게 변형시킬 수가 있다.

◎ 기능
⑴ 목걸이 휴대폰
◇ 정면

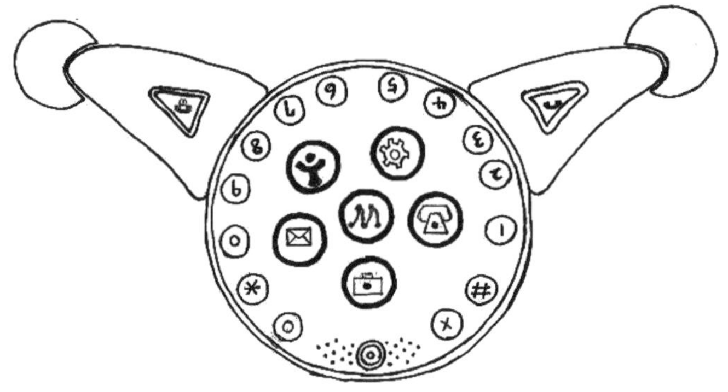

기본 형태이다. 양 끝은 줄로 연결해서 목에 건다. 양 끝에 두 개의 동그란 부분은 귀에 꽂을 수 있는 이어폰(통화 시에 사용)이다. 원과 원 사이의 부분에는 와이어가 들어 있어서 이어폰의 선과 가운데 메인 휴대폰 부분이 늘어날 때 연결해 줄 선들이 들어가 있다. 그리고 통화 버튼이 달려 있다.

가운데 원은 휴대폰 기능을 담당하는데, 터치스크린 방식을 사용하여 휴대폰 기능을 장치했다. 아래의 점들은 통화를 위한 음성 인식 부분이고, 점들 가운데의 원은 사진을 찍을 수 있는 카메라이다.

◇ 통화나 문자 사용 시

통화할 때는 번호를 누르고, 이어폰을 귀에 꽂은 후 목걸이를 입에 대고 통화하면 된다.

문자를 보낼 때는 그림과 같이 터치 부분을 길게 잡아당겨서, 손에 들고 간편하게 문자를 전송할 수 있다.

(2) 팔찌 휴대폰

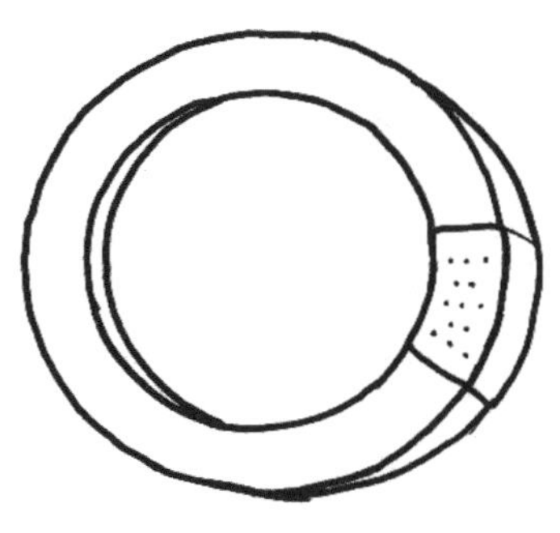

◇ 측면

윗면은 터치스크린 방식으로 하여서 버튼을 누를 수 있게 한다. 음성 인식 부분과 팔찌 사이에는 와이어가 연결되어 있어서 길게 늘일 수 있다. 그리고 음성 인식 부분 위아래로는 음성을 들을 수 있는 스피커가 있다.

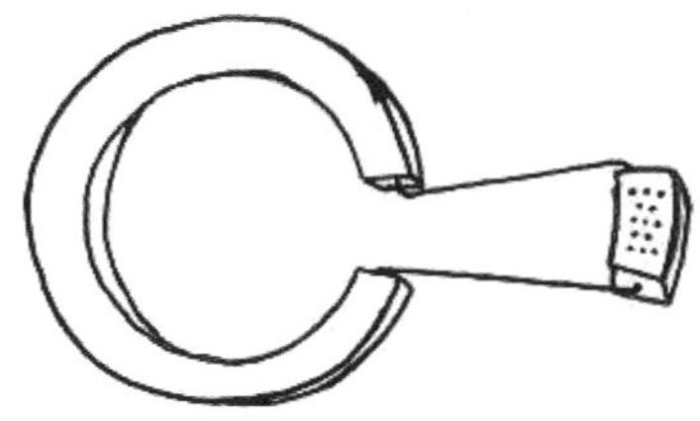

◇ 측면

보통 팔찌처럼 팔에 착용하고 있다가, 통화를 하려면 번호를 누르고 팔찌를 착용한 팔을 귀에 맨다. 그림과 같이 음성 인식 부분을 잡아당기어 입으로 가져가서 통화를 하면 된다.

(3) 안경 휴대폰

◇ 정면

안경알 부분은 스크린으로 평소에는 투명하지만, 문자나 통화할 때 내용이 표시되어 바로 알려줄 수 있다. 안경 양 끝에는 스피커가 달려 있어서 통화 시 귀에 꽂아서 사용하면 편리하다. 기본적인 통화나 문자 버튼은 안경알 위에 있어서 누르면 바로바로 확인할 수 있다.

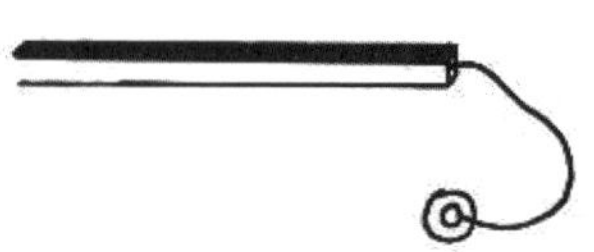

◇ 통화 시

그림과 같이 이어폰을 빼내어 귀에 꽂은 후 통화 버튼을 누르고 통화하면 된다.

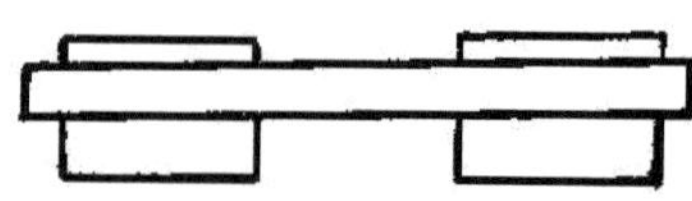

◇ 문자 보낼 시

그림과 같이 안경을 접은 후 평소에는 기능을 막아놓은 터치스크린 모드를 해제하고 안경테 부분의 터치스크린을 활용하여 문자를 적으면 된다.

전체적인 아이디어는 휴대가 간편하고, 각각의 액세서리 디자인이나 사용한 재료에 따라서 나만의 개성을 뽐낼 수 있도록 생각한 것입니다. 그리고 휴대폰을 휴대하기 위한 다른 공간이 필요하지 않기 때문에 장소와 복장에 따라 휴대폰의 기능을 더욱 잘 살릴 수 있는 아이디어였습니다. 이 아이디어는 모두 2008년에 고재호 학생이 고등학교 시절부터 생각한 것입니다. 여러분이 보기에는 어떤가요?

현재 웨어러블 기기를 생각해 보면 비슷한 제품이 나와 구글 글래스 등 다양한 형태로 발전하고 있습니다. 재호가 처음 아이디어를 냈을 때는 기술적으로 발전이 필요한 내용도 많았는데, 지금은 이런 아이디어가 구현된 사례가 많지요. 이렇게 새로운 세상을 상상하고, 꾸준히 아이디어를 생각하고, 꿈을 위해 노력한 재호는 지금 어떤 일을 하고 있을까요?

이 아이디어를 생각한 재호는 전자공학을 전공하고 삼성전자에서 휴대폰 디자인을 개발하는 연구원으로 일하고 있습니다. 항상 휴대전화를 관찰하고, 새로운 아이디어를 정리하던 친구이기 때문에 본인이 배운 전공을 바탕으로 새로운 휴대폰을 발명하는 일에 종사하게 된 것입니다.

여러분도 자신만의 관찰과 연구를 이어가면서 노력한다면 발명을 통해 진로를 찾을 수 있습니다.

여러분의 도전과 미래를 응원합니다.

미끌미끌 자석 발바닥

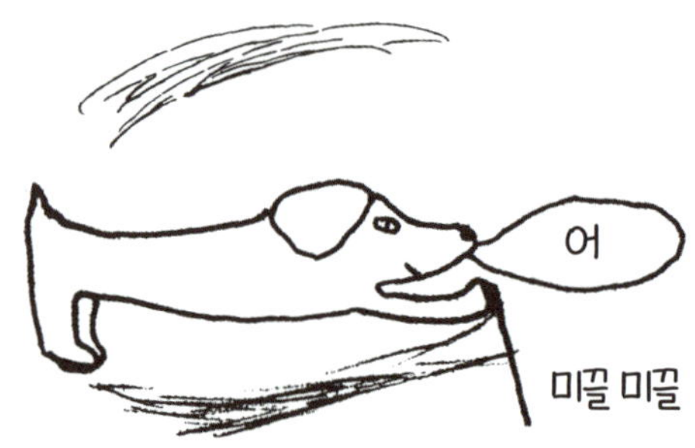

미끌미끌한 자석 같은 것을 개랑 고양이 발바닥에 붙인다.
막 싸우려고 하면 자석 때문에 자꾸 멀어진다.
자꾸 싸우려고 하면 더 미끄러진다.

개와 고양이가 절대 만날 수 없도록 자동으로 해결해 주는 아주 독창적인 아이디어다. 개와 고양이의 발에 미끄러운 자석을 붙였다. 평상시에는 아무런 불편 없이 돌아다니지만, 둘이 만났을 때는 발이 미끈미끈한 데다 자성이 있어서 서로 밀어내기 때문에 물어뜯거나 때리지 못한다. 정치인들에게도 이런 자석을 붙여서 싸우지 못하게 하면 어떨까?

* 『아이의 천재성을 깨우는 드 보노 그림놀이』 (에드워드 드 보노 지음) 중에서

Chapter 2

대한민국학생발명전시회에
도전하라!

선생님, 대한민국학생발명전시회에 참가하는 과정이 궁금해요!

대한민국학생발명전시회 참가는 두 가지 과정으로 이루어져 있습니다. 첫 번째는 온라인 접수이고, 두 번째는 대면 심사, 또는 온라인 심사입니다.

온라인 접수 시 발명교육포털사이트(https://www.ip-edu.net)에서 대한민국학생발명전시회 배너의 신청하기를 클릭하면 신청 안내 페이지로 이동합니다. 그리고 로그인 후 신청이 가능합니다. 온라인 신청서는 자세하게 작성해야 합니다.

온라인 신청서를 작성할 때는 신청서에 넣을 내용을 한글 등의 프로그램으로 미리 작성해 두고, 작성한 내용을 복사해서 붙여 넣으면 서류 접수 시 오류를 줄일 수 있습니다.

대한민국학생발명전시회 1차에서 선정되면, 이제는 작품 현물을 설명하는 동영상을 촬영하여 온라인으로 등록합니다. 이 온라인 작품 현물 심사는 발명품의 설명 자료(PPT)와 작품(현물)을 심사위원에게 설명하는 동영상을 촬영

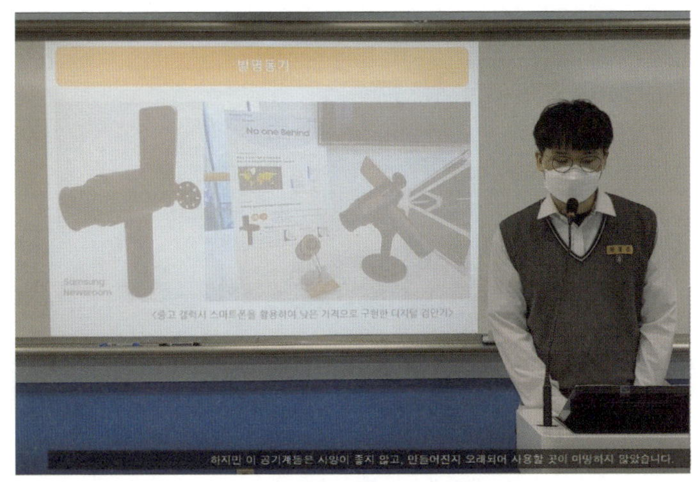

▶ 작품 현물을 설명하는 동영상

하여 제출하고 평가받는 단계입니다. 이를 위해서는 미리 패널을 만들어 발표를 연습해 보는 것도 매우 좋은 방법입니다.

2020년부터 현재(2024년)까지는 코로나19 상황 때문에 동영상을 만들어 제출하게 되어 있습니다. 동영상 촬영 장소는 어디가 제일 좋을까요? 설명 자료와 학생이 모두 나올 수 있도록 찍을 수 있는 학교가 제일 좋은 것 같습니다. 동영상을 제작할 때는 여러 번 찍어서 그중에 가장 마음에 드는 영상을 보내면 됩니다.

다음으로는 작품 심사 대상자 화상 심사에 참여해야 합니다. 우선 1차에서 만든 동영상을 기반으로 여러분의 작품을 설명하면 되는데요. 여기에서 중요한 것은 실물의 작동입니다. 대부분 줌(zoom)으로 화상 심사를 진행하므로 여러분의 작품 실물을 직접 보여주는 것이 중요합니다.

여러분을 위해서 사례를 보여드리겠습니다. 대한민국학생발명전시회 1차에

선정되어 작성한 발명품 설명 자료입니다. 발명 동기, 발명 목적, 발명 내용, 용도 및 효과를 자세히 작성해야 합니다.

휴대폰 입체 음향 시스템

□ 발명 동기

많은 공기계를 보유하고 있었으나 사용처가 없어 전시만 하다가, 갤럭시 업사이클링 프로젝트에 관한 기사를 접하게 되었고, 이를 보며 공기계를 재활용할 수 있겠다는 생각이 들어 이를 계기로 휴대폰 입체 음향 시스템을 고안하였다.

□ 발명 목적

폐휴대폰을 재활용하게 되면 그 과정에서 비용적 손실이 발생한다고 한다. 이에 폐휴대폰을 이용한 업사이클링을 하여 재활용 비용을 감소시키고, 이와 더불어 사용자에게 입체 음향 시스템을 체험, 사용할 수 있도록 하는 것이 목적이다.

□ 발명 내용

와이파이 다이렉트 기술과 스레드를 사용하여 멀티미디어 파일을 동시에 재생하고, 입체 음향을 구현하는 앱을 개발하였다. 공명 현상을 이용하여 음향의 방향 조절, 증폭해 줄 수 있는 스탠드를 개발하여 사람들이 3D 프린터로 인쇄할 수 있도록 하였다.

□ 용도 및 효과

폐휴대폰을 재활용하게 되면 귀금속이나 팔라듐, 플래티넘 등 자원을 추출할 수 있으나, 우리나라는 재활용 시스템이 부족하여 회수가 어렵고, 재활용 과정에서의 수익이 발생하지 않는다고 한다. 이 문제에 대하여 휴대폰 입체 음향 시스템은 앱으로 개발되어, 가정에서도 쉽게 설치할 수 있도록 하였고, 입체 음향 시스템의 휴대폰 스탠드는 파일 stl로 만들어져 3D 프린터로 만들어 사용할 수 있도록 개발되었다. 이에 휴대폰 입체 음향 시스템의 사용은 폐휴대폰의 발생량을 줄여 재활용률 증가는 물론 환경에 기여할 것이다. 이와 더불어 사용자에게 입체 음향 효과를 체험하고 사용할 수 있도록 한다.

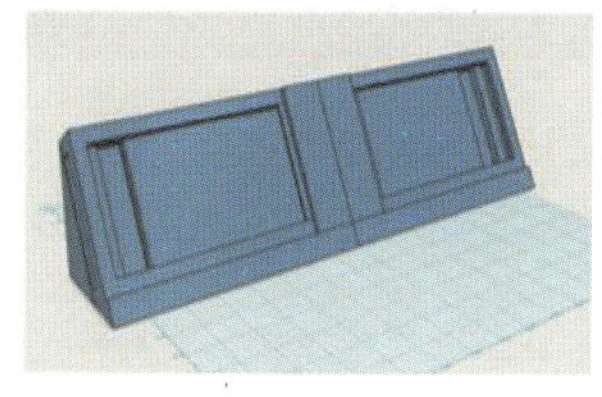

도면

제작 과정

현물 참고 사진

▶ 2021년 출품 및 수상작 사례

대회 준비를 하다 보면 제출해야 하는 서류 중에 '발명 요약서'가 있습니다. 발명 요약서에는 여러분의 아이디어에서 중요한 기능, 역할 등을 자세하게 작성하면 좋습니다. 발명 요약서 사례는 다음과 같습니다.

발명 요약서 사례

휴대폰 입체 음향 시스템

평상시에 휴대폰을 좋아하여 집에 열 대 이상의 공기계를 가지고 있다. 하지만 기기가 오래되어 전시 외에는 사용할 곳이 마땅히 없었다. 그렇게 한동안 전시만 하다가 최근 삼성전자에서 '갤럭시 업사이클링'이라는, 공기계를 IoT 기기로 전환하는 프로젝트를 통하여 디지털 검안기로 활용하였다는 기사를 접하게 되었다. 이를 보며 전시 중인 나의 공기계를 디지털 검안기처럼 재활용할 수 있겠다는 생각이 들어서 사용할 곳을 찾아보았다. 그러다 여러 휴대폰을 하나로 묶어 같은 음향을 내는 시스템을 구현할 수 있다면 스테레오 음향, 입체 음향도 낼 수 있을 것이라는 생각이 들어 이 아이디어를 구상하기 시작하였다.

공기계와 같이 사용하지 않는 기기는 폐휴대폰으로 분류되며, 폐휴대폰의 회로에는 다양한 금속이 포함되어 있다. 하지만 이러한 금속을 회수하고 추출하는 과정에서 발생하는 비용과 수익을 합하게 되면 한 대당 -150원으로 계산된다. 또한, 국내 재활용 시설에는 폐휴대폰의 재활용 시스템이 부족해 귀금속이나 팔라듐, 플래티넘 등의 금속을 회수하지 못하고 있으며 재활용 의무 이행률도 충족하지 못하는 것으로 나타났다. 위와 같은 상황으로 인해 삼성의 '갤럭시 업사이클링' 프로젝트와 같이 재활용하는 과정을 거치거나, 중고 폰 매입 업체를 통한 판매, 수출이 이루어지지 않으면 수익이 발생하지 못한다. 이러한 상황에서 '휴대폰 입체 음향 시스템'은 앱이라는 접근성이 좋은 소재와 3D 프린터 인쇄가 가능한 하드웨어를 통하여 실생활에서도 쉽게 입체 음향 시스템을 체험, 사용할 수 있도록 한다. 이에 따라 공기계,

폐휴대폰의 재활용률이 올라갈 것이며 두 가구당 한 대의 폐휴대폰을 업사이클링
하게 된다면, 2016년 기준 재활용 의무 이행률인 1,400톤을 충족할 것으로 예상된
다. 또한, 일반적인 재활용, 폐기 방식보다 효율적이며 환경친화적인 방식이 될 것
이다. 이러한 긍정적인 효과와 더불어 휴대폰 입체 음향 시스템은 적은 비용으로도
공명 현상을 이용하여 입체·공간 음향을 구현하고 체험할 수 있다는 장점을 가지
고 있다.

그리고 중요한 내용이 있습니다. '발명탐구일지'를 작성하면 가산점을 주는
제도가 있어요. 그리고 이러한 과정을 보여주면 심사위원들에게 좋은 평가를
받을 수 있습니다.
　　선행기술조사도 반드시 해주기 바랍니다. 다음은 선행기술조사 사례입니다.

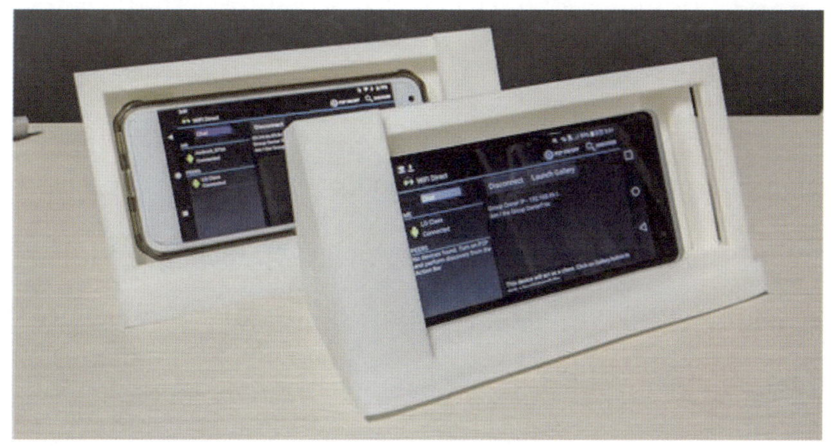

▶ 휴대폰 입체 음향 시스템

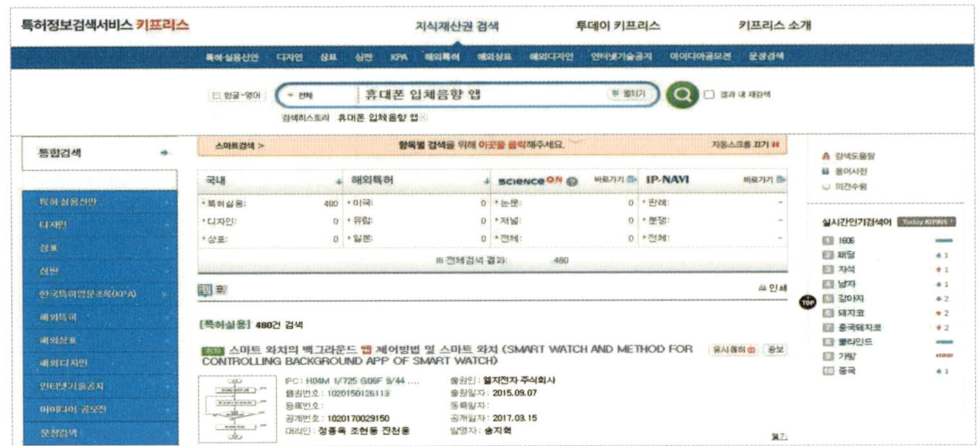

▶ 특허정보넷 키프리스에 '휴대폰 입체 음향 앱'을 검색한 화면

　　학생은 특허정보넷 키프리스를 통해 선행기술을 조사하였고, 키프리스에서의 조사 결과 '휴대폰 입체 음향 앱'과 정확하게 일치하는 특허명은 없었습니다. 또한, 관련 기술이나 특허가 있는지 '입체 음향'이라는 키워드로 조사해 보았고, 해당 사항이 없다는 것을 확인했습니다.

　　여러분에게 마지막으로 당부할 내용이 있습니다. 대한민국학생발명전시회는 물론 다른 모든 대회에 참가할 때 가장 주의할 점입니다. 바로, '요강을 꼼꼼히 살펴봐야 한다'는 점입니다! 많은 학생이 대회 요강을 잘 읽지 않습니다. 요강을 숙지하지 않아 발생하는 불이익이 없어야 합니다. 여러분, 다시 한번 강조합니다. 꼭 요강을 잘 읽어주세요!

대한민국학생발명전시회에서는 지금까지
어떤 작품이 수상했나요?

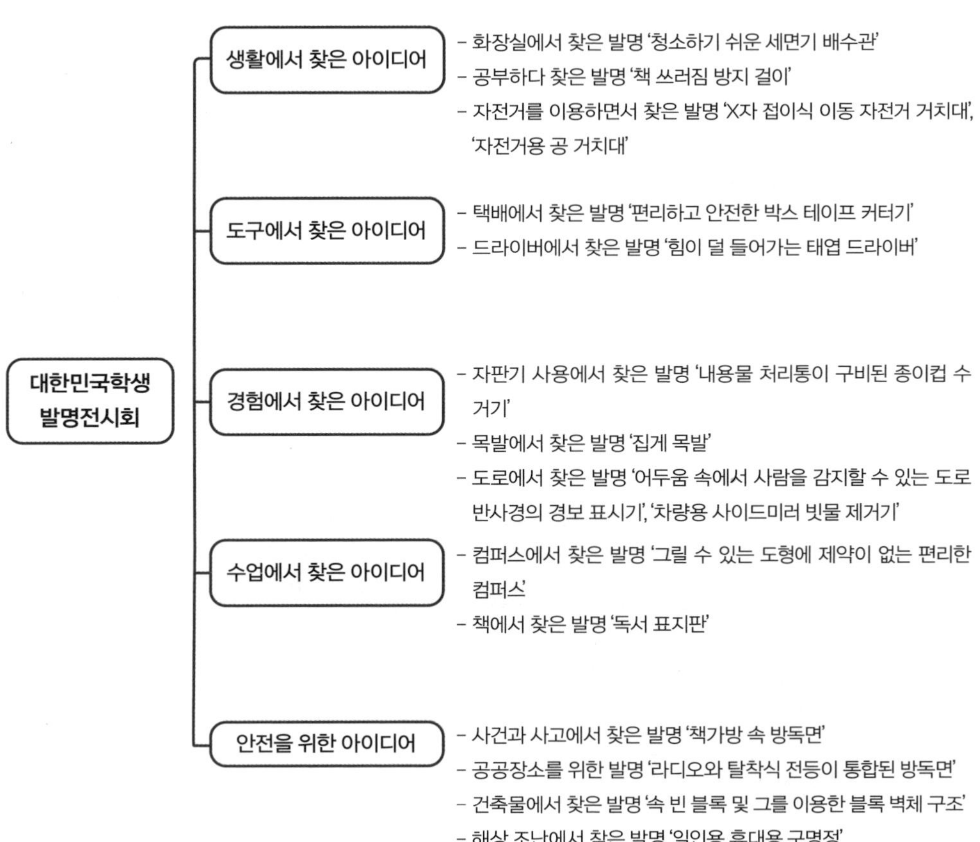

　대한민국학생발명전시회에서 수상한 사례들을 소개하겠습니다. 사례를 잘 읽어보고 여러분의 아이디어와 비교해서 생각해 보세요! 그러면 여러분의 아이디어를 정리하는 데 많은 도움이 될 것입니다.

　대한민국학생발명전시회에서는 반짝이는 아이디어가 좋은 수상과 연결됩니다. 다음은 여러분이 참가할 수 있는 모든 분야에서 제시되었던 아이디어 사례를 정리한 것입니다. 다양한 사례들을 보면서 여러분의 아이디어를 생각해 보세요!

1. 생활에서 찾은 아이디어

1) 화장실에서 찾은 발명

'청소하기 쉬운 세면기 배수관'

　민재는 머리를 감을 때마다 가족들의 머리카락이 세면대 배수관(물을 내리고 보관하게 하는 장치)을 점점 막아서 물이 잘 내려가지 않는 상황을 경험했습

▶ 세면기 배수관을 막고 있던 오염 물질

니다. 그래서 직접 세면대를 분리해서 청소해 보았더니 머리카락과 더러운 찌꺼기가 엉켜서 세면대 배수관을 막고 있었으며, 매우 심한 악취가 나서 머리가 아팠던 경험을 합니다.

민재는 '어떻게 하면 세면대 배수관이 막히지 않고, 누구나 청소하기 쉽게 잘 분리될 수 있을까?'라는 생각에서 발명을 시작했어요. 그러면 먼저 무엇을 해야 할까요? 세면대의 구조를 알아야 합니다. 그래서 민재는 세면대의 구조를 연구합니다.

민재는 연구 결과 화장실 세면대 배수관과 욕조 배수관이 큰 배수관에서 만나는 것을 알았습니다. 만약 이물질이나 머리카락이 세면대 배수관에 걸리지 않고 흘러 내려간다고 해도 세면기와 욕조의 배수관이 만나는 큰 배수관이 막히게 된다는 사실을 깨달았지요. 만약 큰 배수관이 막힌다면 문제가 더욱 커질 것입니다.

트랩의 봉수에 휘어져 있는 부분에는 계속 새로운 물이 찹니다. 이 부분은 벌레나 악취가 올라오는 것을 막아주는 역할을 해요. 구부러져 있어 물이 천

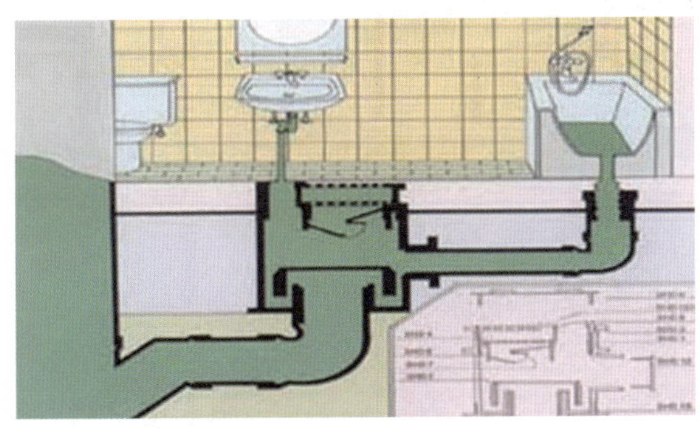

▶ 화장실 배수관의 구조
세면기와 욕조 배수관이 한군데에서 만난다.

천히 내려가기 때문에 물이 역류하지도 않습니다. 보통 이 부분에서 잘못 넘어간 반지나 귀걸이, 렌즈를 찾을 수 있습니다. 다만, 그러기 위해서는 일일이 분리해서 찾아야 하는 불편함이 있지요.

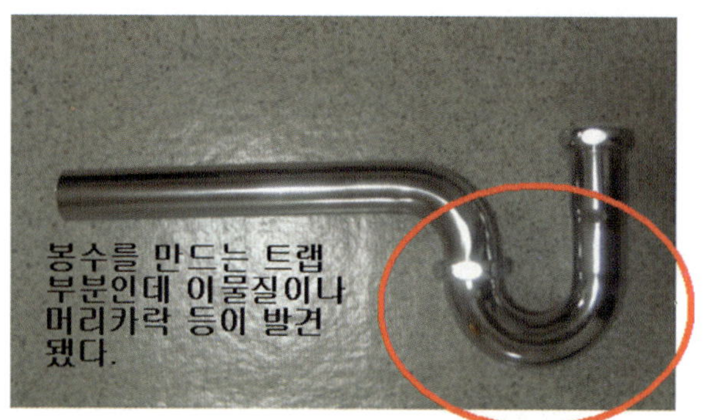

벌레와 악취를 막아주는 봉수 부분은 휘어져 있다.

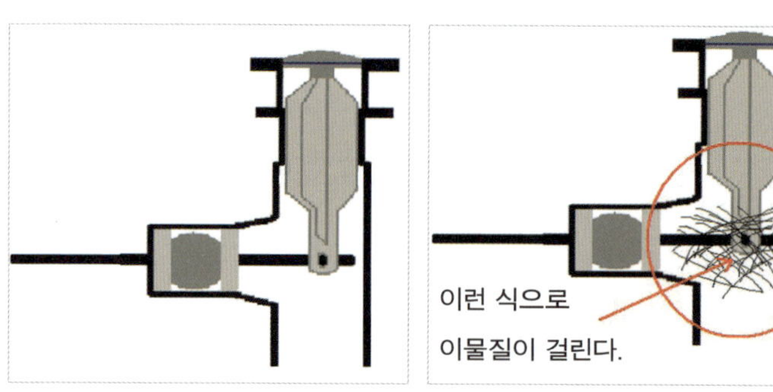

▶ 이물질이 많이 걸리는 기존 배수관

위의 그림은 기존 배수관의 내부 구조입니다. 물을 보관할 때나 물을 내릴 때 사용하는 배수관의 윗부분인데요. 내부 구조가 복잡하여 머리카락이나 이

물질이 일차적으로 많이 걸립니다. 그래서 민재는 다음과 같은 아이디어를 생
각하게 됩니다.

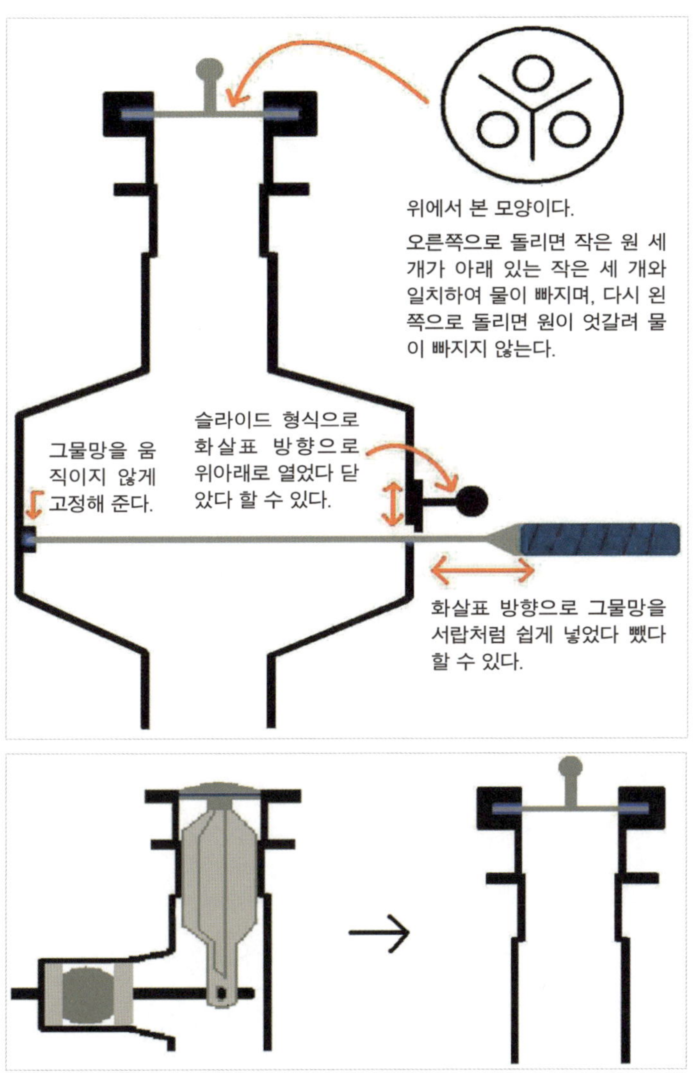

▶ 배수관 내부의 복잡한 구조를 단순화한 민재의 1차 아이디어

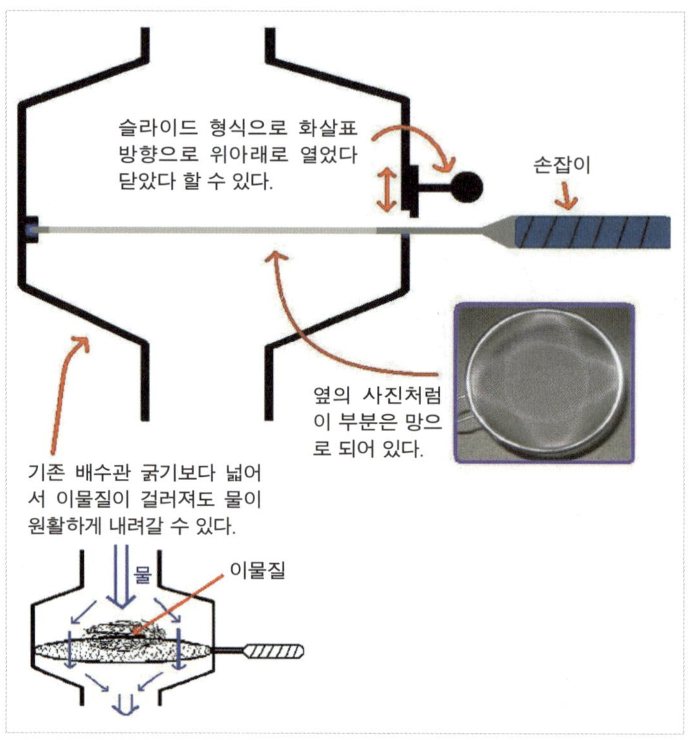

▶ 민재의 최종

민재는 배수관 내부의 복잡한 구조를 단순화해서 일차적으로 막히는 문제를 해결하는 아이디어를 냈습니다.

이 발명품의 가장 큰 특징은 세면기 배수관이 막히지 않는 것입니다. 또 누구나 짧은 시간에 손쉽게 거름망을 뺐다 꼈다 할 수 있습니다. 간단하게 수시로 청소할 수 있어 많은 경비와 시간을 절약할 수 있습니다.

그리고 배수구를 청소하며 독성이 강한 약품을 사용하지 않아 수질오염을 방지할 수 있습니다. 배수관을 청소할 때 많은 물이 필요하지도 않으므로 절수 효과가 뛰어납니다. 배수관 중간에서 차단하여 이물질을 거르므로, 물이

▶ 직접 만들어 본 '청소하기 쉬운 세면기 배수관'

원활하게 흐르게 됩니다. 실수로 렌즈나 작은 귀중품 등을 배수구에 떨어뜨렸을 때도 쉽게 찾을 수 있습니다.

민재는 이 발명품이 나올 때까지 발명탐구일지를 작성했습니다. 민재의 발명탐구일지를 한번 볼까요?

 발명탐구일지

제목	청소하기 쉬운 세면기 배수관
작품 요약 및 기능	TV를 보면서 양치질을 하고 있다가 화장실에 입을 헹구러 갔는데 누나가 심각한 표정으로 세면대 물 빠지는 곳을 가리키면서 "어떡하지 민재야?"라고 말했다. 그래서 내가 "왜?"라고 말하기 위해 입안에 머금고 있던 치약 거품을 세면대에 뱉으려는데, 누나가 나를 막으면서 "여기에 렌즈가 들어갔어"라고 말했다. 나는 거품을 우선 변기통에 뱉고 "그럼 수위 아저씨 불러"라고 말했다. 얼마 후 수위 아저씨가 오셔서 밑에 있는 파이프를 다 분리한 후 위에서 물을 내려서 렌즈를 찾게 되었다. 렌즈 말고도 엄청난 이물질과 머리카락이 엉켜서 나오고 악취가 너무 심해서 모두 인상이 찌푸려졌다. 그래서 이 광경을 보고 어떻게 하면 배수관이 쉽게 분리되어 청소하기가 쉽고, 또 배수관 안에 망이 있어서 렌즈, 귀걸이 등을 거를 수 있게 하여 쉽게 찾을 수 있을지를 생각해 보았다.
전에 구상한 제품과의 차이점	세면기 배수관 중간에 망이 있어 이물질이나 머리카락이 걸리며 렌즈 같은 것은 쉽게 찾을 수 있게 한다.
개선점	배수관을 구체적으로 그려보고 안의 구조도 자세히 연구해 보아야겠다.

발명탐구일지

제목	청소하기 쉬운 세면기 배수관
작품 요약 및 기능	머리를 감는데 물이 잘 내려가지 않는 탓에, 물이 빠지기까지 시간이 오래 걸려서 짜증이 났다. 어머니께 "어머니, 물이 잘 내려가지 않아요!"라고 말하니깐 어머니께서 "배수관이 머리카락 때문에 막혀서 그런 것 같다. 누나들이 머리 감고 그냥 버려서 그래. 저번에 수위 아저씨가 배수관을 분리하는 것을 보았으니깐 민재가 청소 좀 해라"라고 말씀하셨다. 그래서 배수관을 하나하나 힘들게 분리하면서 청소하였다. 악취에다가 온갖 찌꺼기와 머리카락이 엉켜서 나오는 것을 보고 속이 울렁거렸다. 생각해 보니 누나들과 내가 머리를 감고 나면 나오는 머리카락을 무방비로 그냥 배수관으로 흘려보내서 그런 것 같다. 청소를 다 하고 나니 물이 잘 내려갔다. 그래서 어떻게 하면 쉽고 편리하게 배수관을 청소할 수 있을지를 생각해 보았다. 위의 사진들은 배수관을 청소하면서 나온 머리카락과 이물질이다.
개선점	배수관을 구체적으로 그려보고 안의 구조도 자세히 연구해 보아야겠다.

제목	청소하기 쉬운 세면기 배수관
작품 요약 및 기능	나와 같은 경우가 많은지 친구들과 선생님께 물어보고, 또 가장 많은 정보를 얻을 수 있는 인터넷을 조사하였다. 나의 아이디어를 말했더니 친구들은 괜찮다며 한번 만들어 보라는 대답만 많이 했지만, 선생님들께서는 바로 공감하며 참 좋은 아이디어라고 말씀해 주셨다. 인터넷을 조사하니 나와 같은 경우가 참 많았다. 특히 네이버 지식iN에는 많은 사례가 나와 사람들이 그런 점을 많이 불편해 한다는 것을 다시 한 번 느끼게 되었다. 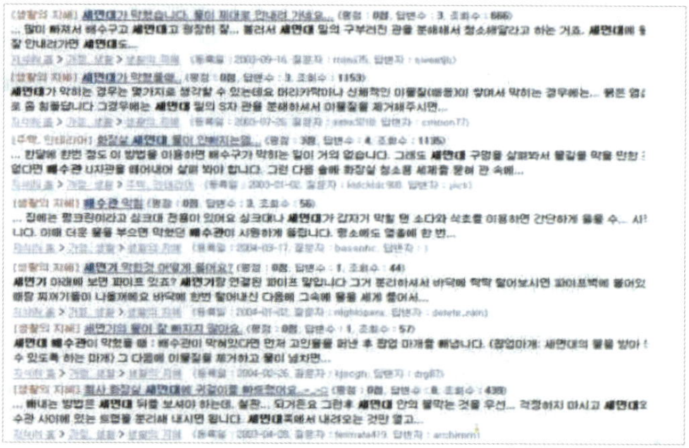 위의 글은 인터넷에서 찾은 많은 사례들이다.
개선점	배수관을 구체적으로 그려보고 안의 구조도 자세히 연구해 보아야겠다.

발명탐구일지

제목	청소하기 쉬운 세면기 배수관
작품 요약 및 기능	배수관 중간에 거름망이 있어 머리카락이나 이물질을 거를 수 있고 렌즈나 귀걸이, 반지 등 작은 귀중품도 걸려서 쉽게 찾을 수 있게 했다. 문제는 망을 어떻게 하면 쉽게 뺐다 꼈다 할 수 있을 것인가이다. 그래서 방법을 생각해 보았다. 서랍식으로 하는 것이 가장 편리할 것이라고 생각했다. 중간에 망이 있다.
전에 구상한 제품과의 차이점	거름망을 서랍식으로 하여 누구나 편리하게 사용할 수 있게 했다.
개선점	서랍식으로 하였을 때 누수를 막는 방법을 연구해야겠다.

제목	청소하기 쉬운 세면기 배수관
작품 요약 및 기능	거름망 있는 부분을 기존의 배수관보다 크게 해야겠다는 생각이 들었다. 그래야지 머리카락이나 이물질이 많이 쌓여도 물이 원활하게 내려간다. 위 그림을 보면 배수관이 좁으므로 이물질이 자주 쌓이게 되어 물이 원활하게 내려가지 않는다.(좌) 같은 양의 이물질이라도 배수관을 넓게 하면 물은 원활하게 내려가게 된다.(우)
전에 구상한 제품과의 차이점	거름망 있는 부분을 원래 배수관 크기보다 크게 한다.
개선점	서랍식으로 하였을 때 누수를 막는 방법을 연구해야겠다.

발명탐구일지

제목	청소하기 쉬운 세면기 배수관
작품 요약 및 기능	거름망 있는 부분을 기존의 배수관보다 크게 해야겠다는 생각이 들었다. 그래야지 머리카락이나 이물질이 많이 쌓여도 물이 원활하게 내려간다. 3cm 정도의 보호벽이 있어서 이물질이나 머리카락이 많이 쌓여도 그대로 뺄 수 있다.
전에 구상한 제품과의 차이점	보호벽이 있어서, 이물질이나 머리카락이 흐르지 않는 상태 그대로 거름망을 뺄 수 있다.
개선점	구체적인 크기, 치수를 재야겠다.

발명탐구일지

제목	청소하기 쉬운 세면기 배수관
작품 요약 및 기능	물의 경로를 보면 튀는 물만 새지 않게 하면 되므로 뚜껑으로 해도 아무 문제 없다. ▶ **물의 경로** 거름망을 넣다 뺐다 하였을 때 편리하면서 물이 새지 않게 하는 방법을 찾았다. 거름망 있는 부분을 사각형으로 하고 거름망을 넣었을 때 위에서 뚜껑을 닫는 식으로 하면 된다.
전에 구상한 제품과의 차이점	거의 완벽한 거름망 장치가 완성되어 간다.
개선점	크기와 디자인을 정확하게 정해야겠다.

발명탐구일지

제목	청소하기 쉬운 세면기 배수관
작품 요약 및 기능	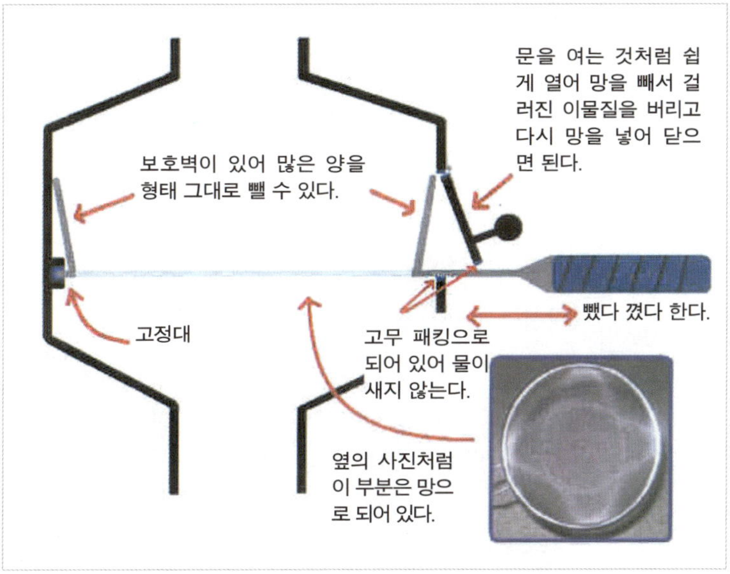 ▶ 완성된 배수관
전에 구상한 제품과의 차이점	이렇게 하면 청소하기 쉽고 배수관이 막힐 염려도 없다.
개선점	크기와 디자인을 정확하게 정해야겠다.

발명탐구일지

제목	청소하기 쉬운 세면기 배수관
작품 요약 및 기능	배수관의 크기와 디자인을 조사하러 청계천에 갔다. 모든 욕실용품 가게를 방문한 결과 배수관 크기는 다 똑같고 모양도 배수관이 밑(땅)으로 들어가는 것과 옆(벽)으로 들어가는 두 종류만 있었다. 시장조사를 한 후 배수관과 P자 파이프관을 구입해 집으로 갔다. 배수관을 보면서 문제점에 대해 계속 생각했고 중간 부분만 바꾸면 되겠다고 생각했다. 위의 사진은 P자형 파이프관이다. 오른쪽 사진은 배수관이다.

	그런데 배수관을 자세히 관찰한 결과 문제점이 발생했다. 물을 내리고 받는 장치가 있는 배수관 안의 구조가 복잡하여 일차적으로 머리카락과 이물질이 걸리는 것이었다. 그래서 안의 구조를 보다 간단하게 바꿔서 막히지 않는 배수관을 생각해야겠다.
개선점	배수관의 걸리는 부분을 걸리지 않게 바꿔야겠다.

제목	청소하기 쉬운 세면기 배수관
작품 요약 및 기능	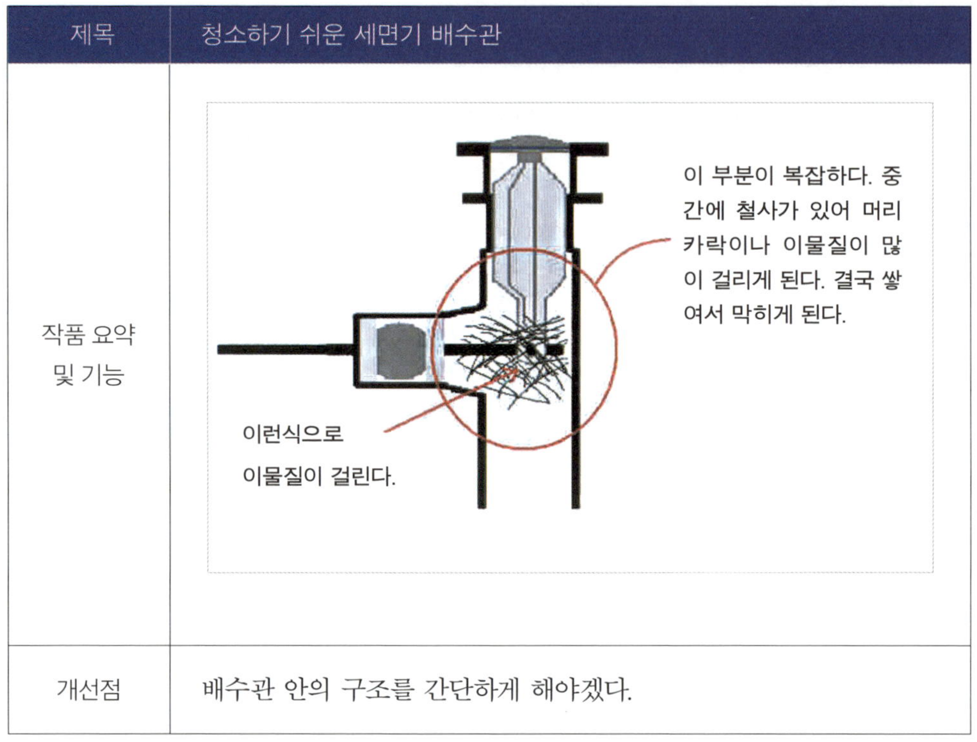
개선점	배수관 안의 구조를 간단하게 해야겠다.

발명탐구일지

제목	청소하기 쉬운 세면기 배수관
작품 요약 및 기능	계속 연구한 결과 미닫이 방법이 가장 간단하고 좋았다. ▶ **기존의 배수관**　　　　▶ **미닫이 형식으로 바꾼 배수관** 기존의 배수관 속 구조가 복잡하여 많이 걸려서 막혔는데 복잡한 구조를 다 없앤 후 미닫이 형식으로 간단하게 하여 절대 걸릴 염려가 없다.
전에 구상한 제품과의 차이점	기존 배수관의 안쪽 구조를 미닫이 형식으로 바꾸었다.
개선점	미닫이 형식으로 해도 물이 잘 보관되는지 검토해 봐야겠다.

발명탐구일지

제목	청소하기 쉬운 세면기 배수관
작품 요약 및 기능	
개선점	디자인을 생각해야겠다.

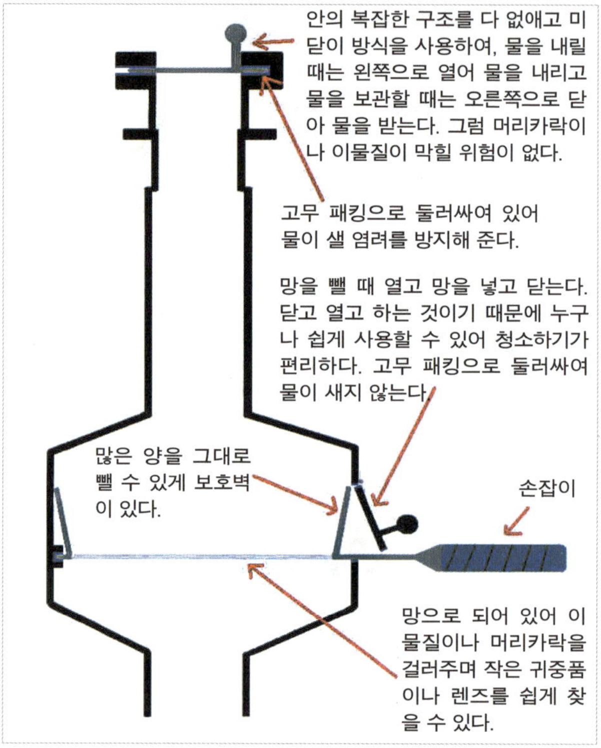

▶ 완성된 발명품

제목	청소하기 쉬운 세면기 배수관
작품 요약 및 기능	 망을 넣은 후 뚜껑으로 닫는 형식이었는데, 실제로 만들기 편하고 누수를 막기에는 슬라이드 형식이 적합하여 슬라이드 방식으로 바꿨다. 망을 꺼내려면 막을 위로 올리고 망을 넣은 다음 막을 내리면 된다.

제목	청소하기 쉬운 세면기 배수관
작품 요약 및 기능	배수관 윗부분을 미닫이 형식으로 하려 했지만 만들다 보니 누수가 커지며 만들기도 어려웠다. 그래서 오른쪽으로 돌리면 구멍들이 일치하여 물이 잘 내려가며 다시 왼쪽으로 돌리면 구멍이 엇갈려서 물을 보관할 수 있는 방법으로 하였다. 구멍이 엇갈려서 물을 보관할 수 있다.(좌) 구멍이 일치하여 물이 내려간다.(우)

제목	청소하기 쉬운 세면기 배수관
작품 요약 및 기능	드디어 발명품을 완성하였다. 내 발명품의 특징 및 효과를 말하자면, 누구나 빠른 시간에 손쉽게 거름망을 뺐다 꼈다 할 수 있고 간단하게 수시로 청소할 수 있어 많은 경비와 시간을 절약할 수 있다. 독성이 강한 약품을 사용하지 않아 수질오염을 방지할 수 있으며 배수관 청소 시 많은 물이 필요하지 않으므로 절수 효과가 뛰어나다. 배수관 중간에서 이물질을 차단하여 걸러주므로 물이 잘 소통되며 렌즈나 작은 귀중품을 떨어뜨린 경우 쉽게 찾을 수가 있다.

나의 발명품에 대하여

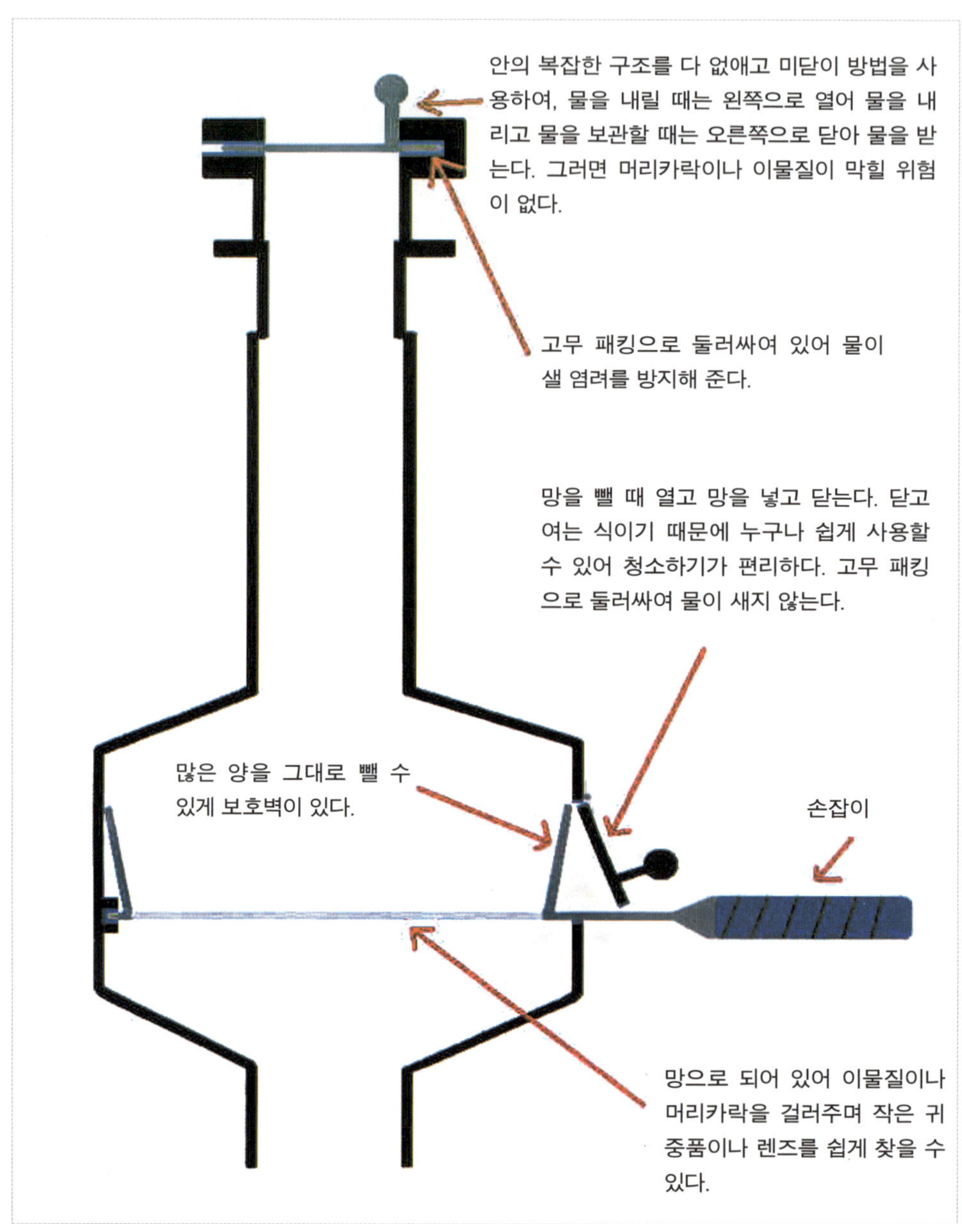

안의 복잡한 구조를 다 없애고 미닫이 방법을 사용하여, 물을 내릴 때는 왼쪽으로 열어 물을 내리고 물을 보관할 때는 오른쪽으로 닫아 물을 받는다. 그러면 머리카락이나 이물질이 막힐 위험이 없다.
고무 패킹으로 둘러싸여 있어 물이 샐 염려를 방지해 준다.
망을 뺄 때 열고 망을 넣고 닫는다. 닫고 여는 식이기 때문에 누구나 쉽게 사용할 수 있어 청소하기가 편리하다. 고무 패킹으로 둘러싸여 물이 새지 않는다.
많은 양을 그대로 뺄 수 있게 보호벽이 있다.
손잡이
망으로 되어 있어 이물질이나 머리카락을 걸러주며 작은 귀중품이나 렌즈를 쉽게 찾을 수 있다.

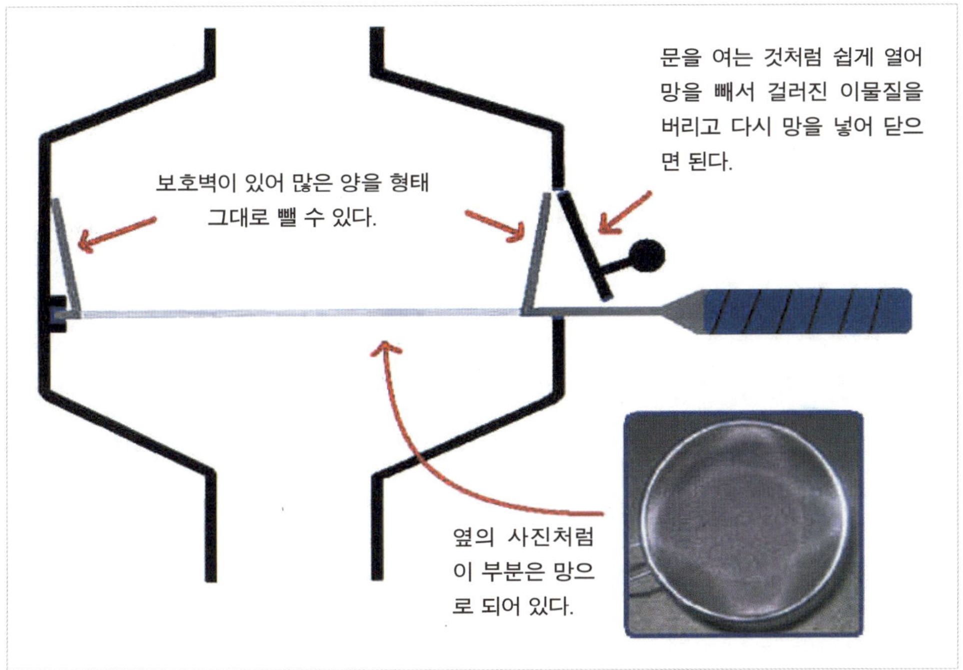

▶ 배수관의 중간 부분

위에서 보았던 것처럼 미닫이 방법으로 하면 머리카락이나 이물질이 바로 배수관을 통해 간다. 그러면 세면대의 배수관과 욕조의 배수관이 만나는 큰 배수관을 막아 오히려 역효과가 나온다. 그래서 고안하게 된 것이 중간에서 거름망을 사용하여 걸러주는 것이다.

이 발명품을 사용하면 이물질이나 머리카락을 걸러주어 배수관이 막히지 않으며 렌즈나 귀중품을 빠뜨려도 쉽게 찾을 수가 있다. 또, 망은 서랍식으로 쉽게 뺐다 꼈다 할 수 있으므로 수시로 청소를 할 수 있으며 사용 방법이 간단하기 때문에 남녀노소 누구나 쉽게 사용할 수가 있다. 망 주위로 3cm 정도 높이의 보호벽이 둘러싸여 있어 이물질이나 머리카락을 흘리지 않고 형태를 그대로 유지하며 뺄 수가 있다.

서랍식으로 된 망이 있는 부분은 원래의 두께보다 넓어서 물의 소통을 원활하게 해주며 많은 이물질이 쌓여도 물은 원활하게 내려간다.

• 특징 및 효과

가장 큰 특징은 세면기 배수관이 막히지 않는 것이다. 또 누구나 빠른 시간에 손쉽게 거름망을 뺐다 꼈다 할 수 있고 간단하게 수시로 청소할 수 있어 많은 경비와 시간을 절약할 수 있다. 독성이 강한 약품을 사용하지 않아 수질 오염을 방지할 수 있으며 배수관 청소 시 많은 물이 필요하지 않으므로 절수 효과가 뛰어나다. 배수관 중간에서 차단하여 걸러주므로 물이 잘 소통되며 렌즈나 작은 귀중품을 떨어뜨려도 쉽게 찾을 수가 있다. 마지막으로 항상 깨끗한 환경을 유지할 수 있으므로 친환경적인 발명품이다.

• 기존 제품과 차의점

구분	기존 제품	발명품
각종 이물질이나 머리카락이 배수관으로 내려갈 경우	이물질 등이 내부로 유입되어 배수관이 막혀 물 소통이 원활하지 못함	배수관 중간에 거름망이 있어 사전에 이물질을 차단하여 물 소통이 원활함

청소 방법	완전히 분해하거나 독성이 강한 약품을 강제로 투입하여 물을 소통시키므로 많은 시간과 경비가 소요됨	거름망을 서랍 형식으로 뺐다 꼈다 할 수 있어서, 간단히 이물질을 제거할 수 있고 탈부착이 용이하며 누구나 손쉽게 처리
위생 상태	각종 세균에 오염된 상태로 이물질 등이 배수관에 정체되어서, 비위생적이며 수질오염이 가중됨	큰 배수관으로 이물질이 흘러가지 않고 악취 제거로 아주 위생적이며 수질 오염을 방지함

발명탐구일지는 이렇게 발명 과정을 자세하게 작성하는 것이 중요합니다. 따로 시간을 내서 일지를 작성하는 것보다는 발명을 하는 과정에서 때때로 메모하며 작성해 보는 게 더 좋습니다.

2) 공부하다가 찾은 발명

'책 쓰러짐 방지 걸이'

원빈이는 책꽂이에 책을 꽂기 시작할 때마다 불편함을 느꼈습니다. 처음 책을 꽂을 때 책은 쉽게 쓰러집니다. 벽과 딱 붙게 책을 올려놔도 안 되며 적당한 기울기를 찾아 책을 꽂아야 합니다. 그러나 얼마 안 가 그 책은 다시 쓰러져요. 책을 여러 권 꽂을 때는 비교적 안정적이지만 만약 책이 한쪽으로 밀려 균형을 잃게 된다면 안쪽에 분포한 책들의 끝 부분이 다른 책에 눌려 휘어지거나 파손되고는 합니다. 원빈이는 이러한 문제점들을 해결하고자 다음과 같은 발명을 고안했습니다.

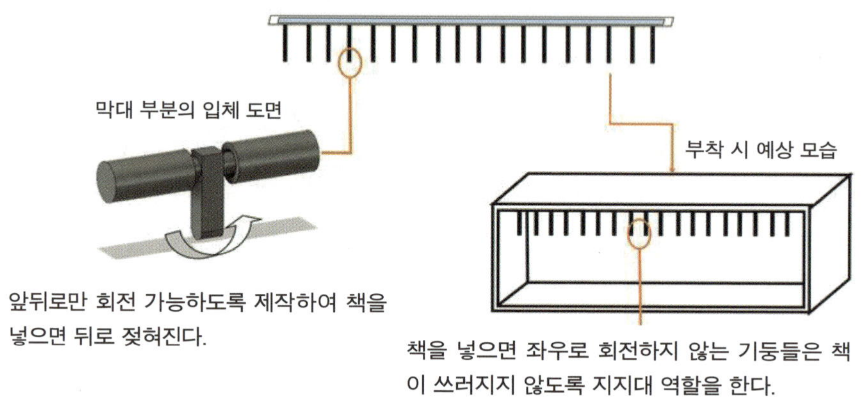

이 발명품은 책꽂이나 사물함 천장에 부착하여 사용하는 것으로 한쪽 면에는 접착 스티커가 부착되어 있으며, 반대쪽 면에는 일정한 간격으로 막대들이 달려 있습니다. 이 막대들은 앞, 뒤로만 회전하도록 관절이 부착되어 있어 책을 꽂을 때 막대가 있는 공간도 책으로 막대를 밀면서 꽂아 사용할 수 있습니다. 그리고 이 막대들은 좌우로 힘을 받아도 흔들리지 않도록 제작하여 책을 꽂았을 때 좌우로 쓰러지는 것을 방지해 주는 역할을 합니다. 또한, 뒤쪽 천장을 기준으로 막대들이 약 100도 이상 회전이 불가능하도록 장애물이 장치되어 있어서, 책이 비스듬하게 위치하더라도 막대를 앞쪽으로 밀고 쓰러져 버리는 경우를 방지할 수 있습니다.

앞서 말했듯이 이 아이디어 물품은 부착형이라 기존의 사물함, 책꽂이 등과 그대로 함께 사용할 수 있어서 실용적이며 경제적 측면에서도 유리합니다.

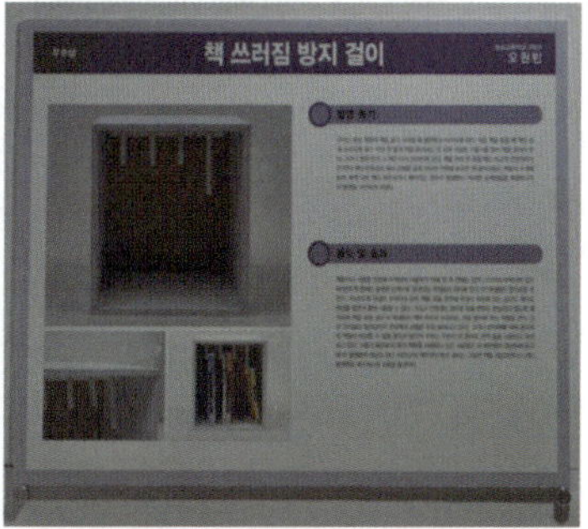

▶ 책 쓰러짐 방지 걸이

또한, 기존에 책 쓰러짐을 방지하는 제품들로는 책 지지대가 있는데, 이 책 지지대는 책을 많이 꽂았을 때나 겉표지가 힘이 없는 책과 사용할 때 밀려 넘어지고는 합니다. 책 지지대 외에도 책 쓰러짐 방지 턱이 탈부착 가능하도록 제작된 책꽂이가 존재합니다. 그러나 원빈이가 발명한 책꽂이는 별도의 조작 없이 아무 위치에서나 책을 꽂아도 쓰러짐을 방지할 수 있으며, 탈부착이 가능하도록 제작된 책꽂이 외에도 부착할 수 있어서 기존 제품들에 비해 사용하기가 편리합니다.

요사이 전자 기기들이 발전하면서 전자책의 사용량 또한 늘어나고 있습니다. 그러나 아직 전자책보다 종이책이 훨씬 많고, 우리는 이 종이책들을 꾸준히 사용하며 보관하고 있습니다. 그래서 종이책을 사용하는 모든 사람은 앞서 말한 불편함을 느끼는 대상인 동시에 이 발명품의 대상이 됩니다. 따라서 이 책 쓰러짐 방지 걸이는 사람들이 책을 사용하면서 느끼는 불편을 해결하는 데 도움을 줄 것입니다.

3) 자전거를 이용하면서 찾은 발명
'X자 접이식 이동 자전거 거치대'

어느 날 정찬이는 학원에 자전거를 타고 갔는데 학교와는 달리 자전거 거치대가 없어서 불편했습니다. 길에 두자니 다른 사람의 보행에 방해될 듯했고 분실의 위험도 있어서 걱정되었습니다.

환경오염을 줄이고 개인의 건강을 위해서 자전거를 타는 것이 좋다고 하지만, 막상 자전거를 타고 다니다 보면 생각보다 설치된 자전거 거치대가 적어서 불편한 일이 종종 발생하지요. 그러나 공간을 많이 차지하므로 아파트나 관공서, 지하철역 주변을 제외하고는 자전거 거치대를 찾기 어려운 게 현실입니다. 그런데 학원 같은 경우에는 아이들이 주로 방문하는 오후 5시에서 10시 정도까지만 거치대가 있으면 됩니다. 그래서 정찬이는 평소에는 거치대를 접어서 뒀다가 필요에 따라서 펼쳐서 사용할 수 있게 하여, 공간의 효율성을 살리고 자전거도 안전하게 보관할 수 있는 이동식 자전거 거치대를 생각하게 되었습니다.

X자 접이식 이동 자전거 거치대는 하루 중 일정 시간이나 일정 요일에만 자전거 거치가 밀집되는 곳에 설치하였다가 철거하여, 공간을 더욱 효율적으로 활용하게 돕는 용도로 사용할 수 있습니다. 예를 들면 오후 5시에서 10시 정

도에 자전거 거치가 밀집되는 학원 등의 주변 도로 및 인사동이나 청계천과 같이 주말에 '차 없는 거리'를 운영하는 곳에, 이동식 자전거 거치대를 설치했다 철거하여 자전거 사용자들에게 편리함을 줄 수 있습니다. 또한, 이동식 자전거 거치대는 접이식이라 부피도 작아서 이동 및 보관하기에도 쉽습니다.

따라서 자전거 거치대가 필요한 시간에만 해당 구조물을 설치해 보행자의 불편을 줄이고, 자전거를 거치대 없이 외부에 놓아두고 불안해 하는 자전거 사용자들의 불편을 해결할 수 있게 하였습니다. 또한, 기존의 자전거 거치대는 대부분 일자 형태의 구조물로 되어 있고 좁은 면적에 많은 자전거를 거치하게끔 되어 있다 보니 자전거를 거치할 때 비좁아서 어려움이 있었는데, 이 X자 접이식 이동 자전거 거치대는 둥글게 펼쳐서 나무나 전신주에 둘러 그 주변으로 자전거를 거치할 수 있도록 하여, 더 쉽고 편하게 이용할 수 있도록 하였습니다.

다른 시간에 그 공간을 다른 용도로 활용할 수 있게 비워 두고, 해당 시간에만 자전거 거치대를 설치하면 미관도 좋고 공간 활용성도 좋아집니다. 또한, 환경오염을 줄이는 자전거의 사용을 촉진할 수 있어 미세먼지 등을 줄이고 공기 오염도 줄일 수 있습니다. 또 자전거 거치대가 없을 때 자전거 분실에 대한 걱정을 줄여주고, 단독으로 세워 두었다가 쓰러지거나 손상될 염려를 줄일 수 있으므로 자전거 사용자에게도 경제적 도움과 심리적 안도감을 줄 수 있습니다.

그럼 정찬이의 발명 과정을 발명탐구일지로 살펴보겠습니다.

발명탐구일지

탐구주제	이동식 자전거 거치대	탐구 일자	
탐구동기	학원 주변에 자전거를 세워둘 곳이 마땅치 않아서….		
탐구내용 및 과정	- 학교에 자전거를 타고 등교했는데 하교 후 바로 학원으로 갔다. 학교에는 자전거 거치대가 많아서 불편하지 않았는데 학원 주변은 상가나 학원들이 많아서 별도의 자전거 거치대가 설치되어 있지 않았다. - 그래서 자전거를 세울 곳이 마땅치 않아 가로수나 가로등 기둥 주변 아니면 학원 건물 주변에 세워두곤 했는데, 한 대가 쓰러지면 다른 자전거들까지 우르르 쓰러지기도 하고 좋은 자전거는 분실될까 염려스러워 불편했다. - 학원 주변에도 자전거 거치대가 있으면 좋겠다. 〈But〉 - 학원 주변은 상가가 많고 복잡해서 인도에 자전거 거치대를 설치하면 사람들이 지나다니기에 불편할 수 있다. - 학원에 아이들이 오는 시간은 하교 후, 보통 오후 5~10시이므로 이 시간에만 설치하면 보행자들이 덜 불편할 것이다.		

탐구결과	- 이동이 자유로운 자전거 거치대를 만들고 싶다. - 이동이 자유로워지려면? ① 가벼워야 한다. ② 설치하기 쉬워야 한다. ③ 보관이 편해야 한다.
느낀 점	- 기존의 자전거 거치대는 바닥 등에 고정되어 있어 옮기기 어렵다. - 이동식 자전거 거치대를 만들어 필요한 시간이나 장소에 자전거 거치대를 자유롭게 설치할 수 있다면 자전거 보관도 편하고 공간도 더 잘 활용할 수 있을 것이다. - 하지만 이동을 자유롭게 하기 위한 아이디어가 필요하다.

탐구주제	주변의 자전거 거치 상황	탐구 일자
탐구동기	주변의 자전거 거치 현황을 알아본다.	
탐구내용 및 과정		

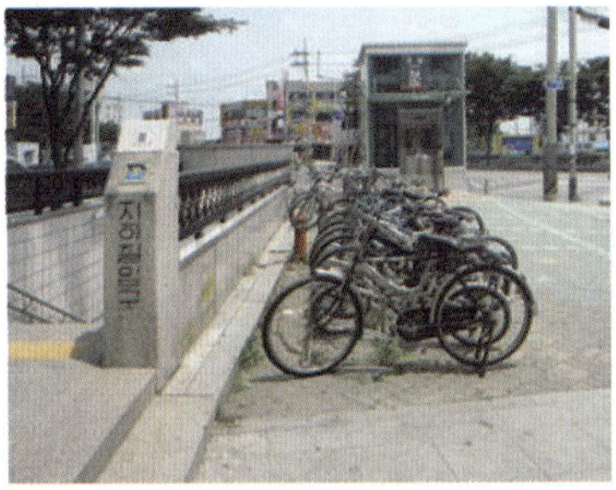

▶ 지하철 주변 자전거 거치대

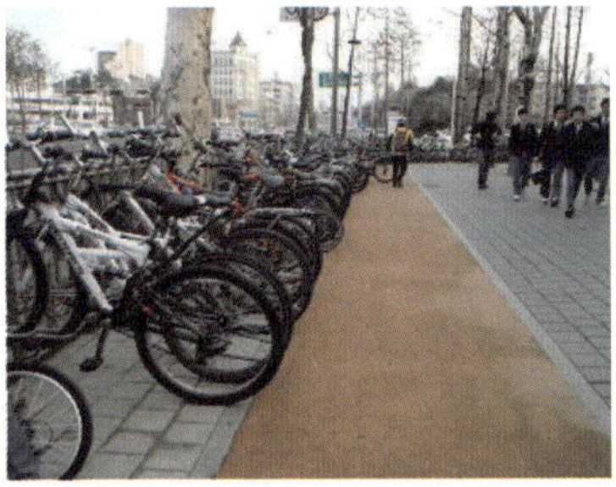

▶ 학교 앞 자전거 거치대

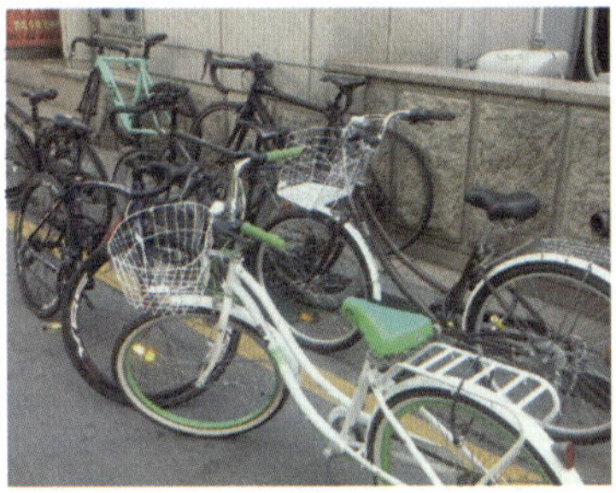

▶ 학원가 사진 1

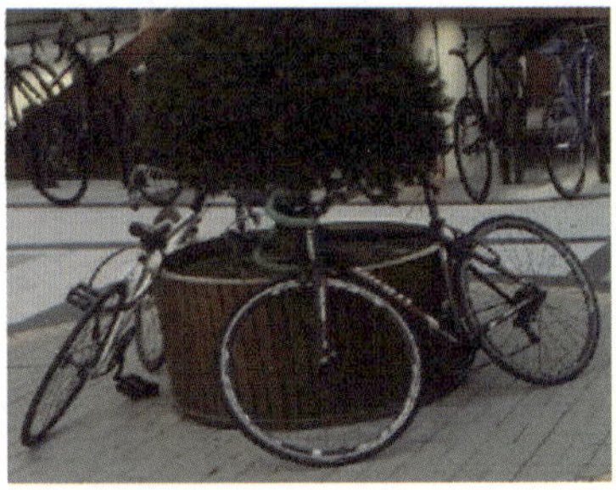

▶ 학원가 사진 2

탐구결과	- 지하철역이나 학교 주변에는 자전거 거치대가 많이 있어도 정리가 잘 되어 있다. - 학원가 주변은 인도와 차도를 구분하기 어렵기도 하고 길도 좁은 편인데, 자전거까지 여기저기 방치되어 있어 지저분해 보이고 보행자도 자전거를 주차해 놓은 사람도 불편한 상황이다.
느낀 점	- 학원가 주변은 학생들이 자전거를 많이 타고 다녀 자전거 거치대가 필요한 상황이지만, 지하철역이나 학교처럼 길이나 부지가 넓지 않아 고정식 자전거 거치대가 거의 설치되어 있지 않아 불편했다. - 학생들이 많이 이용하는 시간만이라도 학원가 등에 자전거 이동식 자전거 거치대를 설치해 주면 좋겠다고 생각했다.

발명탐구일지

탐구주제	이동을 자유롭게 하기 위한 아이디어(1)	탐구 일자	
탐구동기	자전거 거치대는 무겁거나 부피가 커서 이동이 어렵다.		

| 탐구내용
및 과정 | - 자전거 거치대는 자전거를 고정하기 위해 기본적으로 바닥에 고정되어 있고 부피가 크며 무겁다. 거치대를 자유롭게 이동하려면 이 세 가지가 모두 개선되어야 한다.
- 거치대를 바닥에 고정하지 않고 가로수나 가로등 기둥 등 주변 물체에 고정하여 거치대를 설치하면? 이동이 가능해진다.
- 부피를 줄이기 위해서는?
빨래 건조대처럼 접었다 펼 수 있으면 좋겠다.
- 무게를 줄이기 위해서는?
가벼운 소재를 사용하여 만든다.
↓
- 나무나 기둥에 감을 수 있는 자전거 거치대
- 감기 편하게 넓은 면적의 찍찍이 밴드(벨크로 테이프)를 이용하여 나무를 감고 그 사이에 실내용 자전거 거치 고리 같은 것을 부착한다. 자전거를 세워 그 고리에 끼워 거치할 수 있게 한다.

〈But〉
- 찍찍이 밴드가 자전거 여러 대의 무게를 과연 감당할 수 있을까? |

탐구결과	- 찍찍이 밴드 자전거 거치대를 만들면? ① 가벼워야 한다. ② 설치하기 쉬워야 한다. ③ 보관이 편해야 한다. - 세 가지 요건을 충족한다. 하지만 나무에 밀착시키기 위해서는 신축성이 있어야 하는데, 그러면 거치대가 잘 고정되지 않아 자전거가 흔들릴 수 있다.
느낀 점	- 찍찍이 밴드로 거치대를 만들면 부피나 설치 용이성, 보관 등에서 모두 좋지만 좀 더 형태가 있어야 자전거를 안전하게 보관할 수 있을 것 같다. - 프레임이 있는 구조물로 가볍고 이동하기 쉬운 거치대에 대한 아이디어가 필요하다.

탐구주제	찍직이 자전거 거치대	탐구 일자	
탐구동기	이동이 자유롭고 나무에 고정할 수 있는 찍찍이 거치대		
탐구내용 및 과정	▶ 넓은 면의 찍찍이 밴드 ▶ 찍찍이 밴드에 고정 거치대를 부착	▶ 가정용 고정 거치대	
그림			
느낀 점	- 나무가 완벽한 원기둥이 아니므로 밴드에는 신축성이 필요한데 신축성이 있으면 밴드가 잘 고정되지 않아 자전거가 흔들릴 것 같다. - 자전거 윗부분만 고정되어 있으므로, 바람이 세게 불면 흔들려서 자전거가 손상되거나 지나가는 사람이 위험할 수도 있을 것 같다.		

발명탐구일지

탐구주제	이동을 자유롭게 하기 위한 아이디어(2)	탐구 일자	
탐구동기	자전거 거치대는 무겁거나 부피가 커서 이동이 어렵다.		

탐구내용 및 과정	
	- 자전거 거치대는 기본적으로 바닥에 고정되어 있고 부피가 크며 무겁다. 자유롭게 이동하려면 이 세 가지가 모두 개선되어야 한다. - 거치대를 바닥에 고정하지 않고 가로수나 가로등 기둥 등 주변 물체에 고정하여 거치대를 설치하면? 이동이 가능해진다. - 부피를 줄이기 위해서는? 빨래 건조대처럼 접었다 펼 수 있으면 좋겠다. - 무게를 줄이기 위해서는? 가벼운 소재를 사용하여 만든다. ↓ - 빨래 건조대처럼 접었다 펼 수 있는 자전거 거치대 - 빨래 건조대처럼 철제 구조물로 가볍고 접었다 펼 수 있게 자전거 거치대를 만든다. - 가벼우면 구조물이 흔들리고 넘어지므로 나무 등을 빙 둘러서 감아 고정할 수 있게 한다. ⟨But⟩ - 구조물의 모양을 어떻게 만들어야 자전거도 고정하면서 접었다 펼 수 있을까?

탐구결과	- 빨래 건조대 같은 철제 구조물 자전거 거치대를 만들면? ① 가벼워야 한다. ② 설치하기 쉬워야 한다. ③ 보관이 편해야 한다. - ①, ③ 요건은 충족되지만 설치하기 쉽도록 구조물의 모양을 만드는 방법이 필요하다.
느낀 점	- 철제 구조물로 거치대를 만들면 부피나 보관 등에서는 좋지만, 접었다 폈다가 하는 자전거 거치대의 형태적인 연구가 필요하다. - 프레임 구조물의 모양에 대한 아이디어가 필요하다.

발명탐구일지

탐구주제	철제 구조물 자전거 거치대(1)	탐구 일자	

탐구동기	이동이 자유롭고 틀을 유지하는 철제 구조물 거치대

그림	▶ 접었다 펴서 이동과 보관을 쉽게 만든 자전거 거치대 모양 아이디어

탐구과정 및 내용	- 종이부채처럼 접었다 펼 수 있는 형태로 자전거 거치대 모양을 생각해 보았다. ↓ - 접어서 부피를 줄일 수 있어 보관 및 이동이 편하지만, 면으로 되어 있을 때는 자물쇠 등을 걸기 어렵고 철제 판의 경우 아무래도 틀만 있는 것보다는 무게가 더 많이 나가므로, 기본적인 접이식 모양은 유지한 채 면을 선으로 바꾸는 게 좋을 것 같다.

느낀 점	- 종이부채처럼 제작하면 형태는 유지되지만 무거워지므로, 현재 형태에서 최대한 덜어내서 틀은 유지하되 무게는 가볍게 만드는 아이디어가 필요하다.

탐구주제	철제 구조물 자전거 거치대(2)	탐구 일자	
탐구동기	이동이 자유롭고 틀을 유지하는 철제 구조물 거치대		
그림	 ▶ 접었다 펴서 이동과 보관을 쉽게 만든 자전거 거치대 모양 아이디어		
탐구과정 및 내용	- 면에 각을 넣어 옆 칸에 끼울 수 있게 만들었다. 사이에 자전거 바퀴를 끼울 수 있게 하여 자전거 거치가 더 쉬워졌다. ↓ - 접어서 부피를 줄일 수 있어 보관 및 이동이 편하긴 하다. 그러나 나무 등에 두를 수 있는 구조가 아니라서 스스로 자전거까지 지탱한 채로 서 있으려면 별도의 고정 장치가 추가로 필요하다.		

| 느낀 점 | - 면을 분리한 후 옆 칸에 홈을 끼워 서 있는 구조물로 만들어 보았다. 그런데 거치대 혼자는 서 있을 수 있지만, 자전거를 끼워서 거치하기 위해서는 고정 장치가 추가로 필요하다. 틀은 유지하되 무게는 가볍고 고정 장치 없이 자전거를 잡고 있을 수 있는 거치대가 필요하다. |

탐구주제	철제 구조물 자전거 거치대(3)	탐구 일자	
탐구동기	이동이 자유롭고 틀을 유지하는 철제 구조물 거치대		
그림	▶ 접었다 펴서 이동과 보관을 쉽게 만든 자전거 거치대 모양 아이디어		
탐구과정 및 내용	- 자바라처럼 교차하는 모양으로 만들어서 접었다 폈다 할 수 있게 하고 그사이에 자전거를 거치하도록 만들었다. ↓ - 접혀서 쉽게 이동·보관할 수 있고, 길게 펼치면 나무나 기둥을 둘러서 고정할 수 있다. 따라서 바닥 등에 별도의 고정 장치가 없어도 자전거를 거치할 수 있을 것 같다.		
느낀 점	- X자로 교차해서 접었다 펼 수 있게 자바라 형태로 구조물을 만들고, 길게 펼치면 나무나 가로등의 기둥 등에 둘러서 고정할 수 있게 했다. 현재의 틀은 유지하되 무게 최소화, 안정적으로 서 있을 수 있는 거치대에 대한 아이디어가 필요하다.		

탐구주제	철제 구조물 자전거 거치대(4)	탐구 일자	
탐구동기	이동이 자유롭고 틀을 유지하는 철제 구조물 거치대 – 도면		
그림 1	▶ 접었다 펴서 이동과 보관을 쉽게 만든 자전거 거치대 도면 – 옆 모습		
그림 2	▶ 접었다 펴서 이동과 보관을 쉽게 만든 자전거 거치대 도면 – 윗 모습		
느낀 점	- X자로 교차해서 접었다 펼 수 있게 자바라 형태로 구조물을 만들고, 길게 펼치면 나무나 가로등의 기둥 등에 둘러서 고정할 수 있게 했다. 현재의 틀은 유지하되 무게 최소화, 안정적으로 서 있을 수 있는 거치대에 대한 아이디어가 필요하다.		

탐구주제	철제 구조물 자전거 거치대(5)	탐구 일자	
탐구동기	이동이 자유롭고 틀을 유지하는 철제 구조물 거치대		
그림	▶ 접었다 펴서 이동과 보관을 쉽게 만든 자전거 거치대 모양 아이디어		
탐구과정 및 내용	- 자바라처럼 교차하는 모양으로 만들어서 접었다 폈다 할 수 있게 하고, 그 사이에 자전거를 거치하도록 했으며, 나무를 둘렀을 때 별 모양처럼 되도록 만들었다. ↓ - 자전거를 거치하기 쉽게 별 모양으로 만들었더니, 원하는 모양이 나오긴 했는데 각도의 차이가 생겨서 한쪽은 다 모이고 반대쪽은 다 모이지 않는 형태로 접혔다.		
느낀 점	- 나사의 위치에 변화를 주어서 접었을 때도 앞뒤가 '1' 자로 반듯이 접히는 모양이 되기 위한 아이디어가 필요하다.		

발명탐구일지

탐구주제	철제 구조물 자전거 거치대(6) – 도면	탐구 일자	
탐구동기	이동이 자유롭고 틀을 유지하는 철제 구조물 거치대 – 도면		
그림 1	 ▶ 바의 길이를 같게 한 후 슬라이딩 방식으로 개선한 거치대 도면		
그림 2	 ▶ 바의 길이에 변화를 주고 슬라이딩 방식으로 개선한 거치대 도면		

느낀 점	- 중간에 슬라이딩 부분을 두어서 쉽게 접고 펼 수 있게 하고, 기존에 한쪽만 접히고 한쪽이 벌어지던 부분을 완전히 '1'자로 접힐 수 있게 개선하였다. 현재 형태에서 고정할 수 있는 부분에 대한 아이디어가 필요하다.

발명탐구일지

탐구주제	철제 구조물 자전거 거치대(6)-1	탐구 일자	
탐구동기	이동이 자유롭고 틀을 유지하는 철제 구조물 거치대		
그림	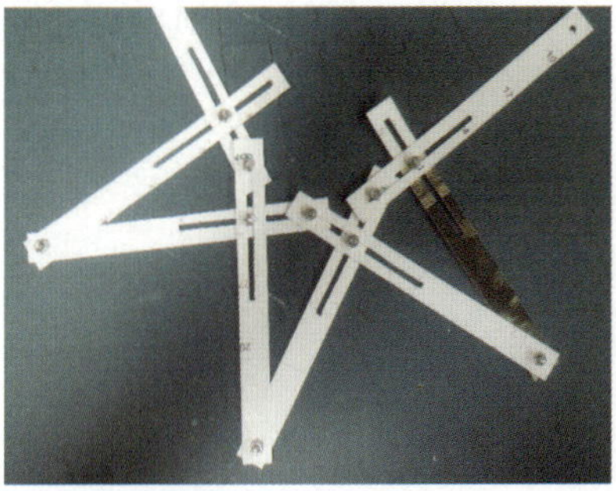 ▶ 펼쳐서 설치할 때 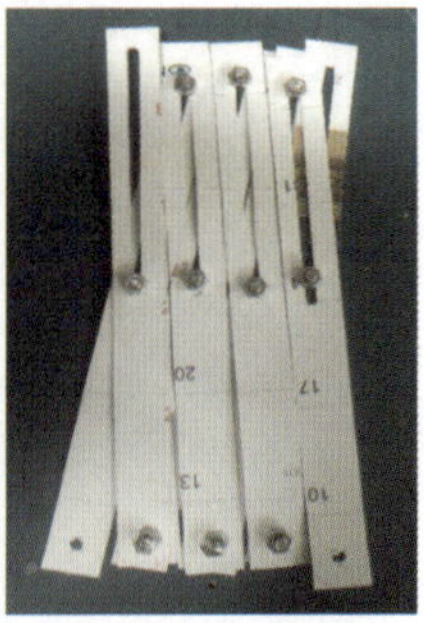 ▶ 완전히 접었을 때 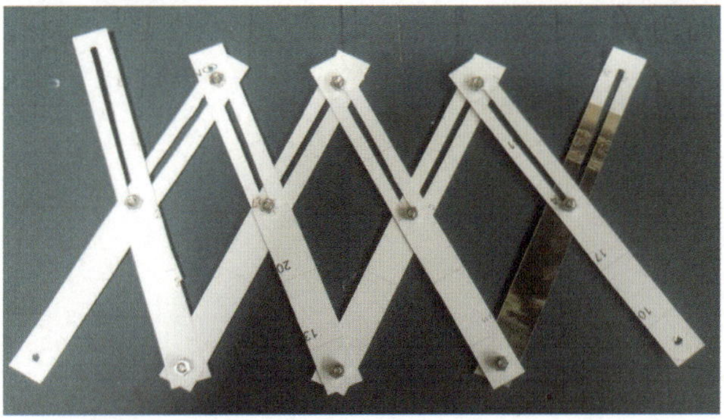 ▶ 펼치는 도중의 모양		

탐구과정 및 내용	- 자바라처럼 교차하는 모양으로 만들어서 접었다 폈다 할 수 있게 하고 그 사이에 자전거를 거치하도록 만들었다. - '1' 자로 반듯이 접히지 않는 부분을 보완하기 위해 중간 부분을 터서 슬라이딩 방식으로 개선했다. 이제 원하던 대로 완전히 접히고 펼쳐져서, 나무 등을 감을 수 있는 형태로 모양이 갖추어졌다.
느낀 점	- X자로 교차해서 접었다 펼 수 있는 형태로 구조물의 상체 부분을 완성하였고 기둥과 바닥 부분 등에 대한 추가 아이디어가 필요하다. - 중간 고정부를 정확하게 가운데에 두면, 공간만 충분하다면 거치대를 '1' 자로 설치하여 자전거를 2열로 거치함으로써 같은 거치대로도 두 배 많은 자전거를 세울 수 있을 것 같다.

발명탐구일지

탐구주제	철제 구조물 자전거 거치대(6)-2	탐구 일자	
탐구동기	이동이 자유롭고 틀을 유지하는 철제 구조물 거치대		

그림	▶ 펼쳐서 설치할 때 ▶ 완전히 접었을 때 ▶ 펼치는 도중의 모양

탐구과정 및 내용	- 자바라처럼 교차하는 모양의 길이를 달리하여 중간에 나무를 감싸는 부위를 더 좁게 만들었다. - 재료비가 줄어들고, 무게가 가벼워져 이동성이 더 좋고, 일렬로 자전거를 거치할 때 좁은 공간에 더 많이 거치할 수 있을 것 같다.

느낀 점	- X자로 교차해서 접었다 펼 수 있는 형태로 완성된 구조물의 상체 부분에 변화를 주어 최적의 모양을 찾기 위해 노력하였으나 기둥과 바닥 부분 등에 대한 추가 아이디어가 필요하다.

발명탐구일지

탐구주제	철제 구조물 하단부(1)	탐구 일자	
탐구동기	거치대 하단부-자전거 거치가 잘 되고 안정적인 구조		
그림	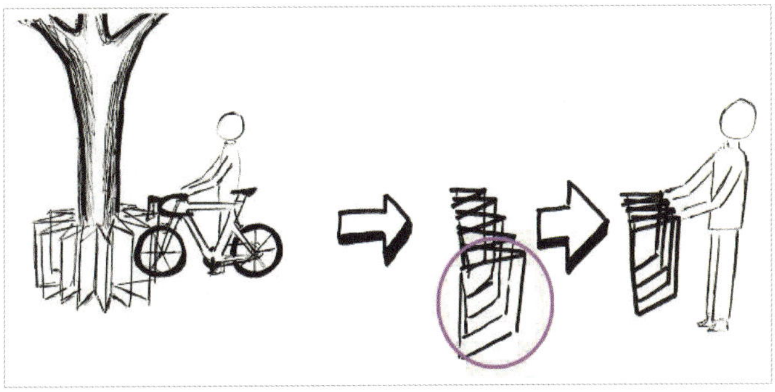 ▶ 첫 구상 → 위의 봉을 포함해서 옆에서 볼 때 사각형이 되도록 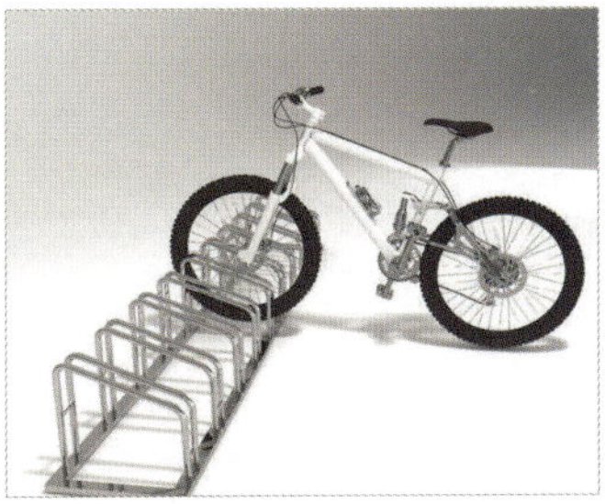 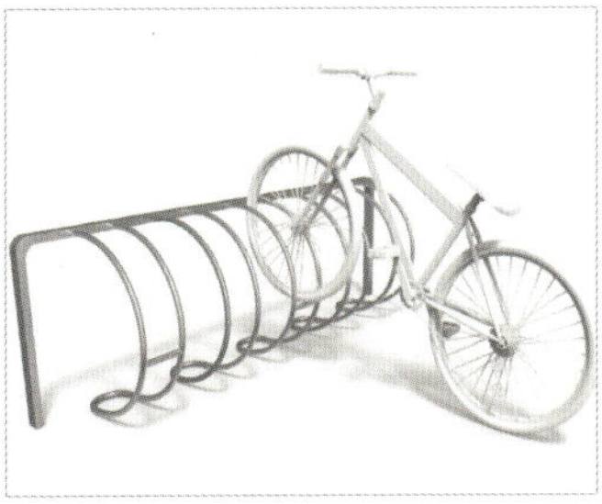 ▶ 일반적인 거치대 → 불편한 점을 생각해 본다		

탐구과정 및 내용	- 처음 구상은 거치대 상단의 봉과 함께 옆 모습이 사각형이 되도록 구상했다. 〈But〉 - 사각형으로 만들 때 금속 재료가 많이 소모되어 무게가 무겁고 안정적인 자전거 거치에도 그다지 도움이 되지 않는다. - 기존 거치대의 경우 앞바퀴를 끼거나 얹고 케이블 자물쇠 등을 걸어야 하는데, 옆에 다른 자전거들이 거치되어 있을 때 그 사이를 비집고 자물쇠를 탈착하기 힘들다. - 아랫부분만 고정되어 있어서 쓰러지기 쉽다.
느낀 점	- 케이블 자물쇠는 거치대의 상단 봉에 걸어서 윗부분에서 한 번 고정하고 바퀴 부분에서 다시 고정해서 자전거가 잘 쓰러지지 않게 한다. 더불어 거치대도 잘 유지되고 거치가 쉬운 하단부에 대한 추가 아이디어가 필요하다.

 발명탐구일지

탐구주제	철제 구조물 하단부(2)	탐구 일자	
탐구동기	거치대 하단부-자전거 거치가 잘 되고 안정적인 구조		
그림	▶ 'U'자와 'ㄴ'자가 합쳐진 다리 그림 ▶ 실물 제작 다리 사진		
탐구과정 및 내용	- 거치대 봉 하부에 'U'자 형태의 다리를 설치해 바퀴도 고정하고 그 옆쪽에는 반대 방향으로 'ㄴ'자 다리를 붙여 아래쪽을 양쪽으로 받쳐서 안정감 있게 서 있을 수 있도록 하였다.		

느낀 점	- 'U'자 형태의 다리에 바퀴를 끼움으로써 자전거가 더 안정감 있게 거치되었다. 아래, 위로 고정하게 되어 이동식 거치대의 단점인 흔들림을 줄일 수 있게 되었다. X자 형태로 거치대를 제작하여 비스듬히 사선으로 자전거를 거치하게 되어 자전거를 탈착할 때 더 쉽게 되었다.

 발명탐구일지

탐구주제	X자 이동식 자전거 거치대 완성	탐구 일자	
탐구동기	거치대 상위 봉과 하단부를 연결		
그림			

▶ 상판부와 하단부가 결합된 모습

▶ 제작한 실물에 직접 모형 자전거를 거치해 봄

탐구과정 및 내용	- 상판부와 하단부를 결합한 뒤, 모형 자전거를 만들어 실제로 거치해 보았다. 케이블 자물쇠를 걸지 않아도 잘 거치되어 있었지만, 자물쇠를 채우면 훨씬 잘 거치할 수 있을 것 같고 나무나 벽에 고정했을 때보다 더 안정적으로 사용할 수 있을 것 같다.
느낀 점	- 두르고 난 뒤의 고정 장치와 일자로 벽면 거치 시 고정 장치에 대한 추가 아이디어가 필요하다.

'자전거용 공 거치대'

한별이는 자전거 앞부분에 걸 수 있는 공 거치대를 만들었어요. 따로 공을 들지 않고도 자유롭게 양손으로 자전거를 운전할 수 있어서, 안전사고를 줄이도록 하였습니다.

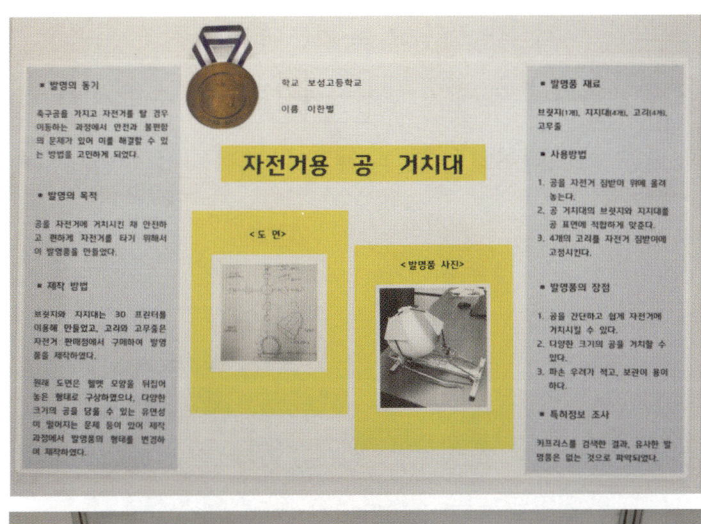

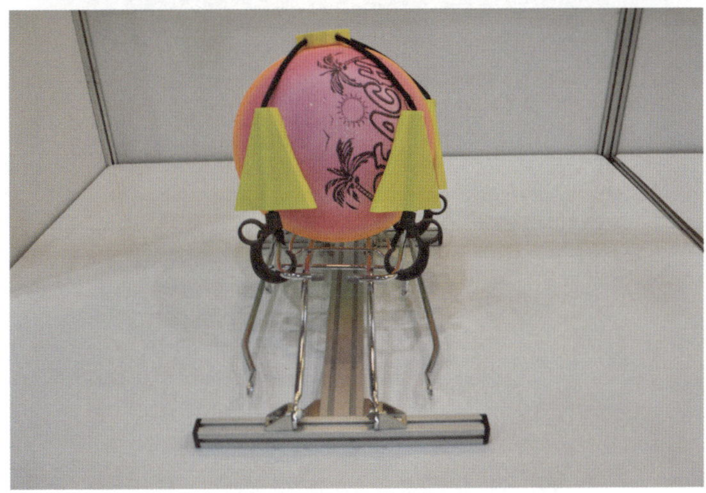

2. 도구에서 찾은 아이디어

1) 택배에서 찾은 발명

'편리하고 안전한 박스 테이프 커터기'

　우석이는 택배 상자에 접착 테이프를 붙일 때 테이프의 끝 부분을 살짝 접어줌으로써, 포장을 제거하며 손톱으로 긁는다든지 칼을 사용할 필요가 없는 아이디어를 제안했습니다. 포장을 제거할 때 누구나 손쉽게 테이프를 떼어낼 수 있는 실용적인 아이디어인데요. 테이프에 롤러를 설치함으로써, 포장하는

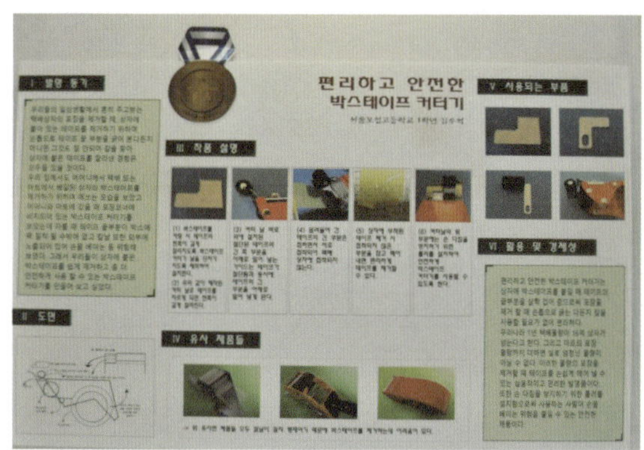

과정에서 손을 베이는 위험을 줄일 수 있는 발명품이기도 합니다.

2) 드라이버에서 찾은 발명
'힘이 덜 들어가는 태엽 드라이버'

　현민이는 힘이 덜 들어가는 태엽 드라이버를 발명했는데요. 손목 힘이 약한 여성들이나 어린 학생들이 집안일을 하거나 무언가를 조립할 때 손쉽게 사용할 수 있어요. 또 남자들이 나사가 많은 것들을 작업할 때 힘을 덜 들이고, 편리하게 사용할 수 있습니다.

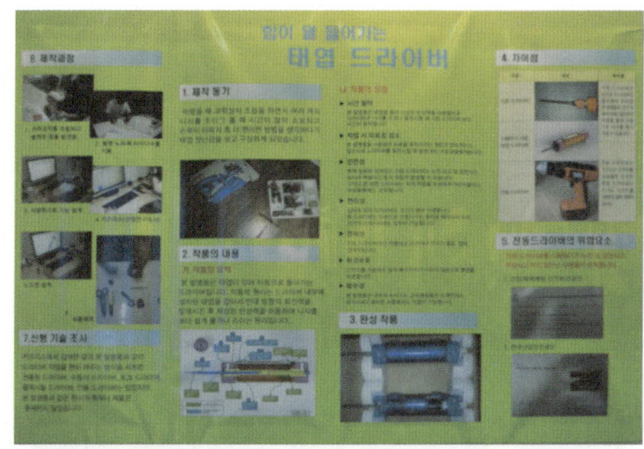

3. 경험에서 찾은 아이디어

1) 자판기 사용에서 찾은 발명

'내용물 처리통이 구비된 종이컵 수거기'

　재현이는 방학에 독서실에서 늦게까지 공부하던 중 종이컵에 마시던 커피를 남겼습니다. 그리고 집에 가기 전에 종이컵을 수거기에 버리려다가 종이컵에 커피가 남아 있다는 것을 깨달았습니다. 쓰레기통에는 액체를 버릴 수 없게 되어 있어 화장실까지 가서 버려야 했는데 이런 적이 한두 번이 아니었습니다. 재현이는 이 경험을 바탕으로 먼저 가족들에게 자기와 같은 일을 겪어 보았는지 물어보고, 이런 일이 굉장히 흔히 일어나며 모두 불편함을 느낀다는 점을 알았어요. 그래서 재현이는 '종이컵 수거기에 내용물을 처리할 수 있는 통이 붙어 있는 친환경적인 종이컵 수거기는 없을까?'라고 생각해 보게 되었습니다.

　우선 종이컵 수거기의 모양을 일자가 아닌 곡선으로 하고, 수거기 입구에 천공기(펀치)를 붙여놓습니다. 이 수거기에 종이컵을 버리면 천공기가 종이컵에 구멍을 뚫고, 기울어진 종이컵의 구멍으로 내용물이 나오는 방식이지요. 밑에는 내용물을 받기 위한 반투명한 통을 설치하여, 내용물이 얼마나 차 있는지 확인할 수 있도록 하고요.

　재현이는 이처럼 내용물 처리통이 갖춰진 종이컵 수거기가, 간단한 원리로 많은 사람들이 종이컵 수거기를 사용하다가 겪는 불편을 해결해 주는 좋은 아이디어라고 생각했습니다. 또한, 적은 비용으로 문제를 해결하기 때문에 경제적이며, 반투명으로 된 내용물 처리통은 청소해야 하는 시기를 알려주므로 편리하고 위생적이며 친환경적이라고도 생각했습니다.

또한, 특허 정보조사 및 기술 동향 분석을 통해 '종이컵 수거기'로 조사해 본 결과, 내용물을 흐르지 않게 하는 수거기는 많았으나 그 양이 많으면 처리할 수 있는 제품은 소수였습니다.

다음은 재현이가 처음에 아이디어를 떠올리고 그린 그림입니다.

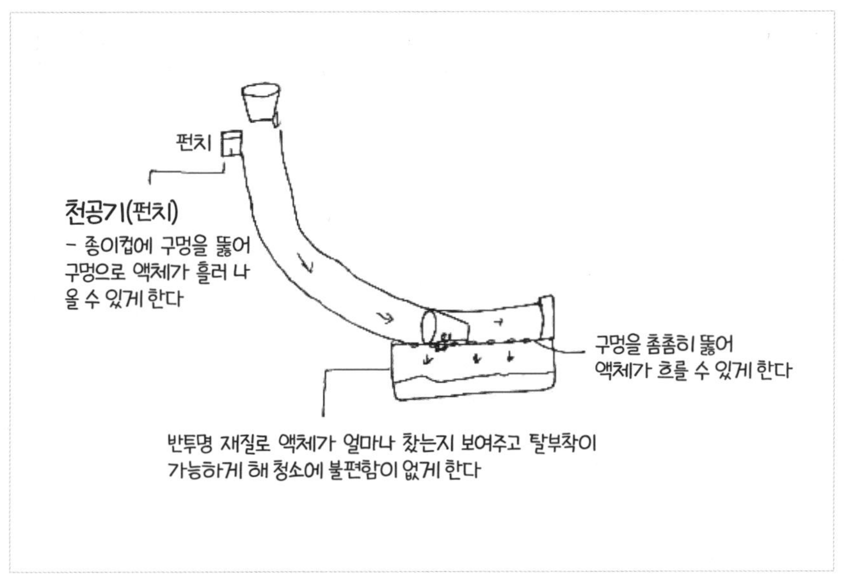

▶ 내용물 처리통이 구비된 종이컵 수거기

저는 재현이의 뛰어난 관찰과 그 관찰을 이렇게 그림으로 표현하는 것을 매우 높게 평가했습니다. 이 과정을 통하여 재현이는 새로운 종이컵 수거기를 만들게 됩니다.

종이컵을 집어넣으면 돌아가면서 내용물은 밑으로 가고 컵은 겹치는 아이디어로, 바로 아래 그림과 같습니다.

성명 송재현
학교 서울 보성고등학교
학년 3학년
지도교사 정호근

내용물 처리통이 구비된 종이컵 수거기

발명의 동기

지난 방학 독서실에서 늦게까지 공부하던 날, 마실 수 있는 커피의 양을 조절하지 못하는 바람에 자주 종이컵에 커피를 남겼다. 종이컵을 수거기에 넣으려다가 컵에 커피가 남아 있다는 사실을 알게 되어, 화장실까지 가서 버린 적이 한두 번이 아니었다. 가족들에게 물어보니 이런 경험이 굉장히 흔하고 불편하다는 점을 알게 된 나는 '종이컵수거기에 내용물을 처리할 수 있는 통이 붙어 있는 친환경적인 종이컵수거기는 없을까' 하고 생각해 보게 되었다.

용도 및 효과

종이컵 수거기의 모양을 일자가 아닌 곡선 모양으로 하고 종이컵을 넣는 곳에 천공기(펀치)를 붙여놓는다. 이 수거기에 종이컵을 넣으면 종이컵 약간 위에 구멍이 뚫리게 되어 기울어진 종이컵 구멍으로 내용물이 새어 나올 수밖에 없다. 밑에는 이를 받아주는 반투명한 통을 설치해 내용물이 차 있는 양을 확인할 수 있게 한다.

이는 간단한 원리지만 사람들이 매우 불편해 하던 점을 개선해 주고, 동시에 친환경적이며 적은 비용을 필요로 해 경제적이다.

2) 목발에서 찾은 발명

'집게 목발'

　찬수의 아이디어는 목발의 밑부분에 집게가 달려 있어서 멀리 있는 물건을 손쉽게 가져올 수 있도록 한 것입니다,

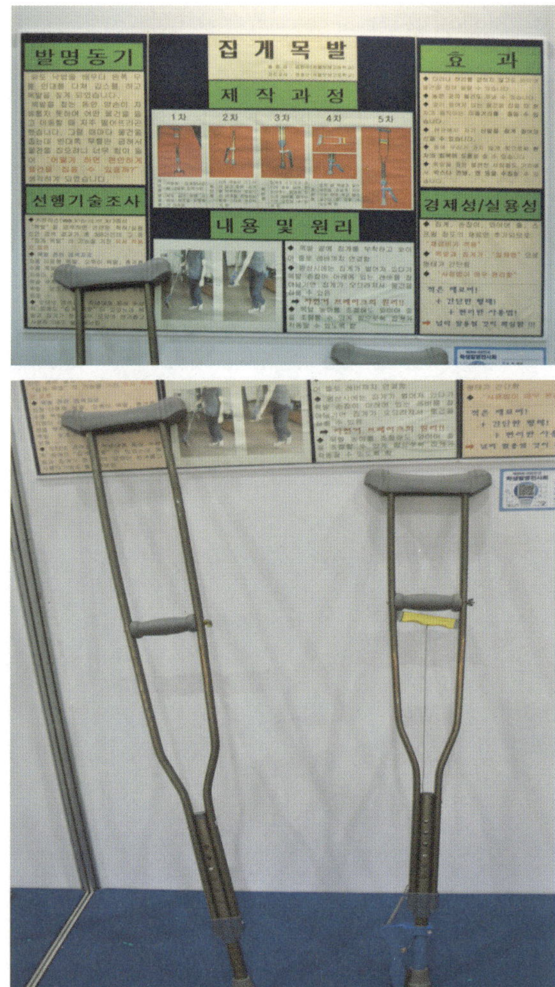

3) 도로에서 찾은 발명

'어두움 속에서 사람을 감지할 수 있는 도로 반사경의 경보 표시기'

　도로에서는 어린아이들의 사고가 많이 납니다. 영석이는 특히 굽은 도로에서 키가 작은 어린이까지 감지할 수 있도록 반사경의 하단부에 인체 동작 감지 센서를 설치하였습니다. 반사경의 원형 주변부에는 LED 발광판을, 반사경 아래에는 사람 주의 전광판을 부착했는데요. 인체 동작 감지 센서가 움직이는 사람이 있다고 판단하면 자동으로 점멸하여 운전자에게 조심 운전을 하도록 경고하는 아이디어입니다.

'차량용 사이드미러 빗물 제거기'

　영석이는 자동차가 달릴 때 발생하는 바람을 이용하여 사이드미러에 맺힌 빗물을 자연적으로 제거하는 장치를 개발하였습니다. 차량용 사이드미러 빗물 제거기는 깔때기 모양이며, 자동차 사이드미러 앞쪽에 설치합니다. 폭이 넓은 깔때기 입구(유인구) 쪽으로 바람이 통과하면 폭이 좁은 깔때기의 끝부분(배출구)으로 압력이 센 바람이 배출되는 깔때기 원리를 이용하였습니다. 차량용 사이드미러의 거울에 맺힌 빗물을 앞쪽에서 뒤쪽으로 자동으로 제거하여 운전자가 비오는 날에도 사이드미러를 잘 볼 수 있도록 합니다.

4. 수업에서 찾은 아이디어

1) 컴퍼스에서 찾은 발명

'그릴 수 있는 도형에 제약이 없는 편리한 컴퍼스'

성민이는 우리가 평소 흔하게 사용하는 컴퍼스에 여러 가지 제약이 존재한다는 것을 발견했습니다. 특히 수업 시간에 컴퍼스를 활용한 도형 그리기를 하던 중 원이 선명하게 그려지지 않거나 컴퍼스의 한계치를 벗어난 긴 반지름의 원을 그릴 수 없는 불편함을 겪었습니다.

선생님들께서도 칠판에 도형을 그릴 때 칠판에 대고 그리기 불편하다는 이유로 컴퍼스를 사용하지 않고 줄을 이용하여 도형을 그리셨지요. 성민이는 컴퍼스의 불편한 점들을 해결하고 싶다는 생각에 다음과 같은 발명을 하게 되었습니다.

성민이는 처음에 '줄 컴퍼스'를 만들었는데 여기에도 여러 문제점이 존재하였습니다. 중심축과 그림을 그릴 때 사용하는 다리를 분리함으로써 도형을 선명하게 그리고, 그릴 수 있는 도형의 크기 제약이 거의 없어지는 효과를 얻었지만, 두 다리를 동시에 지탱해야 하는 문제점이 발생하게 된 것입니다. 한 사람이 컴퍼스의 두 다리를 동시에 지탱해야 하면 두 팔을 자유자재로 사용할 수 없고 정확도가 굉장히 떨어지게 됩니다. 게다가 큰 도형을 그릴 때는 중심축을 지탱해 줄 사람 한 명, 그릴 때 사용하는 다리를 지탱해 줄 사람 한 명, 즉 최소 두 명이 있어야 했습니다. 성민이는 이러한 문제를 해결하기 위해 다시 한번 컴퍼스를 발명하게 됩니다.

본 발명품은 이전에 발명했던 줄 컴퍼스와 마찬가지로 중심축과 그림을 그릴 때 사용하는 다리를 분리합니다. 다만, 중심축을 다리 형태 그대로 사용했던 이전의 발명품과는 달리 이번 발명품은 중심축에 흡착기를 사용합니다.

성민이는 흡착기 위에 볼베어링을 설치하고, 그 위에 줄자와 같은 형태로 줄을 태엽에 감고 줄을 되감을 수 있는 버튼을 설치하여 줄을 정리할 때 사용할 수 있게 하였습니다. 줄에는 길이를 표시하여 반지름을 설정할 수 있도록 합니다.

이렇게 중심축과 그릴 때 사용하는 다리를 분리하자 도형을 선명하게 그릴 수 있었습니다. 또한, 컴퍼스로 그릴 수 있는 도형의 크기 제약도 없어졌습니다. 중심축에 흡착기를 사용하여 한 사람이 중심축과 그릴 때 사용하는 다리를 동시에 지탱해야 하는 문제도 해결하였습니다. 중심축에는 안정성이 생기고 벽과 같이 기존에는 그리기 힘들었던 곳에서도 도형을 그리기 편해졌습니다.

이 발명은 받침점과 힘의 작용 지점의 거리를 늘려준다면 힘이 일정하더라도 더 큰 능률을 얻을 수 있다는 지렛대 원리를 사용하였습니다. 또한, 외부 힘으로 변형을 일으킨 물체가 힘이 제거되었을 때 원래의 모양으로 되돌아가려는 성질, 즉 탄성을 사용하였습니다.

본 발명품은 수업뿐만 아니라 건축, 공학 등 큰 도형을 그려야 하는 분야에서 편리하게 활용될 것입니다.

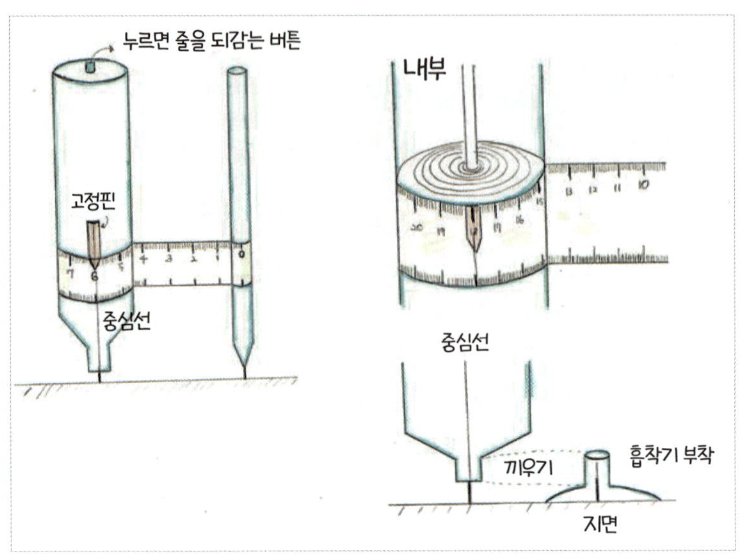

▶ 초기아이디어

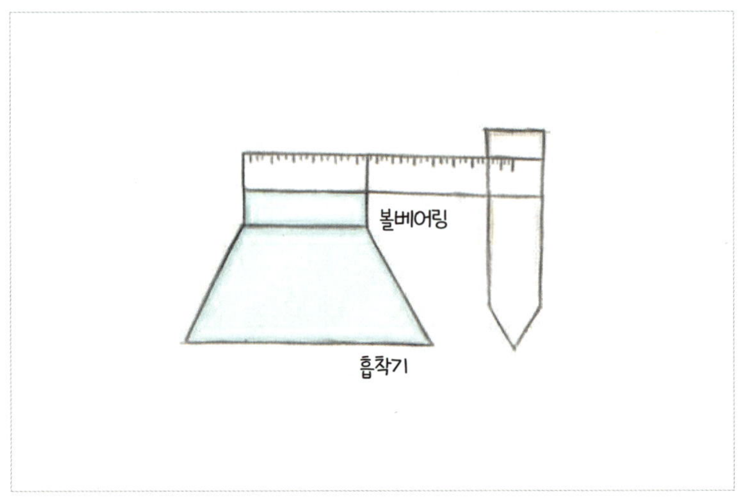

▶ 최종아이디어

2) 책에서 찾은 발명

'독서 표지판'

　재원이는 책 표지에 현재까지 읽은 쪽을 더욱 쉽게 기록하기 위한 장치를 발명하였습니다. 이 독서 표지판은 마치 비밀번호를 돌려서 맞추는 자물쇠 같은 역할을 하는데, 종이를 이용하여 큰 면적을 요구하지도 않으며 저렴하게 만들 수 있습니다. 기존의 책갈피와 다르게 잃어버릴 염려가 없고, 책 표지에 기록하여서 쉽게 기억할 수 있으며, 조작도 자기 임의대로 쉽게 할 수 있다는 특징이 있습니다.

　이 독서 표지판은 현재까지 읽은 쪽을 책 표지에 기록하는 용도로 쓰입니다. 현재까지 읽은 쪽수 외에도 인상적인 부분이나 기억해야 하는 부분 등 여러 가지 필요한 쪽수를 기록할 수 있습니다.

　이 발명품은 표지의 공간 활용도를 높이고 경제적이며 누구나 쉽게 편리한 독서 생활을 할 수 있도록 도와줍니다.

5. 안전을 위한 아이디어

1) 사건과 사고에서 찾은 발명

'책가방 속 방독면'

　학교에서 꼭 해야 하는 다양한 수업과 발명 교육을 연결하여 생각하는 것은 매우 바람직합니다. 학생들은 특히 안전 교육을 받으면서 안전에 관한 기본 내용을 배울 뿐만 아니라 여러모로 생각해 보며 창의성을 일깨울 수 있습니다. 학교 교육에서 안전의 중요성은 많이 배웠을 것입니다. 우리는 주변 안전

에 관심을 두고, 여러 안전 문제를 해결하는 방법을 생각해 봐야 합니다.

2003년 2월 18일 대구 도시철도 1호선 중앙로역에서 지하철 화재 사고가 일어났습니다. 한 사람의 방화로 일어난 화재 참사이자 대한민국에서 일어난 철도 사고 중 가장 인명 피해가 큰 사고입니다.

당시 피해자들이 마지막으로 남긴 문자를 보면 상황이 얼마나 급박했는지 느낄 수 있어 안타까운 마음이 듭니다. 이러한 사고가 다시 발생하지 않도록 대비하는 방안을 학생들과 수업 중에 생각해 보았습니다.

재형이는 수업 과정에서 인터넷을 통해 사건에 관해 많이 찾아보았습니다. 특히 희생자 대부분은 직접적인 화상보다는 유독가스에 의한 질식으로 사망 했을 것이라는 이야기를 보고, 이러한 상황에서 벗어날 방법이 있지 않을까 하고 생각하게 되었습니다. 여기에서 고안한 것이 '책가방 속 방독면'이라는 아이디어입니다. 화재나 전쟁 상황에서 모든 소지품을 버리고 메고 있던 가

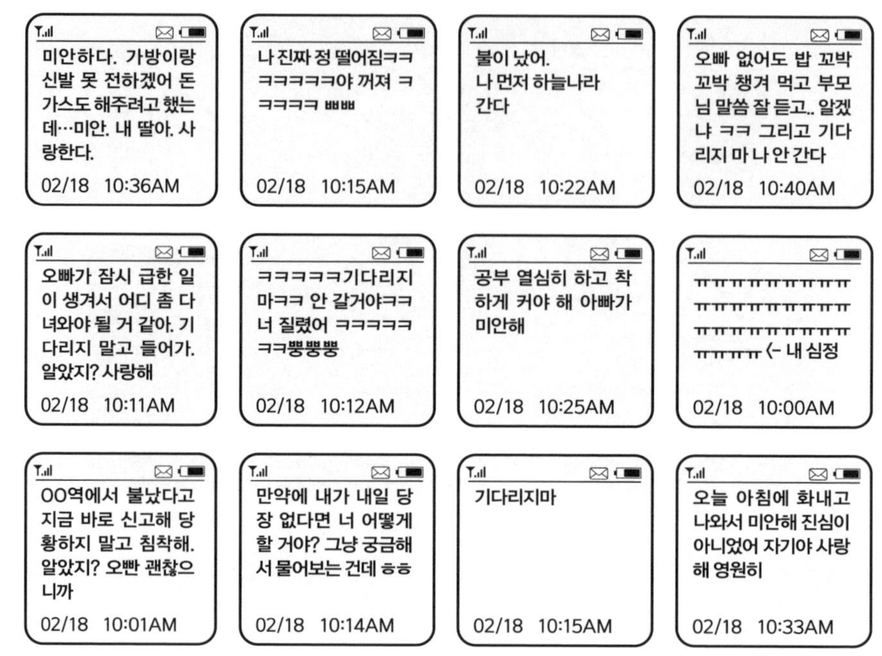

방을 뒤집어 써서 방독면으로 사용하는 아이디어를 제시한 것입니다.

그리고 이 방독면을 쓰고 있는 사람을 쉽게 찾을 수 있도록 방독면 겉에는 형광 물질을 디자인하여 어둠 속이나 화재 현상에서도 피해자를 쉽게 발견할 수 있도록 만들었습니다.

재형이의 연구 과정을 살펴보겠습니다.

발명 작품명	책가방 속 방독면	탐구 일자

2003년 2월 18일… 대구지하철 참사가 났다. 우리의 눈을 뜨겁게 했던 대참사….
오늘도 TV와 신문에서는 대구지하철 참사 소식으로 시끌벅적하다.

[지하철 참사] 질식 사망 왜 많았나
내장제 음독가스에 지하철 승객 치명타

대구지하철 사건 사상자의 상당수는 화상으로 인한 직접 사망이 아니라, 전동차가
불타며 내뿜은 맹독가스에 의한 질식사였다.
전동차는 의자 등 일부를 제외하곤 거의 철제로 이뤄져 화재에는 그리 위험하지 않
을 것으로 생각하기 쉽다. 그러나 전문가들은 "국내 전동차에는 화재 시 유독가스
를 내뿜는 물품이 의외로 많다"며 "유사 사고의 재발을 막기 위해 제작기준을 높여
야 한다"고 말한다. (중략) (李忠一기자 cilcc@chosun.com) 2003.2.19.

나는 특히 이 기사가 눈에 띄었다. 불에 타죽어 DNA검사조차 할 수 없을 정도라고
해서 대부분의 희생자가 화상으로 죽은 줄 알았었기 때문이다. 참사의 희생자들이
공포 속에서 몸에는 어떠한 상처도 나지 않았는데 호흡곤란으로 죽었다고 하니 더
비참한 죽음인 듯싶었다. 얼마나 두려웠을까…. 조금만 버텼다면 구조대원이 들어
가서 구할 수도 있었을 텐데…. 나도 희생자를 추모하는 대한민국의 한 사람으로서
미비한 지하철의 상태와 태도를 비난하면서 이에 대한 대응책과 대비책을 생각하
지 않을 수 없었다.

발명 작품명	책가방 속 방독면	탐구 일자

계속해서 화제에 대비할 수 있는 방안이 없을까 생각했다. 일차적으로는 불을 끄는 것이지만,

"화재 시 사망하는 사람의 80% 이상이 질식사."

라는 신문기사 문구를 보고 화재가 발생했을 때의 방안을 질식과 관련지어 생각해 보기로 했다. 유독가스와 연기 속에서 그들은 무엇이 필요했을까…. 바로 머릿속에 떠오르는 것은 방독면이었다. 만약 그들에게 방독면이 있었더라면 어땠을까? 모두 구조될 때까지 살아있을 수 있지 않았을까?

실제로 보지도 못했던 방독면에 대해 좀 더 알아보고 싶어서 인터넷을 이용했다. 방독면의 여러 사진과 용도가 자세히 쓰여 있었다. 어느 방독면 회사 홈페이지도 들어가 봤다. 그곳에서는 놀랍게도 우리나라 방독면이 상당히 질이 좋은지 해외로 수출되고 있었다. 이럴 수가! 이렇게나 성능 좋은 방독면을 생산하는 나라에서 방독면이 없어서 죄 없는 많은 사람이 죽다니…. 다시 한번 안타까움을 느꼈다.

왜 우리 국민들은 방독면을 준비할 생각을 하지 못했을까…. 방독면에 어떤 문제점이 있기에 방독면을 생각지도 못했을까….

방독면(백과사전 참조)

제1차 세계대전 당시 독일군이 독가스를 사용하게 되자 방호
대책으로 최초의 방독면이 연합군에 의해 개발·사용되었다.
오늘날 화생방무기가 주목을 받게 되자, 방독면 상대 무기도
독가스로부터 화생방무기로 확대되어 용도가 넓어졌다. 민간
에서도 탄광·공장에서 유독가스나 증기, 유독성 미립자 등
으로 오염된 환경에서 작업하는 기회가 많아지면서 방독면의
이용 범위가 넓어졌다. 또한, 소화 작업·폭동진압용으로 소방
관·경찰관이 사용하는 경우도 많다.

 발명탐구일지

발명 작품명	책가방 속 방독면	탐구 일자

요 며칠간 방독면 생각뿐이다…. 방독면의 성능 면에서는 문제점이 없는 것 같다. 우리나라 방독면이 수출되는 나라를 알아보니까 미국이었다. 미국에서 검사도 없이 수입하지는 않을 것이라는 생각에서 내린 판단이다.

그럼 문제가 뭘까? 생각 끝에 내린 결론은, 바로 휴대성의 문제이다. 방독면을 가지고 있었더라면, 불이 난 지하철에서도 살 수 있지 않았을까? 아마 살 가능성이 몇 십 배로 늘어났을 것이다. TV에서 유독가스 속에서의 긴급대처요령으로 가지고 있는 손수건이나 옷을 몇 겹으로 싸서 물을 적신 뒤 호흡기를 막고 있으면 어느 정도 방독면의 효과를 볼 수 있다고 했다. 하지만 이것도 미흡하다. 우선 따가운 연기 속에서 눈을 뜨고 시야를 확보해야 한다는 점에서 문제가 있고, 손수건 등만으로는 유독가스의 정화작용을 효과적으로 수행하지 못한다는 점이다. 따라서 역시 방독면이 있어야 한다는 결론이 나온다.

하지만 언제 터질지 모르는 사고에 대비하여 방독면을 항상 들고 다닌다는 것은 우스운 이야기다. 남들도 이상한 시선으로 쳐다볼 것이다. 그렇다면 어떻게 해야 방독면을 항상 휴대할 수 있을까? … 내가 평소에 거리낌 없이 가지고 다니는 것은 무엇이 있을까? 방독면도 그것과 비슷하게 바꿔본다면 휴대하기 편하지 않을까?

평소에 내가 거리낌없이 휴대하고 다니는 물건들
: 옷, 가방, 휴대폰, mp3, 모자….

발명 작품명	책가방 속 방독면	탐구 일자	

내가 항상 휴대하고 있는 물건들과 방독면을 합쳐봐야겠다는 생각을 해봤다. 그러면 두 가지 기능을 동시에 하면서도 방독면까지 휴대하기 편리해지지 않을까라는 생각이 들었기 때문이다.

학원에서 늦게 돌아왔다. 나는 평소처럼 내 방에 들어서자마자 책가방을 방바닥에 아무렇게나 내던졌다. 바로 침대로 쓰러졌다. 고개를 돌렸을 때 구석에 처박힌 가방인 눈에 들어왔다.

그런데… 그 순간… "아…! 아싸!!"

순간적으로 뭔가 한 번에 풀리는 듯한 느낌이 들면서 책가방을 들었다. 그리고 학원 교재들을 다 쏟아버리고 바로 책가방을 얼굴에 뒤집어써 보았다.

"이거다!!"

나는 바로 그림을 그렸다.

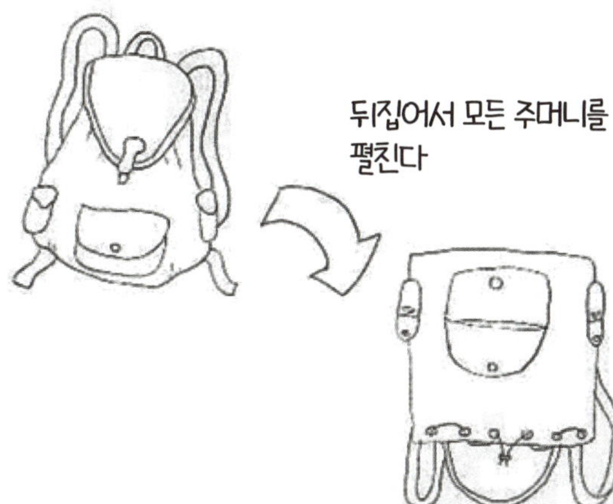

발명탐구일지

발명 작품명	책가방 속 방독면	탐구 일자	

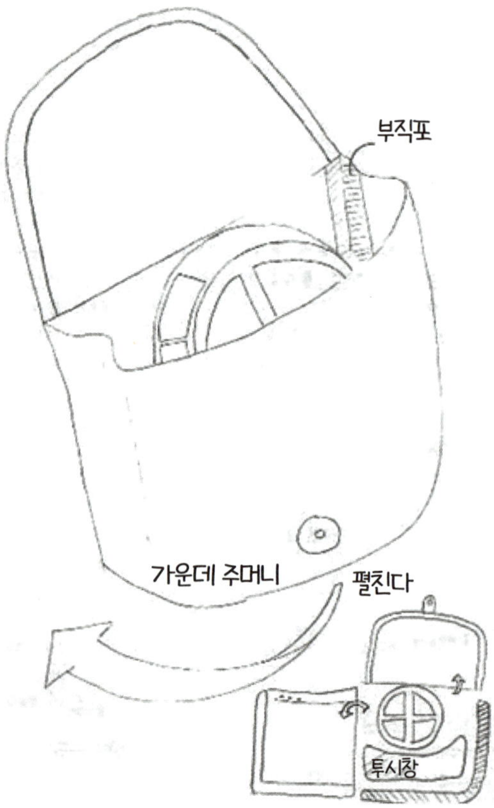

발명탐구일지

발명 작품명	책가방 속 방독면	탐구 일자

내가 대구지하철 사고 피해자가 되었다고 가정해 보았다. 이때 나는 어느 정도 구체화시킨 내 발명품을 휴대하고 있다. 어떠한 문제가 더 생길까?

(재형 생각)신속히 가방 속의 내용물을 버린다. 그리고 가방을 뒤집어쓰고 <u>연기가 들어오지 않도록 가방 입구를 조인다.</u> 그래도 약간 찜찜하다. 지하철역에는 유독가스와 연기가 가득하다. 탈출하려 해도 앞이 잘 보이지 않는다. 119구조대가 올 것이라는 생각에 조금이라도 출구 쪽으로 가서 구조되고 싶다. <u>그런데 이런 연기 속에서 구조대는 날 찾을 수 있을까?</u>

새로운 물음이 생겼다. 내 발명품은 구조대원을 위한 발명품이 아니라 피해자이면서 구조되어야 할 일반 시민을 위한 발명품이다. 따라서 발명품에 장시간의 호흡 지속성과 구조의 용이성이 첨가되어야 한다는 사실을 깨달았다. 무슨 방법이 있을까? 나는 다음과 같이 보완해 보았다.

I. 연기 차단 보안 방안

이차적 차단 주머니(얼굴만 넣는 부분으로 목 부분에서 조여 맨다)

시야

정화통

일차적 차단(조여 매서 연기의 일차적 차단 역할을 한다)

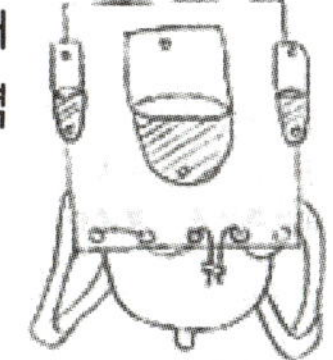

2. 형광지 사용
(평상시는 주머니를 닫아놓기 때문에 외관상 이상이 없다)

빗금친 부분에 형광지를 부착하여 구조대원이 쉽게 발견할 수 있도록 도와준다

발명 작품명	책가방 속 방독면	탐구 일자

좀 더 구체적으로 모양을 생각해 봤다. 시야는 좀 더 넓었으면 좋겠고, 정화통의 크기도 어느 정도 작으면 좋을 것 같다. 정화통이 너무 크면 주머니 이용에 불편을 끼칠 수도 있기 때문이다.

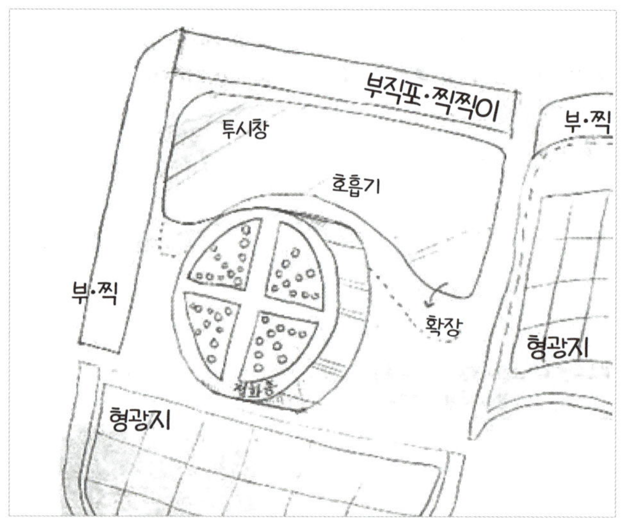

정화통
대응 가스: 알콜류, 유기용제류, 석탄, 석유증유물, 훈증 소독제, 이황화탄소, 사에틸연, 염화황, 유기화합물의 가스 또는 증기

발명탐구일지

발명 작품명	책가방 속 방독면	탐구 일자

요즘 북한의 핵 문제와 미국의 이라크 공격 등으로 세계가 크게 위협받고 있다. 특히 얼마 남지 않은 이라크 공격은 큰 위협이 될 것이다. 뉴스에서 보도하기를… 이라크에는 다량의 생화학무기가 있다고 한다.

여기서 나는 하나의 기능을 더 생각해 봤다. 갑작스럽게 핵으로 인한 방사능 물질이나 생화학무기로 위협을 받을 때 보호할 수 있도록 기능을 추가해 보았다.

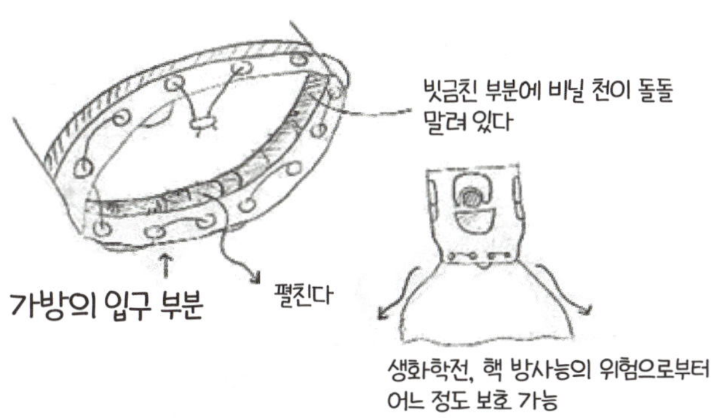

가슴 부분까지 가려서 방사능 물질의 침입을 막는 방독면

 **발명탐구일지**

발명 작품명	책가방 속 방독면	탐구 일자

그 밖의 응용작들

1. 다른 모양의 책가방

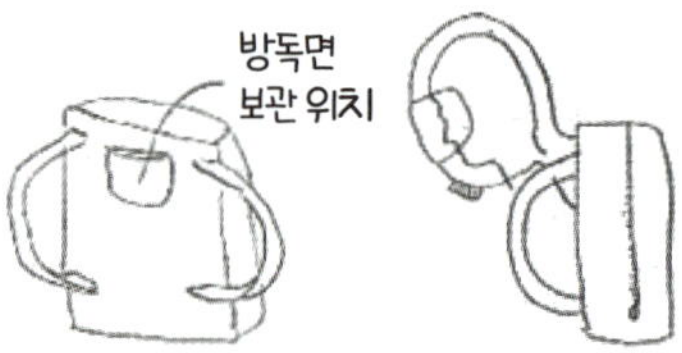

2. 007 가방

3. 여행용 가방

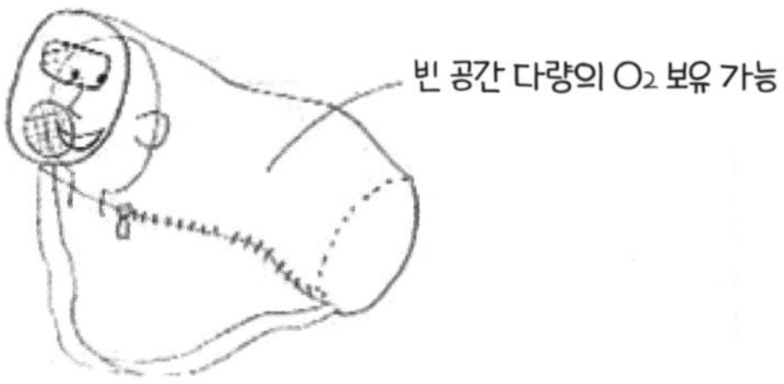

발명탐구일지

발명 작품명	책가방 속 방독면	탐구 일자	

오늘은 실물로 제작한 방독면 가방을 메고 등교를 했다. 완성된 실물을 실험해 보고 싶었기 때문이었다. 우선 6교시에 수업할 교과서 여섯 권, 공책 다섯 권을 넣고 필통까지 넣었다. 주머니 크기가 조금 줄기는 했지만 거의 상관없었다. 착용감 역시 전과 다를 바 없었다.

방독면을 달았지만 따로 덜렁거리는 것이 없기 때문인지 가방을 메고 가면서도 내가 방독면을 메고 있다는 사실을 잊었었다.

1교시부터 3교시까지 수업을 받고 점심시간이 되었다. 나는 친구들을 불러 모았다. 그리고 가방의 가운데 주머니를 쫙~ 찢으면서 내 새로운 발명품이라고 보여줬다. 그제야 친구들이 알아보았다. 여기서 이 방독면이 외형상 일반 가방과 다르지 않다는 것을 증명할 수 있었다.

친구들이 너도나도 써보겠다고 했다. 나 말고도 다른 여러 체형에도 알맞은 것 같았다. 또 이 방독면도 다른 방독면과 마찬가지로 공기와의 차단 때문에 10분 정도 쓰고 있었더니 내 친구들이 땀범벅이 되고 말았다. 그렇다고 통풍 구멍을 뚫을 수는 없으니 참 안타깝다.

친구들이 험하게 다뤄서 혹시 망가지지는 않을까 걱정했었는데 다행히 괜찮다. 오늘 학교에 가져와서 실험했던 것이 참 도움이 된 것 같다.

　다음과 같이 재형이가 직접 스케치한 그림을 출원 도면으로 사용하게 되었습니다. 그리고 이 내용을 바탕으로 실물을 제작하였습니다.

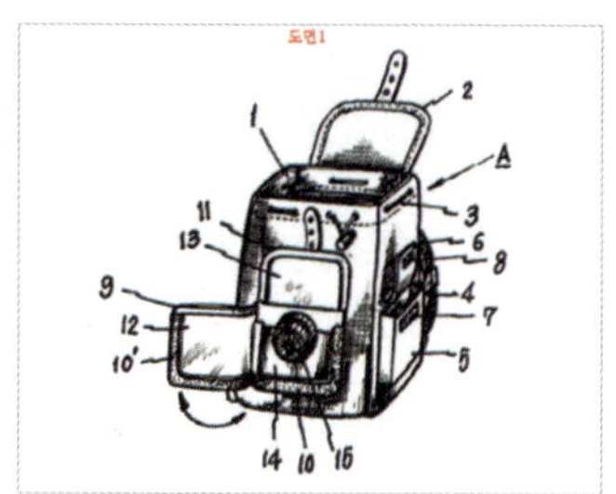

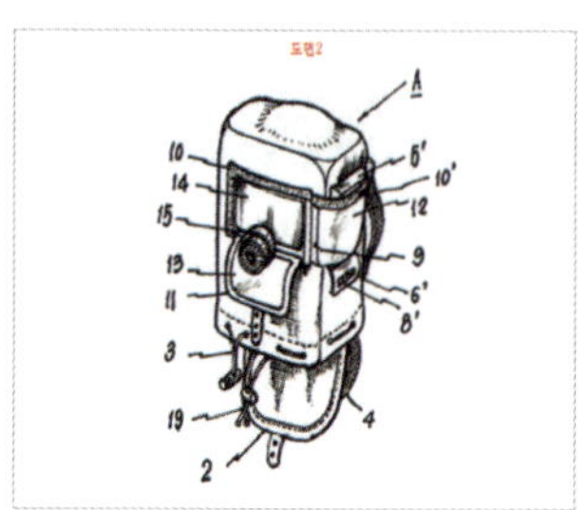

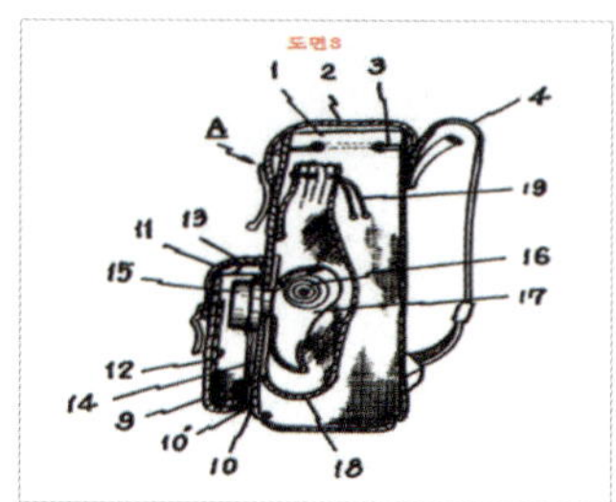

▶ **박재형 학생 특허등록 출원 도면**

〈책가방 속 방독면〉 실물 제작 과정

박재형

▶ 책가방 속 방독면 실물

① 도면을 그린다.

- A4 용지에 스케치를 해본다.(발명탐구일지 참조)

② 책가방의 가운데 주머니의 하단과 우측 면을 자른다. 그리고 자른 위치에 부직포를 붙인다.(실과 바늘 이용)

(설명을 위해서 빨간색 찍찍이를 사용하였다. 가능하면 가방 색과 어울리는 색을 이용하는 것이 좋다.) 조금 더 깔끔하게 하고 싶을 경우 지퍼를 이용할 수도 있다.

③ 투시창과 방독면을 부착하기 위하여 구멍을 뚫는다.

④ 투시창을 붙이고, 정화통을 분리해 낸다.

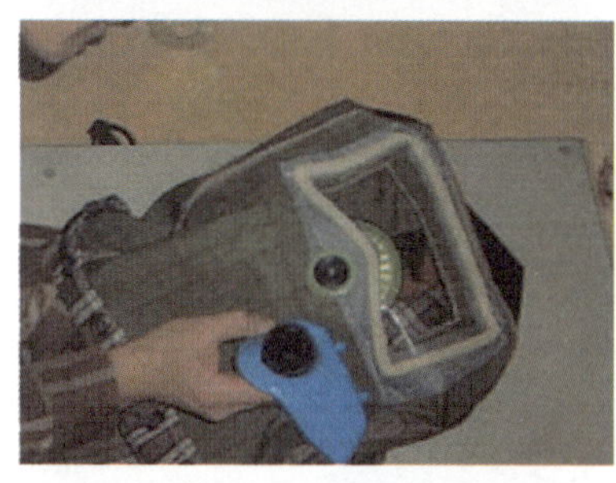

⑤ 정화통을 동그란 구멍에 끼워 넣는다.

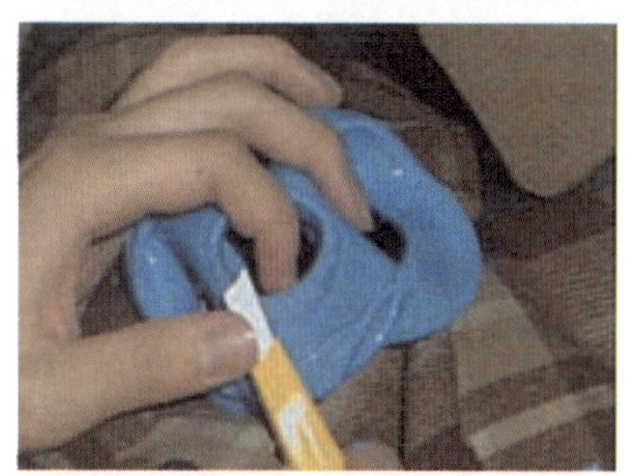

⑥ 가방의 두께로 인해 방독면과 정화통의 연결이 쉽지 않으므로 방독면을 약간 다듬은 후 연결한다.

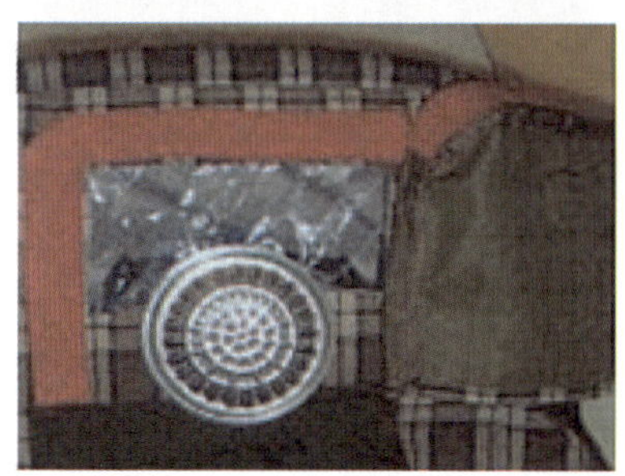

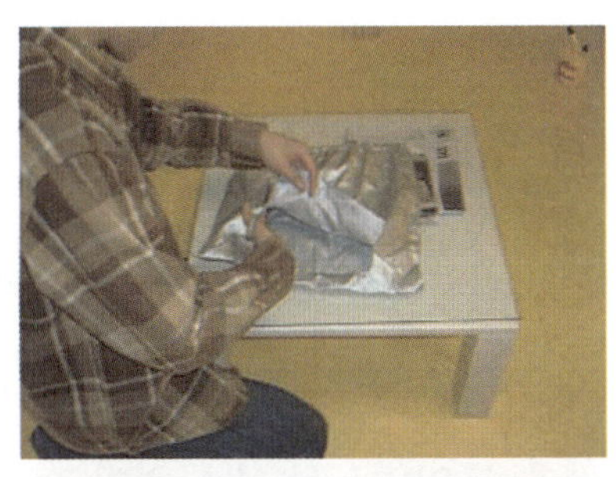

⑦ 2차 차단 주머니를 안쪽에 붙이기 위해 얼굴 부분을 잘라낸다.

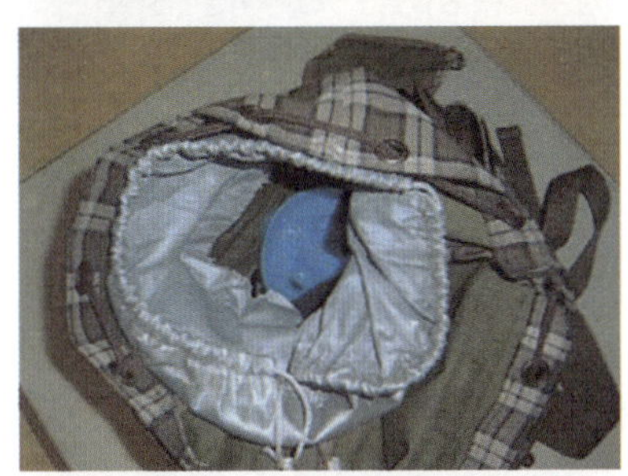

⑧ 2차 차단 주머니를 안쪽에 붙인다.

⑨ 마지막으로 주머니 뒷면에 형광지를 붙이면 완성이다.

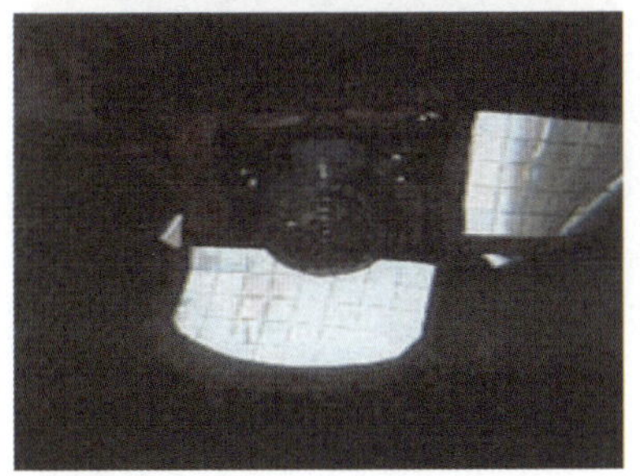

- 밤에 야외에서 찍은 사진(형광지의 효과)

책가방 속 방독면을 쓰고, 사고 현장을 빨리 빠져나올 수 있도록 만들었다.

2) 공공장소를 위한 발명

'라디오와 탈착식 전등이 통합된 방독면'

환균이는 방독면에 탈착식 전등을 부착하고 라디오를 내장하는, 통합 아이디어를 제출하였습니다. 이를 주요 공공장소에 비치하고 재난이 발생했을 때 사용하도록 함으로써, 화재 발생 시 발생하는 유독가스 흡입을 방지하고 재난 방송 청취를 통한 상황 정보 수집 및 대피 요령을 파악하도록 만들었어요. 또한, 정전, 가스 연기로 인한 시야 장애가 있을 때 시야 확보에 도움을 주어 재난 발생 시 인명 피해를 최소화할 수 있도록 만들었습니다.

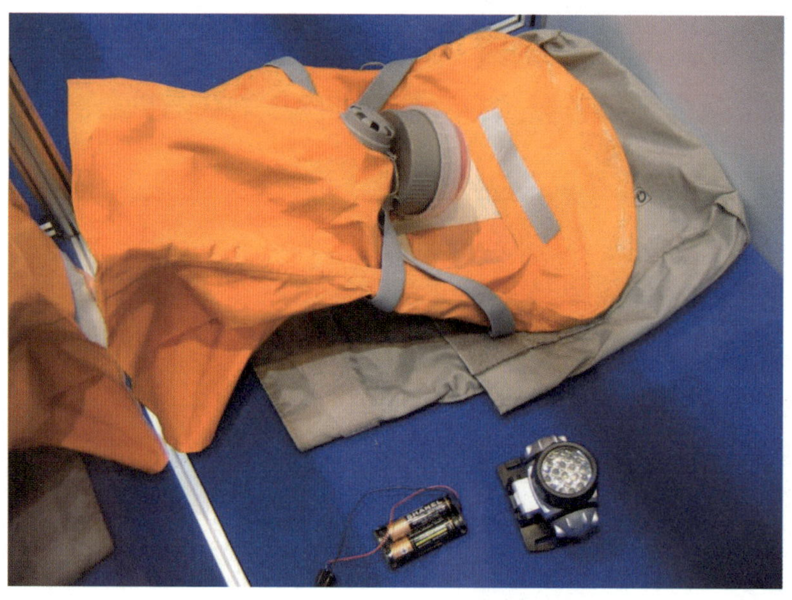

3) 건축물에서 찾은 발명

'속 빈 블록 및 그를 이용한 블록 벽체 구조'

건영이는 블록을 쌓아놓은 집들이 풍수해에 무너지는 상황을 보았습니다. 그래서 벽을 좀 더 안전하게 쌓을 방안을 생각하게 되었습니다.

이 과정 중에 모르타르를 쓰지 않고 벽을 만드는 방법이 없을까 고민하게 되었습니다. 이때 어릴 때 블록쌓기 놀이를 하던 장면이 생각났고, 볼록과 오목을 블록 면에 그대로 적용하여 제작하였습니다.

발명의 상세한 설명	1) 아이디어 구체화 블록을 갖다놓고 한동안 궁리 끝에 가운데에 볼록과 오목 부분을 배치해 보았다. 그랬더니 모르타르를 쓰지 않고 벽을 쌓으면서도 전후좌우로 넘어지지 않아서 안정적이고 빠르고 쉬운 방법임을 알게 되었다. 한편 철근이 지나갈 수 있도록 돌출부에 홈을 내었다. 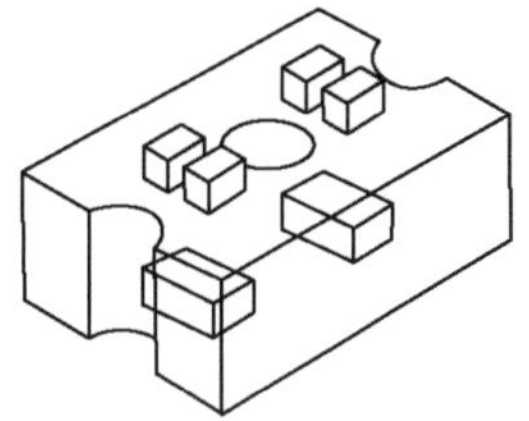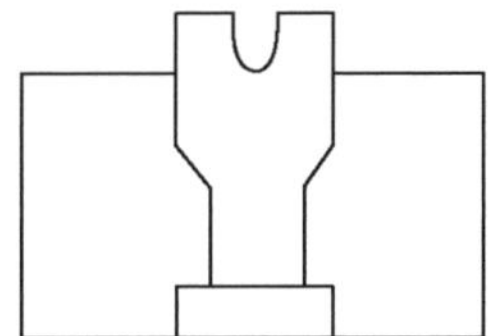 2) 연결핀 아이디어 높은 벽을 쌓을 때는 철근을 반드시 사용하게 되는데 속 빈 블록이기 때문에 볼록과 오목만으로는 안정성에 한계가 있었다. 이를 극복하기 위해 고민하던 중에 볼링장에서 본 볼링핀이 생각났다.

<table>
<tr>
<td>발명의
상세한
설명</td>
<td>

3) 연결핀

① 단단한 재료로 만든 볼링핀에 철근이 수직·수평으로 지나갈 수 있도록 구멍을 뚫고

② 볼링핀 아래의 굵은 부분이 아래에 위치한 블록의 속 빈 곳에 맞도록 하고

③ 볼링핀 위의 날씬한 부분이 위에 놓이는 블록의 속 빈 곳에 맞도록 하였다.

④ 한편 단단한 볼링핀 형태의 핀을 거꾸로 블록의 속 빈 부분에 가득 채우고 그 핀을 철근이 통과하여 수직과 수평의 안정을 취할 수 있는 방법도 고려하였다.

⑤ 곡선부를 생각함

모르타르 없이 곡선 구간을 유연하게 쌓을 수 있도록 블록의 상하, 전후, 좌후에서 일정 부분을 경사지도록 고안하였다.

</td>
<td>

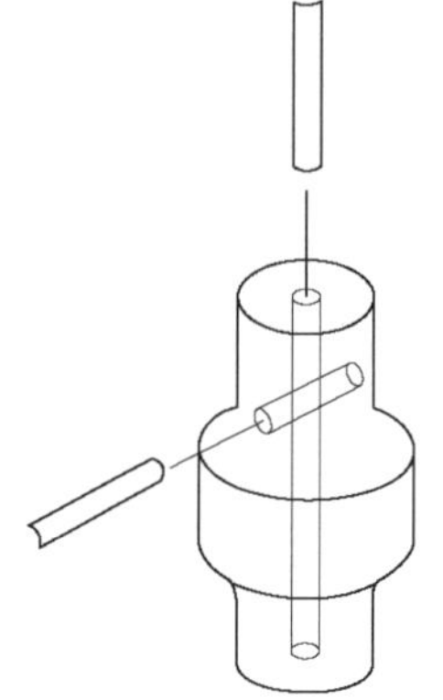

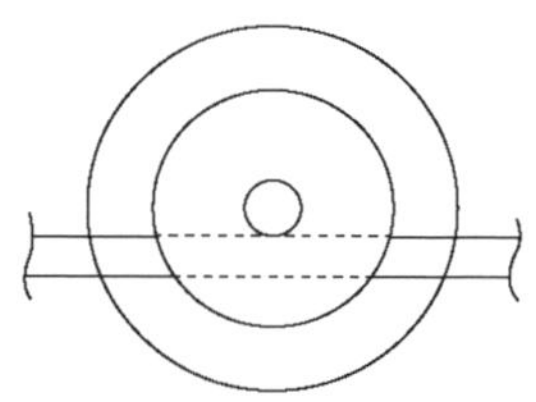

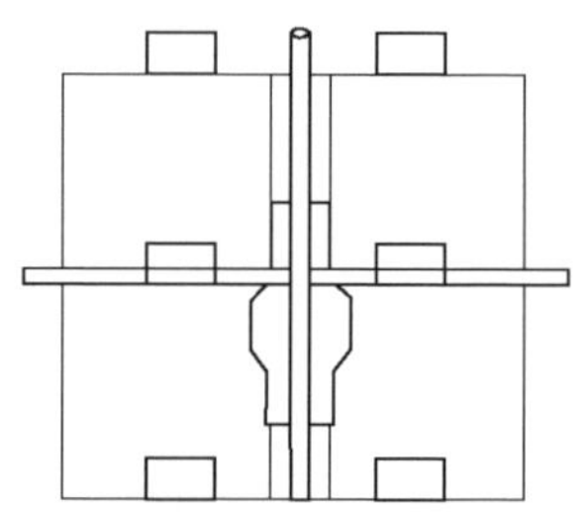

</td>
</tr>
</table>

발명의 요약	모르타르를 쓰지 않고 벽을 높이 쌓을 수 있는 방법과 특별히 고안된 블록을 발명하였다. 1) 블록 윗면의 가운데 부분이 볼록하고 아랫면은 반대로 오목하여 아래위의 블록이 쉽고도 튼튼하게 연결된다. 2) 아래와 위 블록의 속 빈 부분에 연결핀을 넣고 그 핀에 수직 수평 철근을 넣어서 높은 벽체도 튼튼하고 빠르고 쉽게 쌓을 수 있다. 3) 블록 일부분을 경사지게 고안하여 곡선 벽도 쌓을 수 있도록 하였다.

이전 방법과 비교		
	이전 방법	발명
재료	평탄 블록 빈 속을 철근과 모르타르로 채운다. 블록 상하좌우에 모르타르로 접착한다. 모르타르 공사 현장에서 비벼서 사용한다. 강도가 균일하지 않다.	1. 모르타르를 사용하지 않는다. 2. 요철 블록과 연결핀을 사용하여 높은 벽을 안정되게 쌓는다.
공사	1. 대부분 숙련공이 쌓는다. 2. 모르타르가 굳을 때까지 공사를 진행할 수 없다. 3. 겨울에는 공사할 수 없다. 4. 경사지게 벽을 쌓을 수 없다. 5. 모르타르 사용으로 손이 많이 가고 지저분하다.	1. 누구나 쉽게 공사할 수 있다. 2. 공사 속도가 대단히 빠르면서도 안정적이다. 3. 계절과 장소에 제한받지 않는다. 4. 벽을 경사지게도 쌓을 수 있다.
	비싸고 불편하다.	값싸고 쉽고 빠르고 안정하다.

　　나의 주변에서 일어난 사고에 대해 발명 아이디어로 문제를 해결해 보려는 노력이 새로운 발명품을 만들게 됩니다.

4) 해상 조난에서 찾은 발명

'1인용 휴대용 구명정'

　　영현이는 일반적인 구명정에 여러 사람이 먼저 타려고 시도하다가 인명 피해가 나는 경우가 많고, 정작 사고가 자주 나는 어선 같은 조그만 배에는 구명정을 설치할 수 없으며, 구명정이 낡았을 때 교체 비용이 크게 들어 교체를 지체한 결과 인명 피해가 많이 생긴다는 것을 보았습니다.

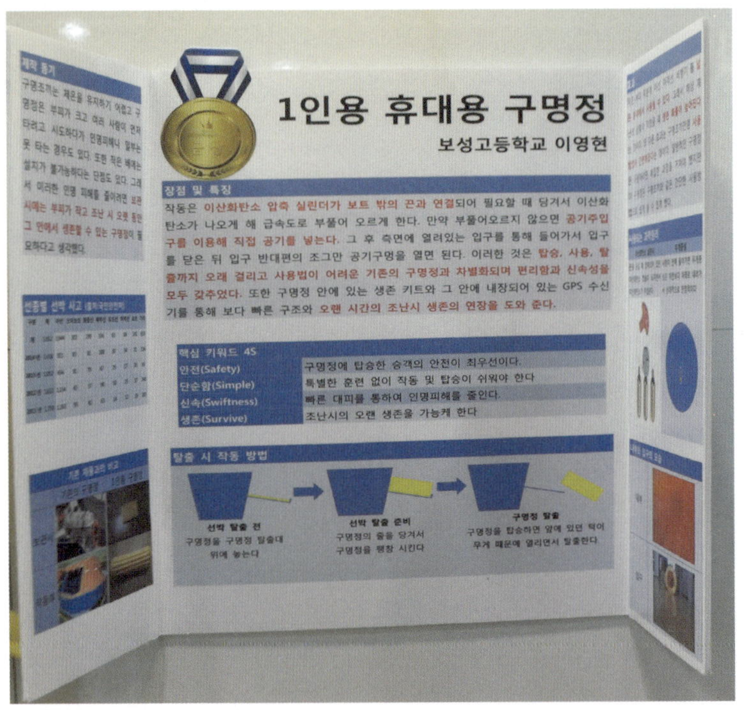

　그래서 영현이는 값이 저렴하면서도 보관할 때는 부피가 작아 작은 배에 실을 수 있으며, 큰 배에 많이 싣는 것도 가능하고, 작동이 간단하고, 혼자 타도 오래 생존할 수 있는 구명정이 필요하다고 생각했습니다.

　영현이가 생각해 낸 구명정은 해난 사고가 발생했을 때 빠른 구조를 목표로 설계되었습니다. 그리고 구명조끼만큼 사용 방법이 간편하여 안전성에 효율성까지 증대시켰습니다.

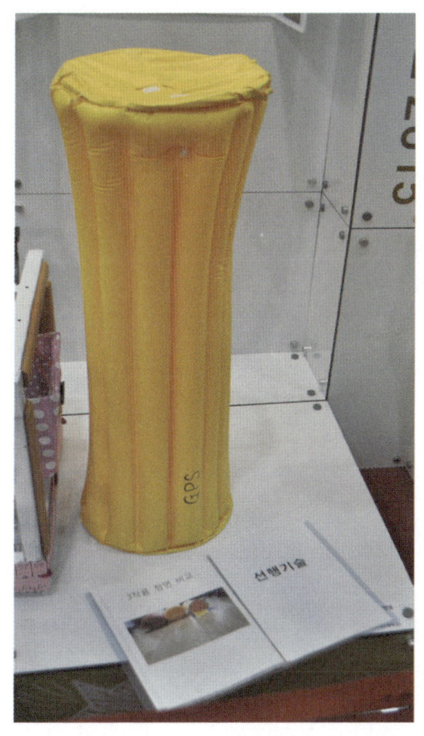

원격 조작 로봇 고양이

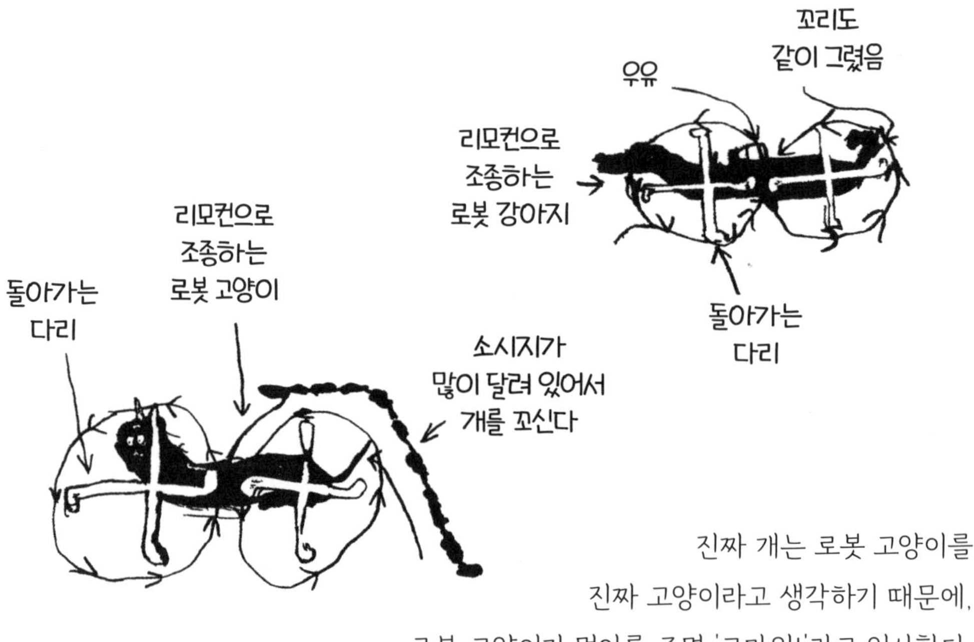

진짜 개는 로봇 고양이를
진짜 고양이라고 생각하기 때문에,
로봇 고양이가 먹이를 주면 '고마워!'라고 인사한다.

장난감 고양이, 강아지 대신 로봇 고양이와 로봇 개를 등장시켰다. 이 로봇은 원격 조작으로 움직이고, 양쪽 바퀴에 다리 모양이 그려져 있어서 바퀴가 돌면 다리가 움직이는 것처럼 보인다. 진짜 개는 로봇 고양이를 보고 진짜 고양이라고 생각해서, 자기에게 먹이를 주는 로봇 고양이에게 매우 고마워한다. 그러다 보면 개는 로봇 고양이를 좋아하게 되고, 후에 진짜 고양이를 만났을 때도 호감을 느낄 수 있을 것이다. 앞으로 개와 고양이가 싸우는 게 보기 싫다면 개 먹이를 주는 로봇 고양이를 장만하도록 하자.

전국학생과학발명품경진대회에 도전하라!

선생님, 전국학생과학발명품경진대회 참가 과정에 관하여 소개해 주세요

전국학생과학발명품경진대회는 팀 단위로 접수할 수 있습니다. 팀은 학생과 지도교사로 구성됩니다. 학생은 개인 출전만 가능합니다. 꼭 확인하기를 바랍니다.

전국학생과학발명품경진대회에 참가하려면 우선 지역에서 선정되어야 본선 대회에 출품할 수 있습니다. 학생은 반드시 학교 대회와 교육지원청 예선 대회(초·중)를 거쳐야 합니다.

지역 예선 대회에서 수상하고, 지역 본선 대회 참가 자격을 얻게 되면, 본선 대회 수상으로 전국대회 참가 자격을 얻게 됩니다. 이러한 과정 끝에 전국대회에 출품하게 되는 것입니다.

전국대회에 참가하는 것만으로도 영광스러운 일이라고 생각합니다. 전국대회까지 진출하는 과정에서 이미 많은 것을 배웠고, 발명대회에 대한 좋은 경험을 얻을 수 있기 때문입니다. 또한, 전국대회에서 훌륭한 친구들도 만나 좋은 인연과 추억도 쌓을 수 있습니다.

여러분이 잊지 말아야 할 것이 있습니다. 지역별로 조금씩 다른 예선 방법 및 시기입니다. 반드시 요강을 꼼꼼히 살펴보고 일정을 잘 확인하세요!

다시 한번 강조합니다. 요강을 꼼꼼히 살펴보세요!!

선생님, 전국학생과학발명품경진대회에
참가하기 위해 우리들은 어떻게 준비해야 하나요?

일반적인 발명대회 준비 단계는 제작을 위한 '준비 단계', 연구 과정과 수정 보완의 '연구 단계', 대회 참가를 위한 '참가 단계'로 나눌 수 있습니다.

일반적으로 발명대회에 출전할 때는 본인이 계획한 일정을 따르는 것이 중요하며, 연구 및 제작에 들어가기 전에 충분한 검토와 검색을 해야 합니다. '나의 발명품보다 더 좋은 방법이나 제품은 없을까?', '나의 발명품보다 실용성이나 경제성이 우수한 아이디어가 없을까?'를 꼼꼼히 따져보면서 진행하는 것이 바람직합니다. 그리고 인터넷을 찾아보다가 내 아이디어보다 좋은 아이디어를 발견하면 배우기도 해야 합니다. '어떻게 이렇게 좋은 생각을 했을까?' 그리고 나의 아이디어와 다른 생각의 연구도 좋습니다.

물론 나와 같은 아이디어가 없다면 정말 기쁘겠지요! 그렇다면 이제 내 아이디어로 발명대회에 참가할 수 있습니다.

자, 지금부터 전국학생과학발명품경진대회 참가 단계를 구체적으로 살펴보겠습니다.

준비 단계에는 아이디어와 기초 조사가 필요합니다. 어떻게 보면 가장 시간이 많이 들고, 포기하기 쉬운 단계입니다.

우리가 주변에서 보거나 접하는 수많은 제품, 방법 등을 사용할 때, 불편하거나 개선해야 할 점을 생각해 본 경험이 있을 것입니다. '이렇게 개선되었으면 좋겠다!' 그리고 '이런 불편함을 개선할 수 있는 좋은 방법은 없을까?'에서 아이디어는 시작됩니다.

이러한 생각이 결국 새로운 아이디어를 떠올리는 힘이 됩니다. 이 지점이 올바른 문제 해결의 출발점이며 정확하게 제품이나 방법의 문제가 무엇인지를 확인하는 동기가 됩니다.

다음으로는 발명 문제를 정의합니다. 문제점을 찾으면 이 문제점에 관한 기초 조사를 합니다. 처음보다 좀 더 세밀하게 조사하는 과정입니다. 나의 발명품이 새로운 창의성을 가졌는지, 실용성이 있는지, 그리고 경제성이 있는지 확인해 보는 과정이 필요합니다.

선행 발명품이 있는지 조사하는 과정도 필요합니다. 사실 이 과정이 가장 중요한 단계입니다. 왜냐하면, 이 과정을 철저히 하지 않으면 내가 생각한 아이디어와 유사한 형태로 특허 출원되어 있거나 다른 대회에서 수상한 사례가 있을지도 모르기 때문입니다. 그러면 지금까지의 노력이 물거품이 될 수 있습니다.

연구 단계에서는 대회를 위해 발명품을 계획하고 수정하면서 발명품 제작을 합니다. 자신에게 떠오른 아이디어를 구체화하는 것이 발명품을 제작하는 과정의 시작입니다.

새롭게 아이디어가 떠오르면 그림으로 그려봅니다. 여러 가지 기능이나 형태를 그림으로 구체적으로 그린 후, 그중 가장 우수한 내용의 아이디어를 골라 나만의 아이디어로 구체화하면서 발전시켜 나갑니다. 그리고 도면을 그려봅니다.

아이디어 발상 과정과 아이디어를 구체화해 나가는 주요 내용, 세부 활동의 과정은 나만의 포트폴리오에 정리합니다. 포트폴리오를 바로 만들 시간이 없다면 우선 자료를 클리어 파일에 보관하다가 나중에 정리하면 됩니다.

도면을 설계한 다음에는 제작에 필요한 부품과 재료를 준비하여 발명품을 제작할 준비를 합니다. 이러한 활동을 위해서 다양한 부품과 기본적으로 많이 사용하는 재료는 갖추고 있어야 해요. 이때 선생님께 도움을 요청하세요! 지도 선생님이 필요한 이유를 알겠죠? 우리 주변의 발명교육센터, 메이커 공간 등에 도움을 요청하면 좀 더 쉽게 작업할 수 있습니다.

우리 주변에는 여러 가지 재료가 무수히 널려 있습니다. 아크릴, 고무, 플라스틱, 나무, 종이, 금속, 유리 등의 재료는 쉽게 구할 수 있으며, 되도록 폐품의 재활용을 통해 다양한 부품을 구하면 좋습니다.

쓰레기 수거일에는 다양한 재료를 얻을 수 있습니다. 저도 학생들과 모형을 만들기 위해, 재활용 쓰레기 수거를 하는 날 쓰레기장에서 다양한 재료를 얻은 기억이 있습니다. 모형이나 실물을 만들어 보고자 할 때 이렇게 재활용 재료를 이용하면 교육적으로도 좋고, 작품 제작을 할 때 부담도 덜 수 있습니다.

발명품 제작 과정에서 자기 아이디어가 완전하다고 생각해서는 안 됩니다. 대회 전까지 끊임없이 새로운 내용을 검토, 보완해야 합니다. 관련 지식을 찾아보고, 만들고자 하는 제품의 완성까지 접근해 가는 것이 중요해요. 그래서 피드백(Feedback) 과정을 통해 원하는 발명품을 완성해 나가는 습관이 중요합니다. 그만큼 발명탐구일지나 노트 등에 이러한 과정을 작성하는 것이 매우 중요합니다. 발명 일기를 작성하는 친구도 있어요. 이렇게 자신의 발명 과정을 작성하고 계속되는 피드백 과정을 거칩니다.

발명품을 제작하는 데는 전기, 기계, 목공 등 여러 분야의 많은 기술이 종합적으로 필요해서 많은 어려움이 따릅니다. 또한, 발명품은 한 번 제작했다고 해서 끝나버리는 것이 아닙니다. 제작품의 문제점을 또 찾아내고, 그 문제점을 다시 해결해 가면서 최종 대회에 참가합니다. 그만큼 끝없는 도전 정신과 인내가 필요합니다.

이 과정을 표로 정리하면 다음과 같습니다.

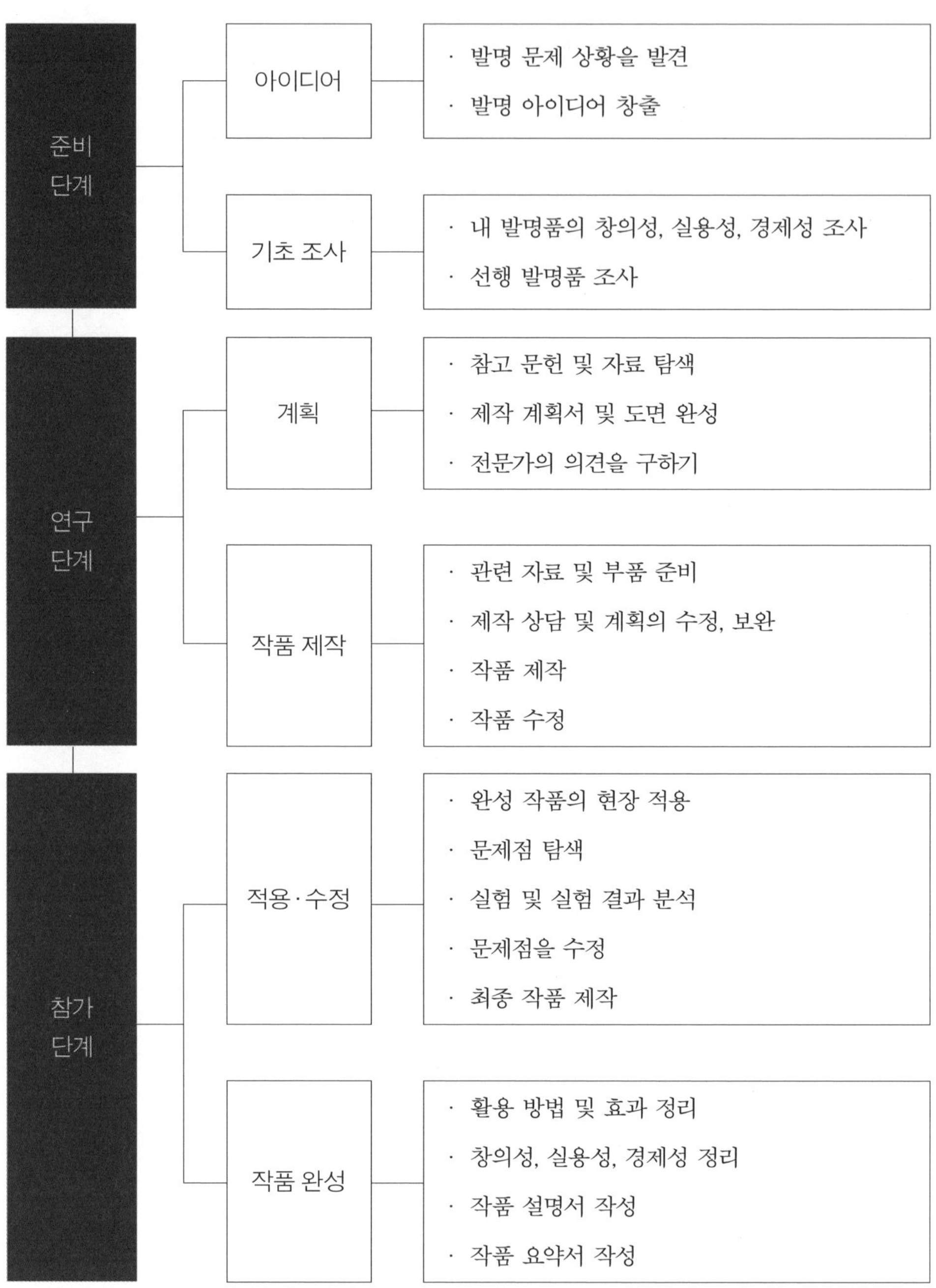

준비 단계
아이디어
· 발명 문제 상황을 발견
· 발명 아이디어 창출
기초 조사
· 내 발명품의 창의성, 실용성, 경제성 조사
· 선행 발명품 조사
연구 단계
계획
· 참고 문헌 및 자료 탐색
· 제작 계획서 및 도면 완성
· 전문가의 의견을 구하기
작품 제작
· 관련 자료 및 부품 준비
· 제작 상담 및 계획의 수정, 보완
· 작품 제작
· 작품 수정
참가 단계
적용·수정
· 완성 작품의 현장 적용
· 문제점 탐색
· 실험 및 실험 결과 분석
· 문제점을 수정
· 최종 작품 제작
작품 완성
· 활용 방법 및 효과 정리
· 창의성, 실용성, 경제성 정리
· 작품 설명서 작성
· 작품 요약서 작성

선생님, 전국학생과학발명품경진대회의 수상 사례를 소개해 주세요

전국학생과학발명품경진대회에서 수상한 학생들의 사례를 소개하겠습니다. 사례를 잘 읽어보고 여러분의 아이디어와 비교해서 생각해 보세요! 그러면 아이디어를 정리하는 데 많은 도움이 될 것입니다.

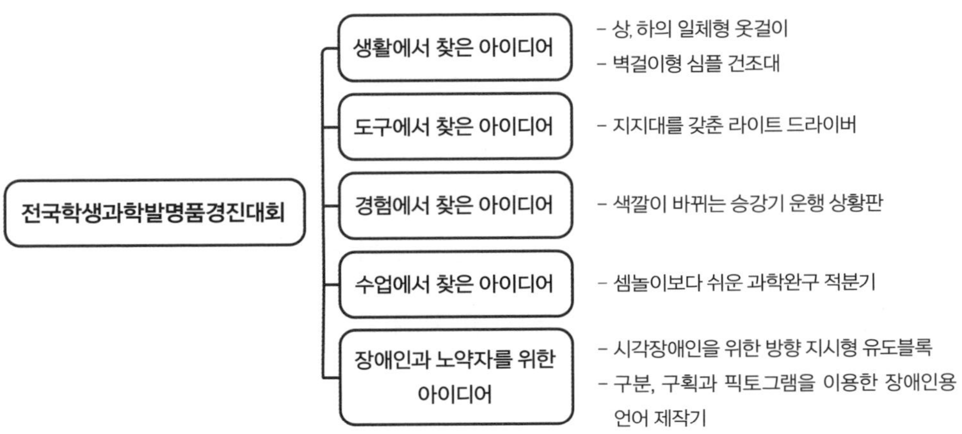

전국학생과학발명품경진대회에 참가하는 아이디어 유형을 모두 정리했습니다. 전국학생과학발명품경진대회에서는 대부분 학생이 연구 과정을 중심으로 출전하기 때문에, 다음과 같이 연구 과정에서 아이디어를 성장시킬 수 있는 주제가 많이 있습니다.

1. 생활에서 찾은 아이디어

1) 옷걸이에서 찾은 발명
'상, 하의 일체형 옷걸이'

사람이 살아가는 데 필수인 세 가지 요소 중 하나인 의복은 오늘날 자신의 개성을 표현하는 수단이 되었습니다. 이에 따라 사람들은 자연히 옷맵시에 신경을 많이 쓰고 의복을 보관하는 데도 많은 시간과 비용을 투자합니다. 하지만 의복을 보관하는 장소가 협소하거나 옷의 형태를 유지하지 못하는 등의 불편함이 발생하고는 합니다. 여기서 민재는 발명 문제를 발견합니다.

운동복처럼 주름이 쉽게 가지 않는 옷은 잘 개어서 장롱이나 서랍 속에 넣어 두면 되지만, 면바지는 주름이 쉽게 가기 때문에 스탠드 행거(입식 옷걸이)에 걸쳐 두거나 옷걸이를 사용하여 걸어 놓게 됩니다.

하지만 스탠드 행거에 그냥 걸쳐 놓으면 정돈되지 않은 모습이 보이게 되고, 옷걸이에 걸어 놓으면 주름이 생겨서 입을 때 다시 다림질하고 입어야 하는 번거로움이 발생하게 됩니다.

많은 가정에서 면바지나 정장 바지를 보관할 때 세탁소에서 무상으로 제공하는 옷걸이를 사용하고는 합니다. 이 옷들은 옷감 특성상 주름이 쉽게 가기 때문에 보관하기가 상당히 까다롭습니다. 그래서 이러한 불편함을 보완하고자 집게형 옷걸이를 이용하지요. 하지만 집게형 옷걸이는 바지의 형태를 그대로 유지해 주는 장점이 있는 대신 일일이 집게로 옷을 집는 것이 번거롭고, 시간이 오래 걸리고, 공간을 많이 차지한다는 단점도 있습니다. 또한, 하나의 옷걸이에 한 장만 걸 수 있는 구조이며, 집게가 튼튼하지 않아 가끔 옷이 빠지는 등의 불편한 점이 발생해요.

민재는 바지를 집게형 옷걸이로 보관하는 것보다 더 '쉽고 편리하게 바지 형태를 그대로 보관할 수는 없을까?' 또 '한 옷걸이에 상의와 하의 모두를 수납할 방법은 없을까?'라고 생각했습니다. 그렇게 민재는 '상, 하의 일체형 옷걸이'를 고안하게 되었습니다.

위의 사진처럼 일반 옷걸이에 걸어두면 바지 가운데에 주름이 생겨 입었을 때 자국이 선명하게 남아 있게 된다. 또한, 스탠드 행거에 걸어 두면 중간에 생기는 주름은 덜하지만, 공간을 많이 차지하게 된다.

바지를 옷걸이를 이용하여 수납하는 것이 번거로워 행거에 걸쳐 두는 경우가 종종 발생하는데 외관상 보기 좋지 않은 모습을 연출하게 된다.

옷걸이는 생활필수품 중의 하나로 일반 가정뿐만 아니라 옷을 판매하는 매장, 옷을 세탁해 주는 세탁소에서도 쉽게 찾아볼 수 있습니다.

옷걸이의 기능은 옷이 구겨지지 않고 청결하게 그 형태를 오래도록 보존하는 것으로, 인체의 어깨 굴곡을 응용하여 그 형태를 만들었습니다. 그래서 옷걸이를 이용하여 옷을 보관하면 마치 인간이 입고 있는 듯한 모습을 연출하게 됩니다. 현재는 편의성이나 장소 등을 고려하여 디자인, 형태를 변형한 옷걸이를 많이 볼 수 있습니다.

본 발명품을 제작하기 위해서는 우선 기존 옷걸이를 좀 더 자세히 살펴보는 것이 중요했습니다. 시중에 나와 있는 옷걸이를 보면 크게 일반적인 옷걸이와 기능성 옷걸이로 분류할 수 있습니다. 일반적인 옷걸이는 대형 할인마트에서 세 개, 다섯 개, 열 개 등의 묶음으로 판매하며 온라인 업체들은 주로 대량으로 판매하고 있었습니다. 기능성 옷걸이는 일반형 옷걸이에 기능성을 부여하여 어깨너비 조절이 가능하거나, 일반형 옷걸이에 집게를 추가했거나, 상·하의 모두 보관할 수 있는 기능 등 다양한 종류가 제안되고 있었으며, 일반적인

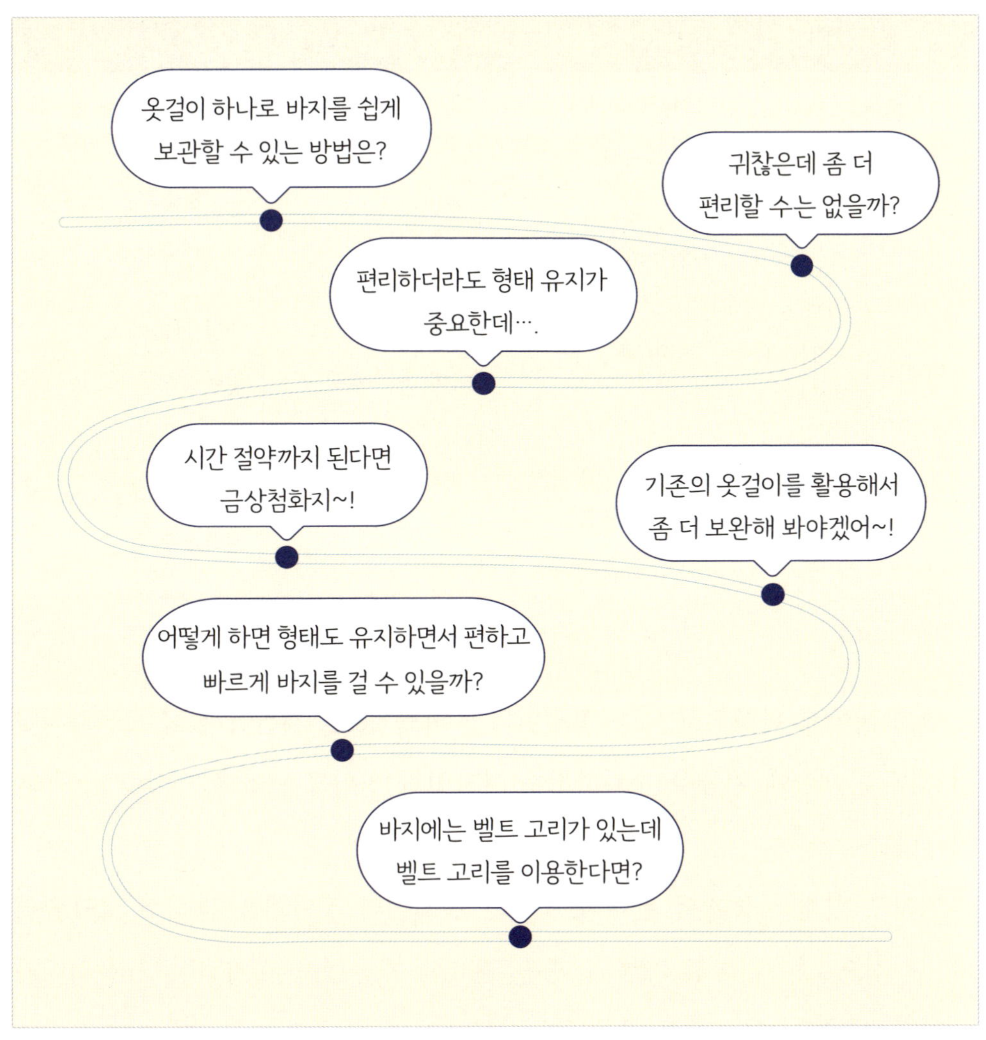

민재의 아이디어 발상

옷걸이의 약 두 배 정도의 가격이었습니다.

민재는 옷걸이를 시장 조사한 후 그 내용을 다음의 표와 같이 정리하였습니다.

항목	일반형 제품	일반 저가형 제품	일반 고가형 제품	기능성 제품
가격대	무료	500~1,000원	2,000~8,000원	1,000~3,000원
재료	철	플라스틱 or 알루미늄	원목(나무)	플라스틱
주요 판매처	세탁소(고객 서비스 차원의 무상제공)	대형 할인마트	대형 할인마트 인터넷 홈쇼핑	대형 할인마트 인터넷 홈쇼핑
특징	옷을 걸 수 있는 최소한의 기능	색깔이 다양하며 가격이 저렴함	고급스러우며 디자인이 좋음	- 어깨너비 조절 - 한 옷걸이로 많은 양의 옷을 보관

현재 시중에 판매되고 있는 옷걸이의 추세를 보면, 재질이 점점 고급화되면서 기존의 제품에 기능을 추가하거나 디자인의 우위를 보인다는 것을 알게 되었습니다.

그리고 현재 시중에서 판매되고 있는 옷걸이의 장단점을 분석해 보았습니다. 장점으로는 기능성 제품의 경우 필요한 기능들을 추가하여 사용하기가 편하고, 색감이 다양하고, 내구성이 뛰어나다는 점이 있었습니다. 단점으로는 여러 가지 기능성 제품들이 제안되고 있지만 아직 바지 걸이로는 집게형 걸이만 판매되고 사용하다 보면 불편한 점이 많이 발생한다는 점이 있었습니다.

다음은 우리가 볼 수 있는 다양한 옷걸이입니다.

종류	모양
상의 걸이	
바지 걸이	
스커트 걸이	
니트 걸이	
여러 가지 걸이	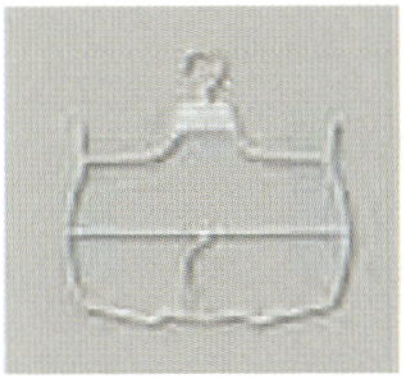 남성용 수영복 걸이 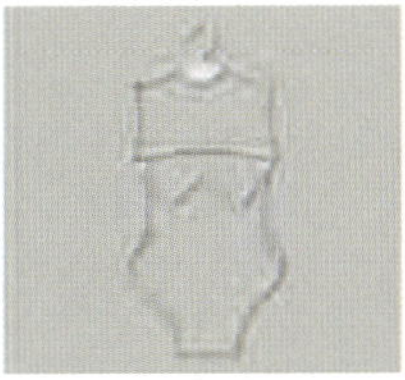 여성용 수영복 걸이  귀고리 걸이
	 넥타이 걸이  벨트 걸이 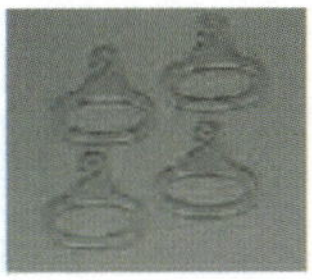 스카프 걸이

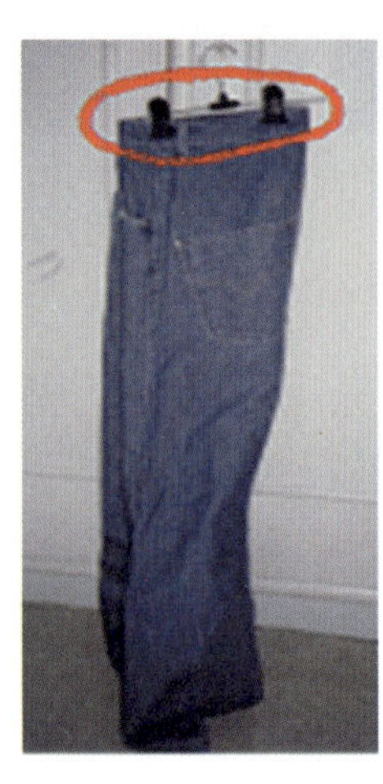
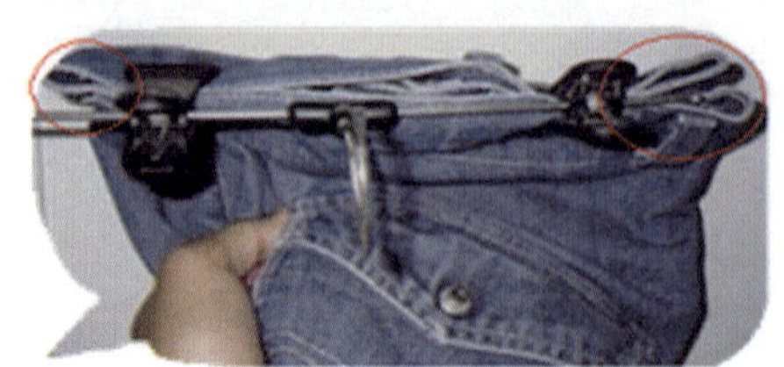

바지를 보관할 때는 옷감에 주름이 생기지 않도록 집게형 걸이를 많이 사용합니다. 그러나 집게형 걸이는 불편하고 문제점이 많이 발생해요. 민재가 찾은 첫 번째 문제점은 바지선을 따라 접어서 집게형 걸이에 걸었을 경우 발생합니다.

위의 사진을 보면 왼쪽 바지는 한 번 접혔지만, 오른쪽은 두 번 접혀 있습니다. 오른쪽처럼 바지를 걸면 집게 한쪽으로 허릿단이 뭉쳐서 옷감을 집기 어렵습니다. 또한, 옷걸이가 무게 중심을 잃어 장시간을 버티지 못하고 바지가 집게에서 쉽게 빠지게 되지요.

두 번째 문제점은 옷을 접지 않고 집게형 옷걸이에 걸었을 경우 발생합니다. 집게형 옷걸이를 이용하면 집게의 힘을 균등하게 이용할 수 있지만, 옷걸이의 길이가 바지의 허리 부분보다 짧아 바지의 형태가 유지되지 못하고 흐트러지는 경우가 많습니다.

민재는 바지의 특성을 보고 다음과 같은 아이디어에 착안하였습니다.

대부분 바지는 입었을 때 벨트를 끼워 허리를 조절할 수 있게 되어 있습니다.

그리고 바지 벨트 고리가 허리 부분에 자리 잡고 있습니다. 바지의 패턴을 보면 바지 벨트 고리가 특정 위치에 있다는 것을 알 수 있습니다. 바지 벨트 고리는 바지의 앞부분 양쪽에 두 개, 뒷부분에는 중앙에 한 개 또는 두 개가 있습니다.

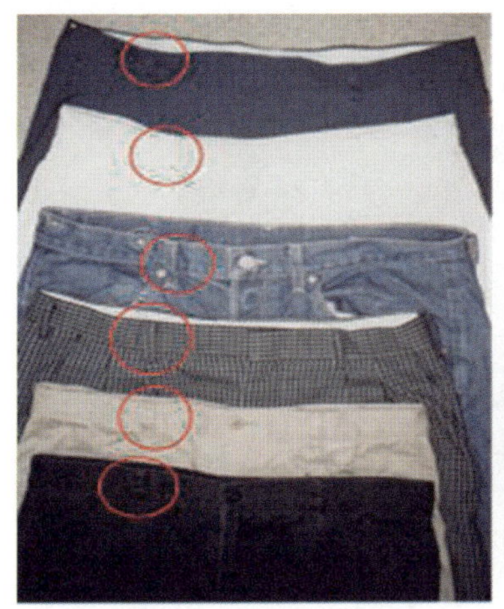
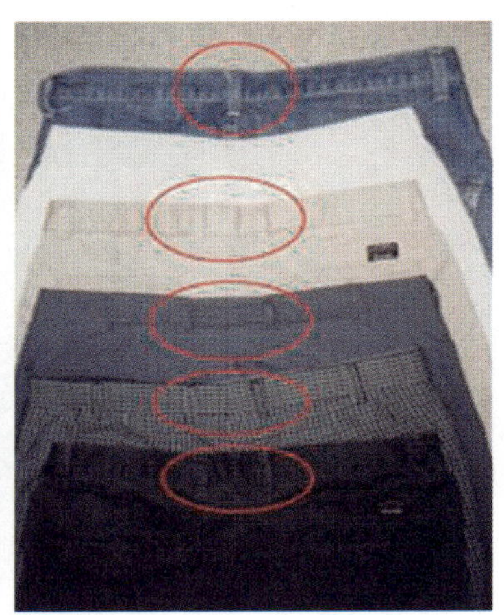

바지 앞면에 벨트 고리가 양쪽에 하나씩 있다.(좌)
바지 뒷면에 벨트 고리가 양쪽에 하나 또는 두 개가 있다.(우)

앞부분에 있는 벨트 고리 두 개를 앞쪽으로 모아주고 뒷부분에 있는 벨트 고리를 뒤로 모아주면 입었을 때의 바지 형태가 그대로 나오며, 양쪽에 걸 수 있는 벨트 고리가 형성됩니다. 이 고리를 발명한 옷걸이에 걸기만 하면 쉽고 편리하게 바지 형태를 그대로 보관할 수 있다고 생각했지요.

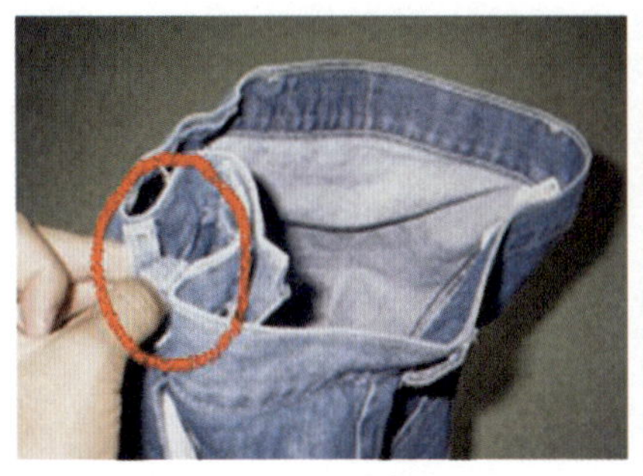

바지 앞부분의 양쪽 벨트 고리를 앞으로 모아준다.(좌)
그다음 앞쪽을 잡은 상태에서 바지 뒷부분에 있는 벨트 고리를 잡은 다음 양쪽으로 잡아당긴다.(우)

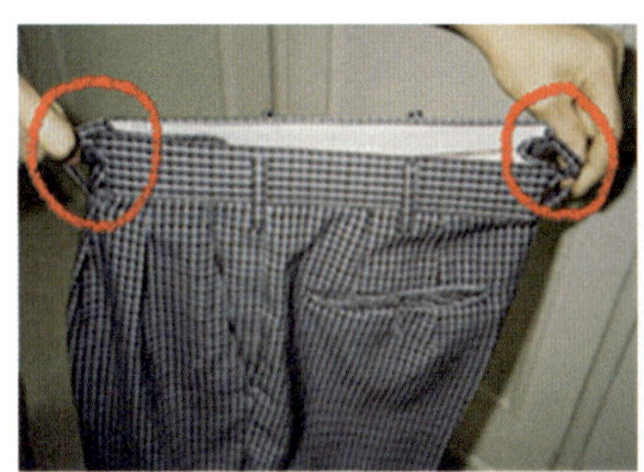

이렇게 하면 양쪽에 고리가 형성되면서 바지 형태를 흐트러트리지 않는다.

민재는 바지의 양쪽에 생긴 벨트 고리를 상, 하의 일체형 옷걸이에 걸면 깔끔하고 편리하게 바지를 보관할 수 있다고 생각했습니다. 그래서 작품 제작에 들어갑니다.

- 민재는 옷걸이의 문제점을 찾았습니다.

- 민재는 연구 과정 중 바지의 공통점을 찾았습니다.

- 민재는 자신의 아이디어에서 생길 수 있는 문제로 '바지 벨트 고리 부분이 늘어나지 않을까?' 하고 생각했습니다. 그러나 바지 벨트 고리 부분은 가장 강하고 질긴 천을 이용하기 때문에 옷감이 늘어날 염려가 절대 없습니다. 그리고 거의 모든 바지가 비슷하게 만들어져서 아이디어를 보편적으로 사용할 수 있습니다.

민재의 첫 번째 작품입니다.

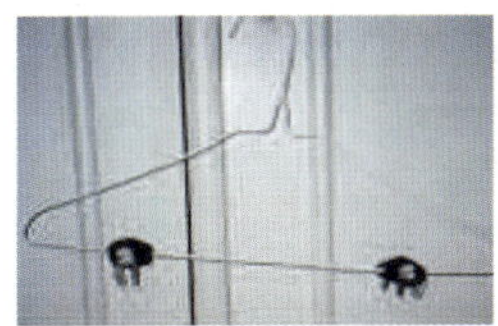 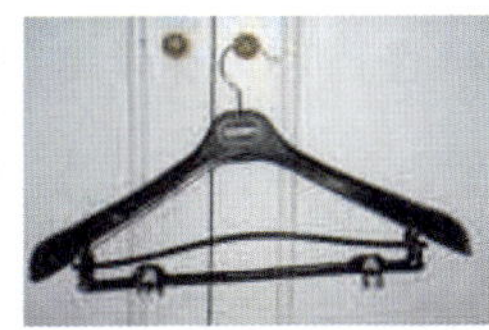 

각 종류의 옷걸이에 고리를 달아 바지 벨트 고리를 걸 수 있게 제작하였다.

 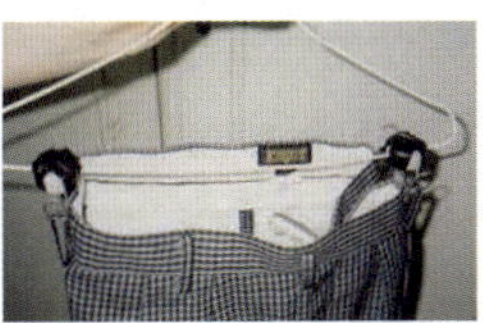

고리에 바지 벨트 고리를 걸면 바지를 형태 그대로 편리하게 보관할 수 있다.

상의와 하의를 동시에 보관할 수 있어 공간 활용이 뛰어나다.

첫 번째 작품을 사용한 결과 바지 벨트 고리를 이용하여 보관하기 때문에 누구나 편리하게 사용할 수 있으며 옷을 형태 그대로 보관할 수 있었습니다. 그리고 상의, 하의를 동시에 보관할 수 있어서 공간 활용도가 뛰어났습니다. 그런데 고리가 좌우로 잘 움직이지 않았고, 고리를 고정하기 어렵다는 문제점이 있었습니다.

민재는 고리가 좌우로 잘 움직이고, 고리를 한곳에 고정할 수 있게 개선해야겠다고 생각합니다.

민재는 앞의 문제점을 해결하고자 두 번째 작품을 제작하게 됩니다.

고리에 스프링 장치를 두어 스위치를 누르면 좌우로 움직이게 함으로써 다양한 사이즈의 바지를 보관할 수 있도록 만들었다.

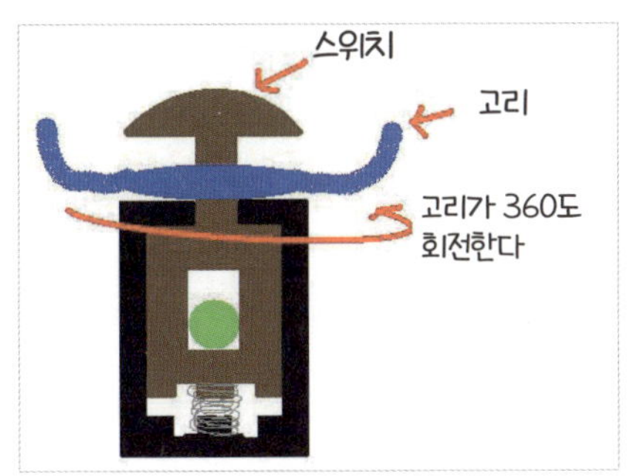

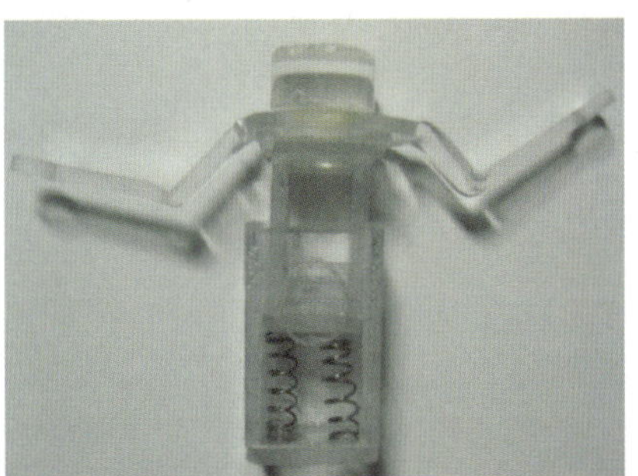

고리 부분을 확대해서 보면 스프링 장치가 되어 있습니다. 스위치를 누르면 좌, 우로 자유자재로 움직이며 스위치를 누르지 않을 때는 스프링의 힘으로 고정됩니다.

이 옷걸이를 사용해본 결과 스프링 장치 덕분에 고리가 좌, 우로 쉽게 움직이며, 고정도 잘되어 사용하기 편리하였습니다. 다만, 고리의 움직이는 범위가 좁아 큰 바지를 보관하기 어려운 단점이 있었습니다. 그래서 다음으로는 고리의 움직이는 범위를 넓혀 큰 바지도 형태 그대로 잘 보관할 수 있도록 개선해 보았습니다.

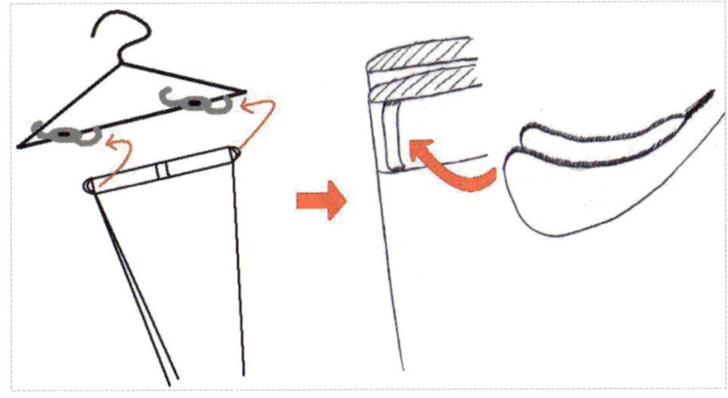

앞의 그림은 두 번째 작품을 그린 것입니다. 빨간색 화살표 방향대로 바지를 정면의 위에서 아래로 거는 식이었는데요. 민재는 세 번째 작품은 더욱 편리하게 사용할 수 있도록 옷걸이를 개선하여 바지를 접고 바지 허릿단을 세로로 한 뒤 옷걸이 앞부분을 위에서 아래로, 바지의 벨트 고리에 끼우도록 변경했습니다.

다음은 세 번째 작품입니다.

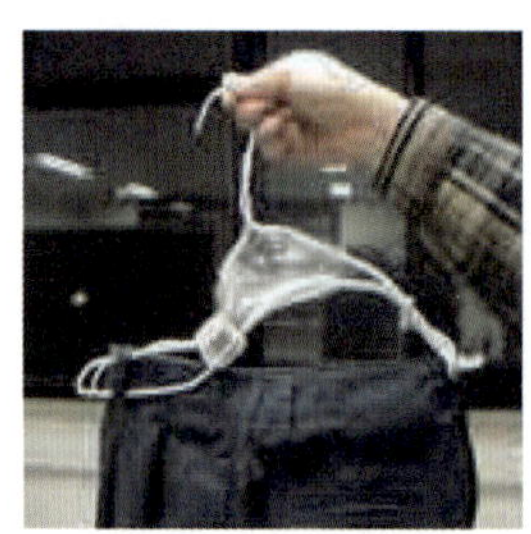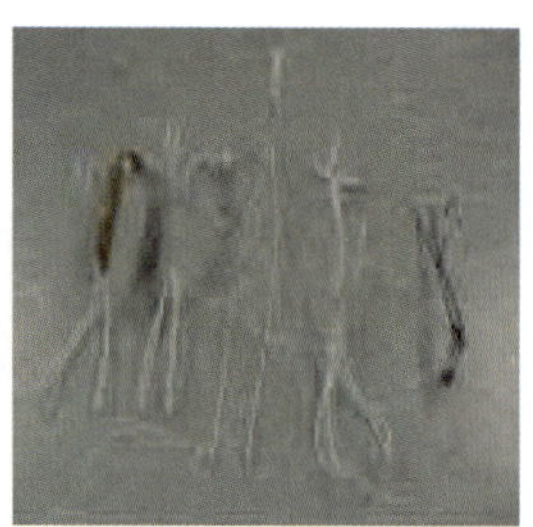

더욱 편리하고 바지 형태를 그대로 유지해 준다. 여러 가지 형태로 만들어 보았다.

사용해 본 결과 두 번째 작품보다 더욱 쉽고 편리하게 바지를 걸 수 있으며 바지 형태 그대로 보관할 수 있었습니다. 그러나 옷걸이 뒷부분에 바지를 걸기가 어려웠습니다.

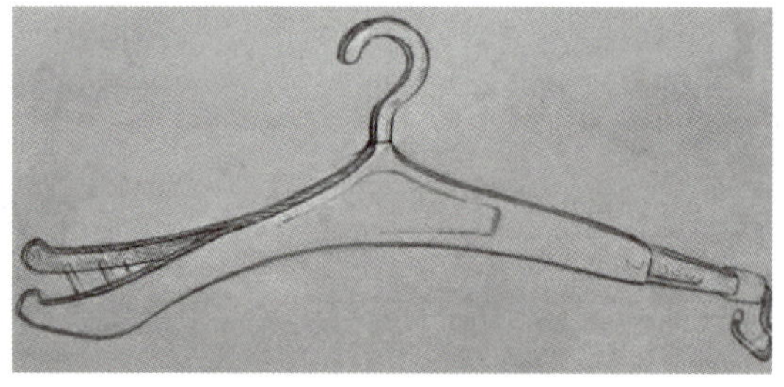

뒷부분 조절 장치를 해결한 후 그린 모양이다.

민재는 세 번째 작품의 문제점을 해결하기 위하여 네 번째 작품을 만듭니다. 그리고 이 아이디어를 철제 옷걸이로 만들어 봅니다.

이어서 민재는 다섯 번째 아이디어를 생각합니다.

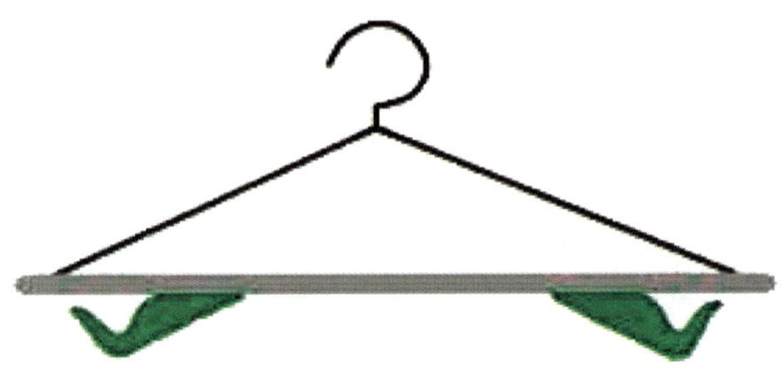

이번에는 옷걸이를 삼각형 모양으로 하여 상의와 하의 모두 걸 수 있게 했습니다. 위에는 상의를 걸고 아래는 하의를 걸 수 있도록 한 것인데요. 고리를 양쪽에 다 설치하여 더욱 사용하기 편리하게 만들었지요. 양쪽에 있는 고리는 좌, 우로 움직여 다양한 사이즈를 보관할 수 있게 해서 모든 문제를 해결했습니다.

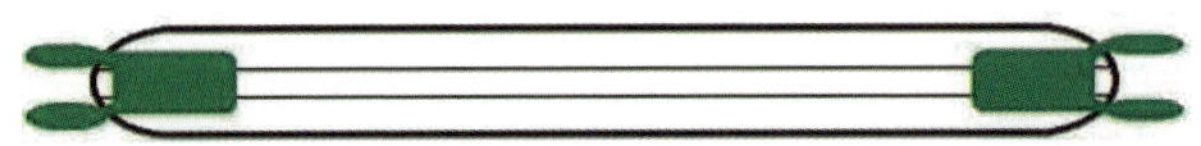

중간에는 기둥이 있어 기둥의 선에 따라 고리가 좌우로 움직이도록 만들었습니다. 하지만 고리가 고정되어야 하므로 고정 장치가 문제였습니다.

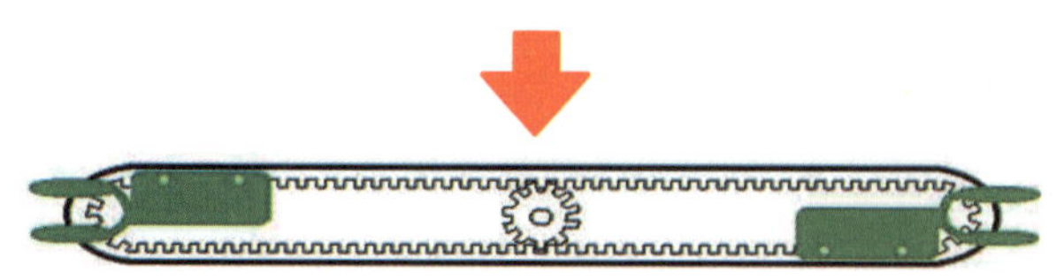

그래서 컨베이어 벨트 및 기어의 랙과 피니언에서 힌트를 얻어 톱니를 설치하였습니다. 한쪽의 고리가 움직이면 반대편에 있는 고리도 동시에 움직여 사용하기가 훨씬 편리할 것이라고 생각한 것입니다. 또한, 톱니를 설치하여 그 위치에 고리가 오면 고정되도록 했습니다.

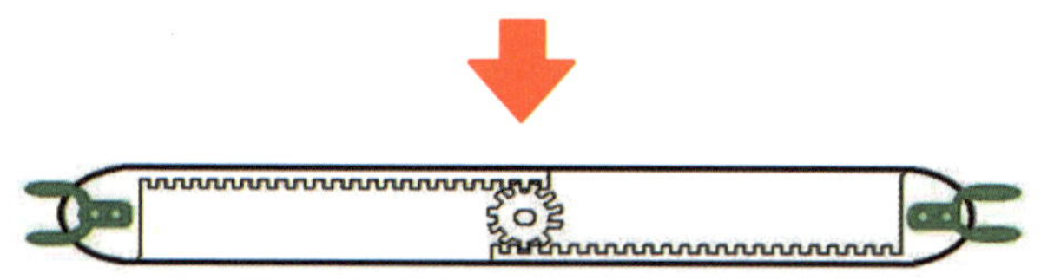

더 간단하게 제작하여 사용하기 편리하게 하였다.

사용해 본 결과, 트랙에 의해 톱니가 움직여 편리하게 바지를 보관할 수 있었습니다. 민재는 이 아이디어를 기반으로 시제품을 제작했습니다.

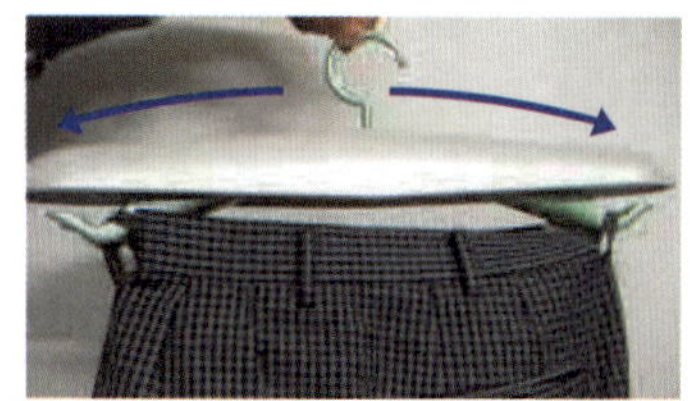

굴곡을 주어 상의도 잘 보관할 수 있게 하였다.

- 민재는 이 과정에서 기술 시간에 배운 기어를 이용했습니다.

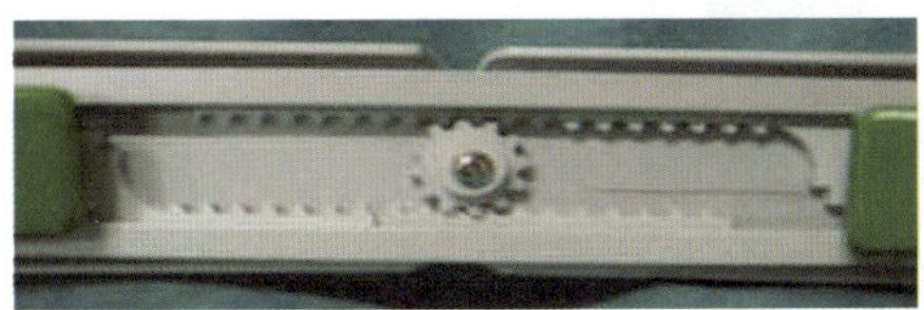

랙과 피니언을 이용하여 걸림 부재 하나의 이동만으로 양측의 걸림 부재가 동시에 슬라이딩 방식으로 이동되도록 하여 바지를 걸어 사용하는 데 매우 편리합니다.

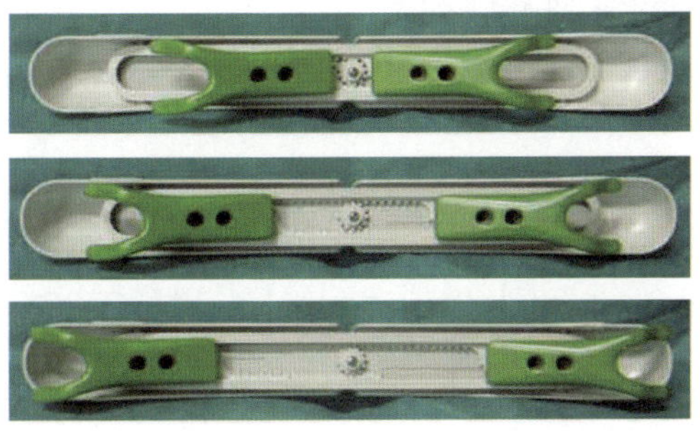

위의 사진처럼 걸림 부재가 좌, 우로 움직이기 때문에 다양한 사이즈의 바지를 보관할 수 있어 매우 유용합니다. 또한, 최대 42인치의 바지까지 보관할 수 있어 한 옷걸이로 아이 옷부터 어른 옷까지 바지 형태를 그대로 유지하면서 깔끔하게 옷을 보관할 수 있습니다.

- 수업 시간에 배운 내용을 발명에 응용해 보세요!

이렇게 최종적으로 만든 것이 바로 상, 하의 일체형 옷걸이입니다.

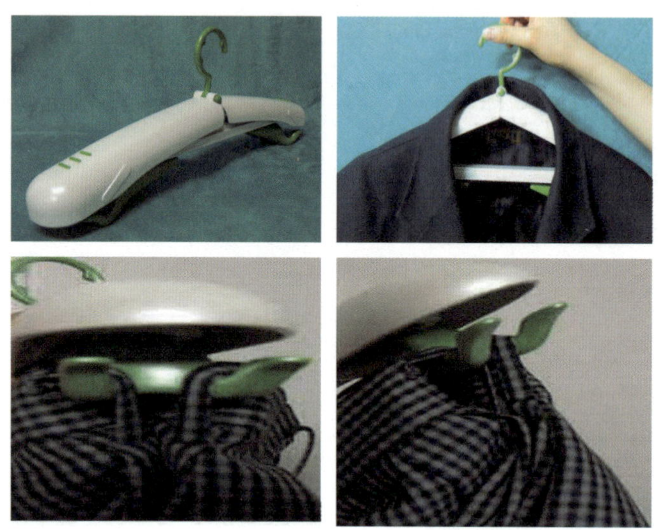

▶ **최종작품**

사용 결과 상의를 걸 때는 윗부분이 올라와 어깨 굴곡선을 맞추어 주어 형태 그대로를 보관할 수 있으며 바지도 편리하게 보관할 수 있었습니다.

이 아이디어의 기대 효과는 다음과 같습니다. 기존의 옷걸이는 상의 또는 하의 즉, 한 장의 옷만을 보관했지만, 상, 하의 일체형 옷걸이는 동시에 상위와 하의를 모두 걸 수 있어서 공간 활용이 뛰어납니다. 또한, 하의를 최대 두 장까지 보관할 수 있습니다. 기존의 옷걸이는 크기가 정해져 있어 바지 형태를 그대로 보관하기가 힘들었지만 상, 하의 일체형 옷걸이는 트랙에 의해 톱니가 움직여 다양한 사이즈의 바지 형태를 그대로 보관할 수 있습니다. 기존 옷걸이는 디자인적 요소를 배제하고 옷을 거는 최소한의 기능만을 제안하였지만, 상, 하의 일체형 옷걸이는 실용성뿐만 아니라 유선형의 부드러운 실루엣과 고급스러움을 연출하였습니다. 단순히 한 장의 옷만 보관하는 것이 아니라, 하의 두 장이나 상하의 모두 함께 걸 수 있는 형식이어서 시간을 단축할 수 있고 남녀노소 누구나 쉽고 편리하게 사용할 수 있습니다.

	기존 제품	상, 하의 일체형 옷걸이
사진		
공간 활용	- 집게용 바지 걸이 - 한 장의 하의만 보관 - 기존 옷걸이는 한 장의 상의만 보관	동시에 상위와 하의를 걸 수 있어서 공간 활용이 뛰어나다. 또한, 최대 하의를 두 장까지 보관할 수 있다.
형태 보관	크기가 일정하게 정해져 있어 바지 형태를 그대로 보관하기가 힘들다.	트랙에 의해 톱니가 움직여 다양한 사이즈의 바지를 형태 그대로 보관할 수 있다.
디자인	옷을 거는 최소한의 기능을 위해 제작하여, 디자인적 요소를 배제하였다.	디자인이 우수하다. 실용적이면서도 유선형의 부드러운 실루엣과 고급스러움을 연출한다.
편리성	상의 또는 하의, 단순히 한 장의 옷만 보관한다.	바지를 거는 형식이라 시간을 단축할 수 있고 남녀노소 누구나 쉽고 편리하게 사용할 수 있다.

민재는 이 과정을 연구 일지로 작성했습니다. 민재의 연구 일지를 살펴볼까요?

구분	
연구 내용	- 연구 주요 과제 상, 하의 일체형 옷걸이에 대하여 문제점을 생각하고 더욱 편리하게 개선하기를 연구 주요 과제로 잡았다. - 문제점 허리가 가는 사람도 있고 그렇지 않은 사람들도 있다. 그래서 바지의 허리둘레는 다양한 사이즈로 나온다. 이런 다양한 사이즈를 편리하게 걸 수 있는 옷걸이이어야 한다. - 개선점 옷걸이의 고리 부분이 좌우로 움직여 허릿단의 길이만큼 조절하여 허리통이 넓은 바지, 좁은 바지 구분 없이 다양한 사이즈를 걸 수 있는 옷걸이로 개선해야겠다.
내용 평가 및 검토 의견	고리를 좌우로 움직이게 만들어 큰 바지, 작은 바지 구분 없이 걸 수 있다. 허리둘레가 큰 바지를 걸었을 경우(좌) 허리둘레가 작은 바지를 걸었을 경우(우)

구분	
연구 내용	- 연구 주요 과제 상, 하의 일체형 옷걸이에 대하여 문제점을 생각하고 더욱 편리하게 개선하기를 연구 주요 과제로 잡았다. - 문제점 아래 그림과 같이 고리를 보면 윗옷을 걸었을 때 걸리적거리거나 남방을 걸었을 경우 걸린 부분이 튀어나와 주름이 잡힌다. - 개선점 이 문제점을 해결하기 위해 고리를 360도 돌아갈 수 있게 만들어 바지를 걸 때는 고리가 앞으로 나오게 하고, 윗옷을 걸 때에는 고리를 돌려서 옷걸이와 옷걸이 고리를 일직선으로 둔다.
내용평가 및 검토의견	그림과 같이 고리가 360도 회전하므로 옷을 종류에 따라 바꿔서 걸면 된다. 보통 바지를 걸 때에는 그림과 같이 옷걸이와 고리 부분을 수직으로 두고 걸면 된다. 윗옷을 걸 때에는 그림과 같이 옷걸이와 고리 부분을 일직선으로 두고 걸면 된다.

구분	
연구 내용	– 연구 주요 과제 바지를 위한 옷걸이에 대하여 문제점을 생각하고 더욱 편리하게 개선하기를 연구 주요 과제로 잡았다. – 문제점 옷걸이 고리 부분이 고정되지 않으면 바지를 걸었을 경우 바지 형태 그대로 보관하기가 어려워진다. – 개선점 고리에 고정 장치를 부착하여 스위치를 누르면 자유자재로 움직이고 스위치를 누르지 않으면 고정이 되어 움직이지 않는다. 그래서 바지 형태를 그대로 유지할 수 있다.
내용평가 및 검토의견	고정 장치가 있어서 스위치를 누르면 좌우로 움직이지만 스위치를 누르지 않으면 고정이 되어 움직이지 않는다. ▶ 스프링 장치의 내부 구조 ▶ 아이디어 스케치

구분	
연구 내용	– 연구 주요 과제 지금까지 연구한 자료를 정리한 후 청계천에 가서 실제로 제작하였다. – 문제점 스프링 장치가 생각보다 뻑뻑하였다. – 개선점 사용하기 편리하면서 작동이 잘되게 개선해야겠다. 또한, 간단한 기계적 장치로 작동이 잘되는 효과를 낼 수 있게 연구해야겠다.
내용평가 및 검토의견	보통 바지를 걸 때에는 사진과 같이 옷걸이와 고리 부분을 수직으로 두고 걸면 된다. 윗옷을 걸 때에는 사진과 같이 옷걸이와 고리 부분을 일직선으로 두고 걸면 된다. 고정 장치가 있어서 스위치를 누르면 좌우로 움직이지만 스위치를 누르지 않으면 고정이 되어 움직이지 않는다.

구분	
연구 내용	– 연구 주요 과제 인터넷을 검색하고 백화점, 동대문을 돌아다니면서 옷걸이의 종류와 디자인을 조사하였다. – 문제점 다른 옷걸이와 비교하고 디자인도 살펴보면서 나의 발명품과 유사한 작품이 있는지 조사하였다. 나의 발명품과 비슷한 것은 없었으며 상, 하의 일체형 옷걸이가 만들어진다면 사람들이 아주 편리하게 사용할 수 있을 것 같았다. – 개선점 디자인을 독특하게 하고 남녀노소 가리지 않는 호감이 가는 옷걸이를 만들어야겠다.
내용평가 및 검토의견	**▼ 인터넷 검색 결과** 인터넷을 조사하면서 특이한 옷걸이를 골라보았다.

직접 마네킹에 입혀 놓고 전시한다.

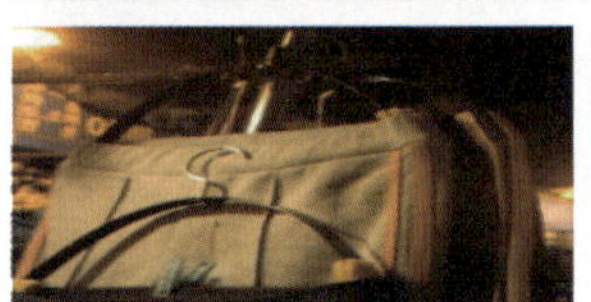 

옷걸이를 허릿단에 걸쳐 놓아 전시한다.

구분	
연구 내용	- 연구 주요 과제 옷걸이의 고리에 대해 연구하고 디자인하는 것을 연구 주요 과제로 잡았다. - 문제점 어떻게 하면 고리에 바지 벨트가 쉽게 잘 걸리게 디자인할까? 디자인을 멋있고 예쁘게 하여 보기에도 좋고 사용하기에 편리하게 할 수는 없을까? 디자인을 하기 위해 많이 생각하고 많이 그려보았다. - 개선점 옷걸이에 있는 고리가 바지 벨트 고리에 쉽게 걸리고 쉽게 빠질 수 있게 디자인해야겠다.
내용평가 및 검토의견	이때가 가장 힘들었고 시간이 많이 들었다. 디자인이 생명인데 좋은 디자인이 생각나지 않고 어려웠다. 매일매일 디자인을 생각하고 발전시켰다.

구분	
연구 내용	- 연구 주요 과제 옷걸이의 고리에 대해 디자인을 구상하고 그려보는 것을 연구 주요 과제로 잡았다. - 문제점 막상 고리의 디자인에 대해 생각하니 잘 생각이 나지 않고 막막했다. 하지만 계속 그려보면서 생각하였다. - 개선점 특색이 있으면서 좋은 디자인이었으면 좋겠다.
내용평가 및 검토의견	▶ 여러 가지 디자인한 고리 ▶ 여러 가지 고리들

구분	
연구 내용	**– 연구 주요 과제** 옷걸이의 고리에 대해 연구하고 디자인하는 것을 연구 주요 과제로 잡았다. **– 문제점** 계속 생각하는 도중에 고리 거는 모양을 바꿔서 훨씬 빠르고 편리하게 걸 수 있는 모양을 만들었다. **– 개선점** 모양을 바꾸니 훨씬 편리해지고 디자인도 더 좋아졌다. 바뀐 모양을 더 멋있게 디자인해야겠다.
내용평가 및 검토의견	왼쪽의 그림이 기존의 옷걸이이다. 빨간색 화살표 방향대로 바지를 정면의 위에서 아래로 거는 것이었다. 더 편리하게 개선해서 오른쪽의 그림처럼 모양을 바꾸게 되었다. 바지를 접은 뒤 바지 허릿단을 세로로 하고 옷걸이 앞부분을 위에서 아래로 바지의 벨트 고리에 끼우면 된다.

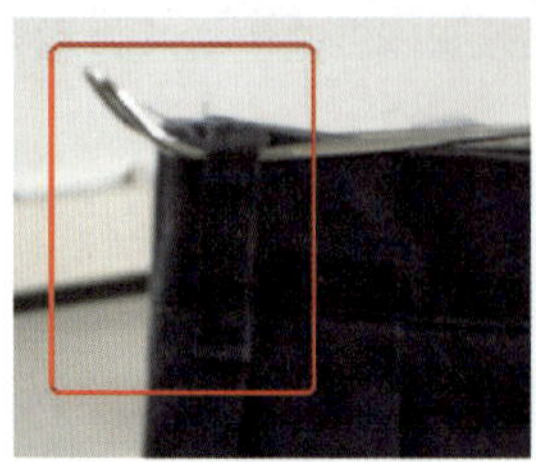 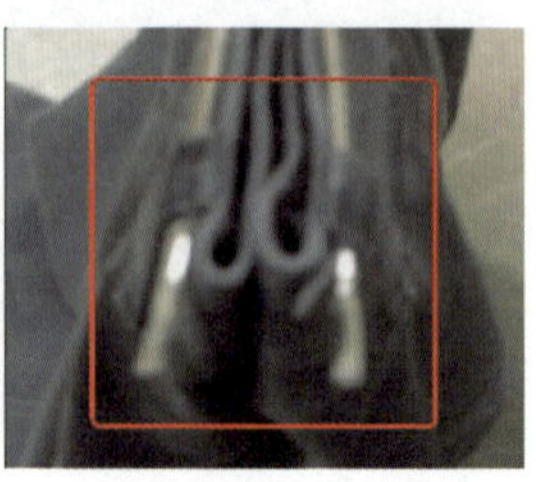

빨간 표시처럼 바지를 접은 뒤 바지 허릿단을 세로로 하고 옷걸이 앞부분을 위에서 아래로 바지의 벨트 고리에 끼우면 된다. 그럼 쉽고 빠르게 바지를 걸 수 있고 형태를 그대로 유지할 수 있다.

구분	
연구 내용	– 연구 주요 과제 바뀐 옷걸이를 더 편리한 형태로 자세히 연구하고 디자인하는 것을 연구 주요 과제로 잡았다. – 문제점 바지가 쉽고 간단하게 잘 걸릴 수 있는 모양을 만들기 위해 많이 고민하고 그려보았다. 생각처럼 쉽지 않았다. 그래도 계속 그려보면서 발전해 나가기 시작했다. – 개선점 좀 더 구체적이고 전문적인 디자인을 구사해야겠다.
내용평가 및 검토의견	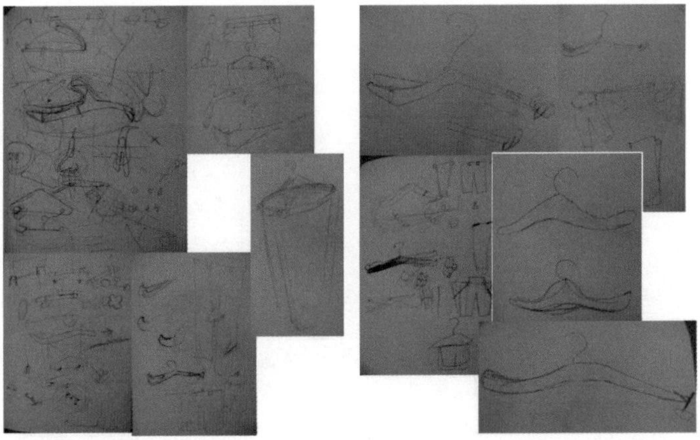 ▶ 계속 연구한 옷걸이 디자인

구분	
연구 내용	- 연구 주요 과제 바뀐 옷걸이를 더 편리한 형태로 자세히 연구하고 디자인하는 것을 주요 과제로 잡았다. - 문제점 특히 앞부분을 신경 써서 바지가 쉽고 잘 걸릴 수 있게 여러 개를 디자인해 보았다. 앞부분의 맨 끝은 다치지 않게 뭉뚝하게 하였다. 벨트 고리가 걸려서 더 이상 안 움직이게 하기 위해 최대 길이도 계산해서 디자인한 것이다. - 개선점 앞부분은 해결되었으므로 뒷부분을 구체적으로 생각해 봐야겠다.
내용평가 및 검토의견	앞부분을 여러 가지 모양으로 그려보았다. 넓이, 길이 등 벨트 고리에 맞게 치수를 재서 그린 것이다.

구분	
연구 내용	- 연구 주요 과제 뒷부분의 자세한 디자인과 스프링 장치에 관한 연구를 하였다. - 문제점 우선 디자인보다 뒷부분의 길이 조절 장치가 문제였다. 간단하고 쉬운 조절 장치에 대해 계속 연구하였다. 그 결과 CD 플레이어 주머니에서 끈을 조인 후 잠겨 있게 하는 스프링 장치에서 힌트를 얻어 그 원리를 적용하기로 하였다. 그럼 자기의 바지 허리 길이만큼 마음대로 조절할 수 있으며 바지 형태를 그대로 유지하면서 보관할 수 있다. - 개선점 그 조절 장치의 크기에 알맞게 디자인해야겠다. 그리고 조절 장치가 잘 작동하도록 디자인해야겠다. ▼ 조절 장치의 단면도 화살표 방향대로 초록색 봉이 나왔다 들어갔다 하므로 길이 조절이 된다. 스위치를 눌렀을 경우 봉이 자유자재로 움직이지만 스위치를 누르지 않을 경우 봉이 움직이지 않고 고정된다.

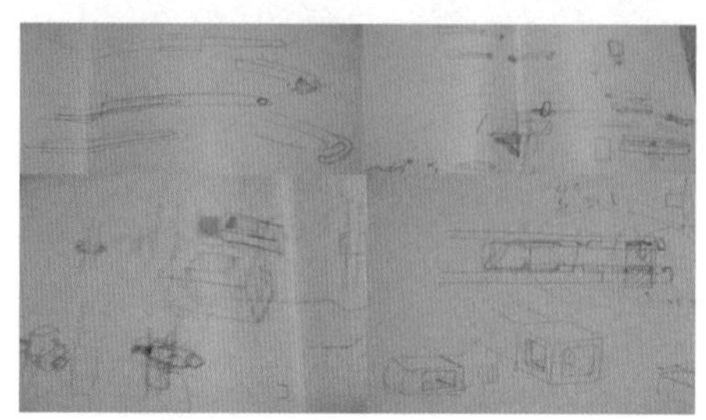

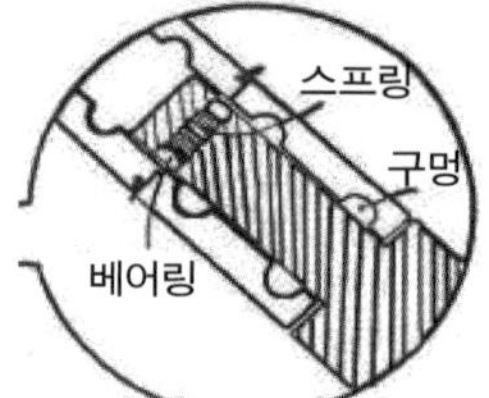

▶ 길이 조절 장치

이렇게 뒷부분의 디자인과 길이 조절 장치에 대해 연구하였다.

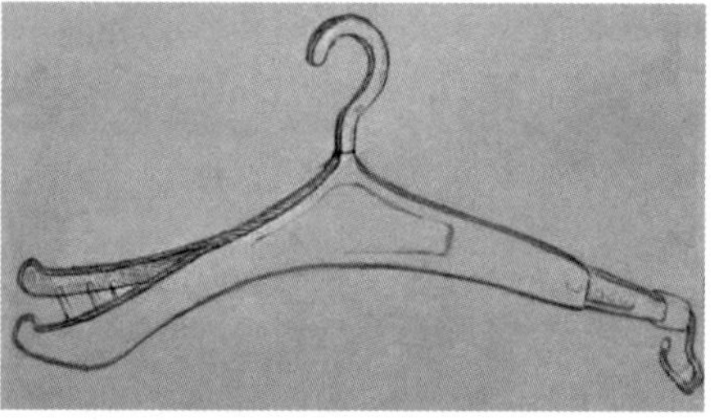

완성된 발명품 그림이다.

뒷부분은 줄었다 늘어났다 길이 조절이 된다.

구분	
연구 내용	– 연구 주요 과제 기존에 있는 철사로 된 옷걸이를 이용해 내가 발명한 옷걸이를 만드는 것을 연구 주요 과제로 잡았다. – 문제점 최대한 발명품에 가깝게 기존의 옷걸이로 만들어야 되기 때문에 쉽지 않았다. 철사가 강해 마음대로 만들어지지 않아 매우 힘들었다. 맨 앞쪽을 뾰족하게 하여 바지 벨트 고리에 잘 들어가도록 하고, 갈수록 앞부분이 커져 바지 벨트 고리가 어느 정도 들어가면 더 이상 들어가지 않아 고정되게 하였다. – 개선점 좀 더 자세하게 만들며 디자인을 잘해야겠다.
내용평가 및 검토의견	만드는 과정을 사진으로 담아보았다.

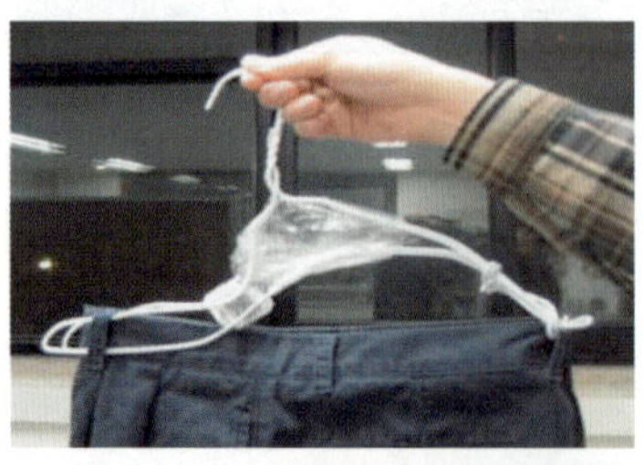

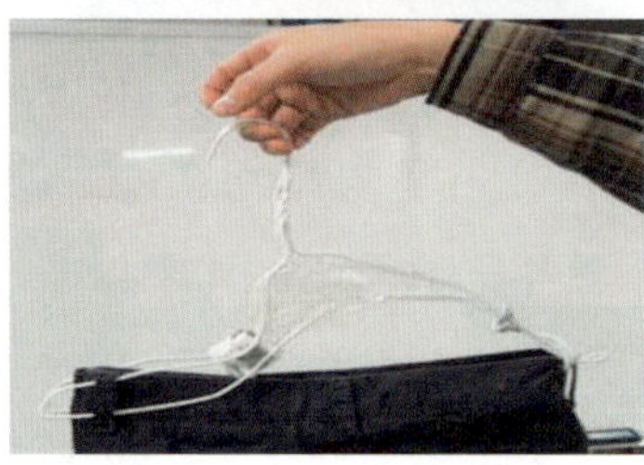

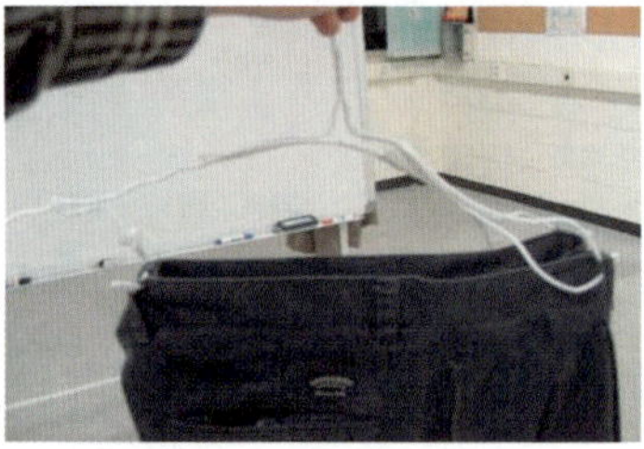

다 만들고 바지에 적용한 모습이다. 쉽고 편리하게 걸 수 있었다.

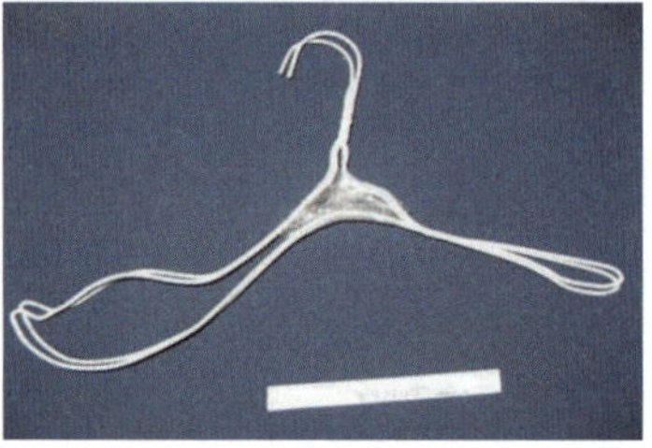

앞부분이 뿔처럼 뾰족하고 양 갈래로 나뉘어 있다.

구분	
연구 내용	– 연구 주요 과제 기존에 있는 철사로 된 옷걸이를 이용해 내가 발명한 옷걸이를 만드는 것을 연구 주요 과제로 잡았다. – 문제점 제대로 만든 후 바지에 걸어보니 쉽고 편리하게 잘 걸렸다. 그리고 바지 형태를 그대로 유지하면서 잘 걸렸다. 하지만 문제가 생겼다. 뒷부분이 늘어났다 줄었다 하기 때문에 무게 중심이 잡히지 않았다. 그래서 그 문제점을 해결하기 위해서 계속 계산하면서 만들었다. – 개선점 무게 중심을 잘 계산하여 작은 바지나 큰 바지를 걸었을 때 기울임 없이 걸릴 수 있도록 하였다.
내용평가 및 검토의견	제작 과정을 사진으로 담아보았다.

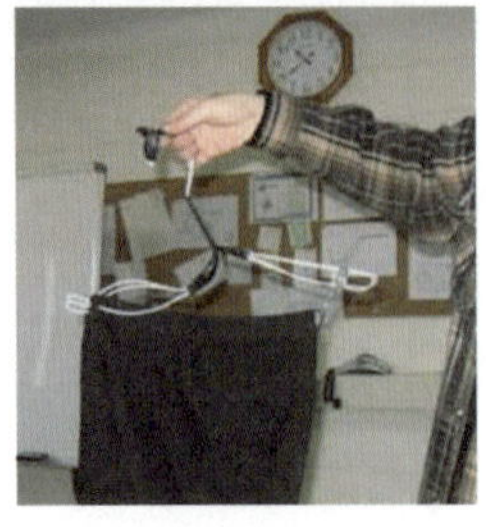

바지를 직접 걸어보았다. 바지 형태가 그대로 유지되면서 쉽게 잘 걸렸다.

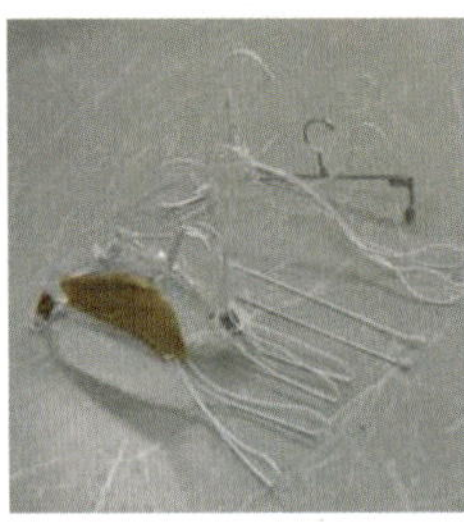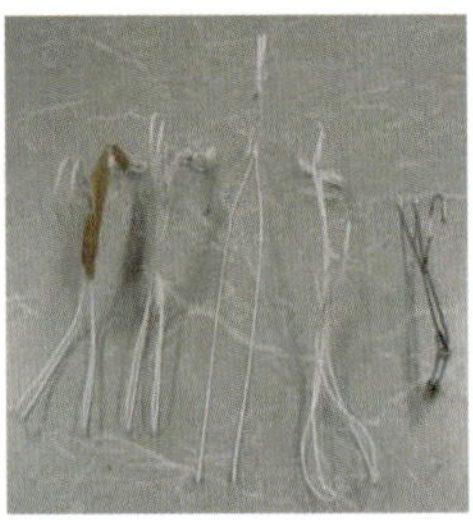

여러 가지 모양으로 발명품을 만들어 보았다.

구분	
연구 내용	– 연구 주요 과제 남대문에 있는, 우리나라에서 가장 큰 알파문구에 가서 내 발명품을 가장 비슷하게 만들 수 있는 재료를 샀다. – 문제점 나의 발명품에 쓰이는 재료를 구입하여 샘플을 만들어 보기로 했다. 여러 가지 재료는 많았지만 생각보다 쓸 만한 재료는 없어서 발명품과 비슷하게 만들 수 있을지 걱정되었다. – 개선점 될 수 있으면 발명품과 가장 비슷하게 만들어야겠다.
내용평가 및 검토의견	알루미늄, 철, 메탈, 나무 등 여러 가지 재료가 있었다. 모양도 철사, 나무판, 구멍이 뚫린 철봉, 유리봉 등 여러 가지가 있었다.

구분	
연구 내용	– 연구 주요 과제 직접 산 재료로 발명품을 만드는 것을 연구 주요 과제로 잡았다. – 문제점 만들기 전에 잘 휘어지고 쉽게 다룰 수 있는 철사로 대충 틀을 잡아 그것을 본뜨기로 발명품을 만들기로 하였다. – 개선점 틀을 만들었으니까 이제 사온 재료로 잘 만들었으면 좋겠다.
내용평가 및 검토의견	잘 휘어지는 철사로 틀을 만들어 보았다.

구분	
연구 내용	– 연구 주요 과제 문구점에서 사온 재료로 직접 발명품을 만드는 것을 연구 주요 과제로 잡았다. – 문제점 철사가 생각처럼 구부러지지 않아서 만들기가 힘들었다. 제작 시 시행착오가 많아 조금씩 바꾸었는데, 생각한 것처럼 만들기가 쉽지 않았다. – 개선점 모양을 좀 더 멋있고 그럴듯하게 만들어야겠다.
내용평가 및 검토의견	▶ 옆에서 본 것　　▶ 위에서 본 것　　▶ 앞에서 본 것 완성된 발명품이다. 만들어 본 옷걸이에 바지를 걸어보았다. 쉽고 빠르게 걸 수 있어서 참 좋았다. 특히 바지 형태가 그대로 보존되어 유용하게 쓰일 것 같았다. ▶ 완성된 발명품

<table>
<tr><th>구분</th><th></th></tr>
<tr><td>연구 내용</td><td>

- 연구 주요 과제

옷걸이의 도면처럼 치수, 크기 그대로 옷걸이를 만드는 것을 연구 주요 과제로 잡았다.

- 문제점

직접 만드는 것이라 마음대로 되지 않는 것이 많아 힘들었다. 그래도 열심히 치수대로 만들어서 바지에 잘 걸리나 안 걸리나 실험도 하고 조절 장치도 만들어 큰 바지, 작은 바지 다 걸 수 있어서 참 좋았다.

- 개선점

발명품의 재질 선택과 모양만 조금 바꾸면 훌륭한 작품이 나올 것 같다.

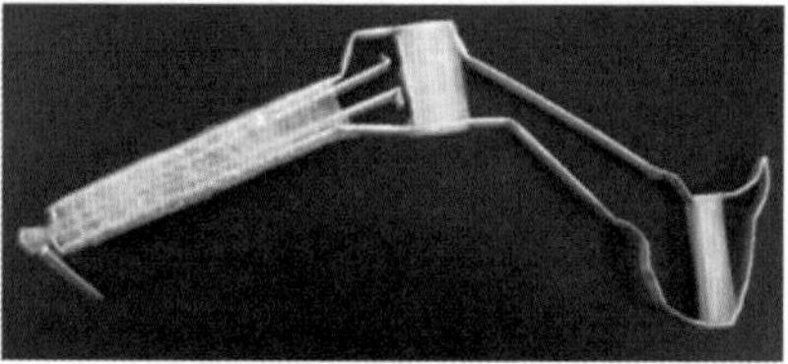

가장 작은 바지를 걸 경우 위의 사진처럼 뒷부분의 걸 수 있는 봉을 최대한 안으로 넣으면 된다.

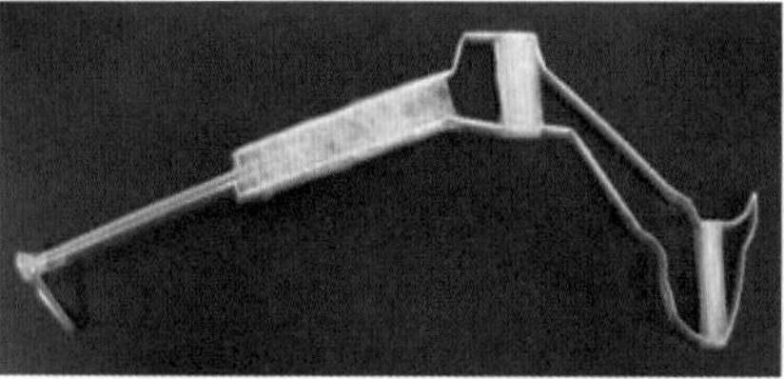

가장 큰 바지를 걸 경우 위의 사진처럼 뒷부분의 걸 수 있는 봉을 최대한 밖으로 빼면 된다.

</td></tr>
</table>

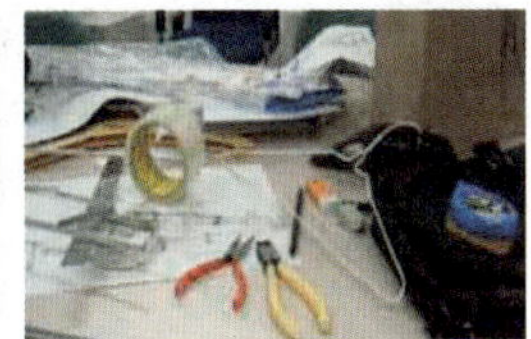

만들기 전의 모습이다.

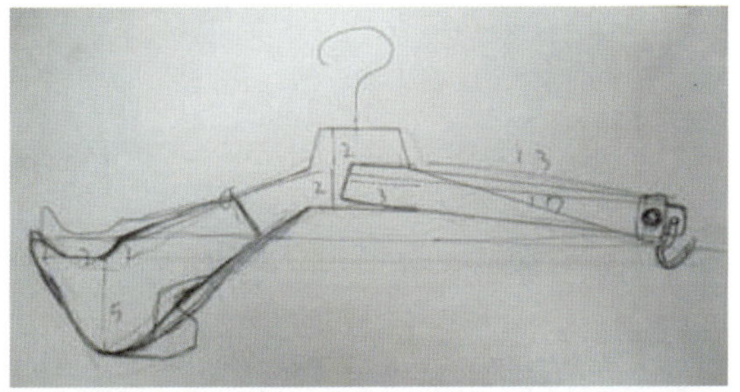

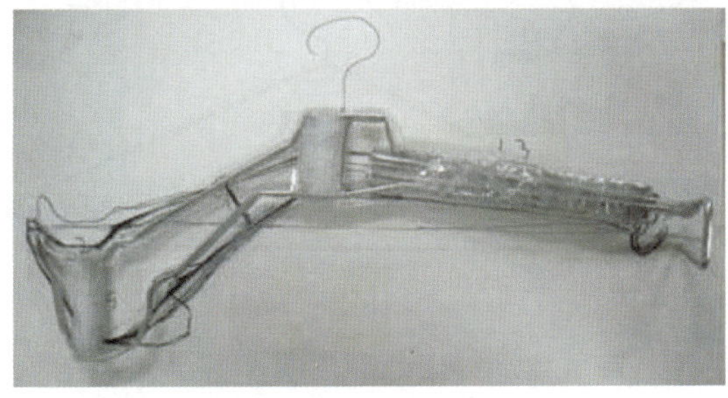

치수대로 그린 그림이다.(위)

치수대로 만든 것을 그림과 맞춰보았다. 그림과 모형이 일치하였다.(아래)

구분	
연구 내용	- 연구 주요 과제 상의, 하의를 모두 다 보관할 수 있는 옷걸이로 연구해야겠다. - 문제점 바로 전의 발명품은 더욱 편리하게 바지를 보관할 수 있으며 길이 조절도 가능하여 좋았지만, 상의를 보관하지 못한다는 아쉬운 점이 있었다. 하지만 계속 연구한 결과 옷걸이를 삼각형 모양으로 만들고 양쪽에 고리를 설치하면 상의와 하의를 모두 보관할 수 있다는 좋은 결과를 얻게 되었다. - 개선점 재질과 디자인을 잘 고려하여 만들어야 하겠다.
내용평가 및 검토의견	삼각형 모양으로 하여 상의와 하의 모두 걸 수 있게 했다. 위에는 상의를 걸고 아래는 하의를 걸 수 있다. 4차 발명품의 고리는 양쪽에 다 설치하여 더욱 편리하게 했다. 양쪽에 있는 고리는 좌, 우로 움직여 다양한 사이즈를 보관할 수 있게 하여 모든 문제를 해결했다.

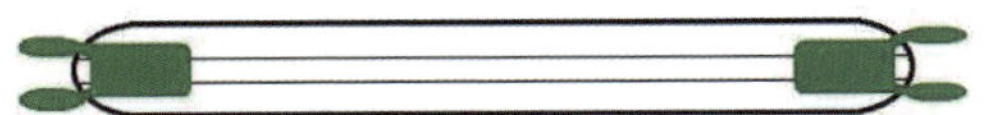

중간에 기둥이 있어 기둥의 선에 따라 고리가 좌우로 움직이게 된다. 하지만 고리가 고정되어야 하므로 고정 장치가 문제였다.

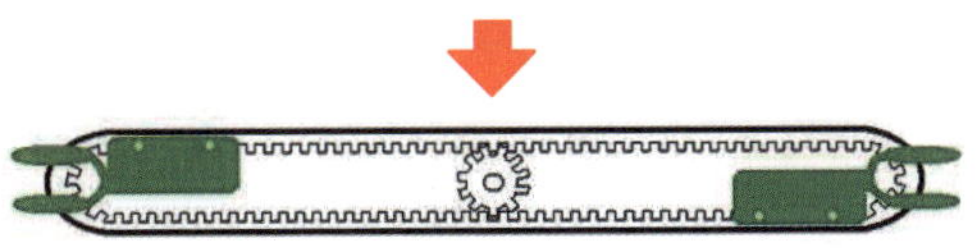

컨베이어 벨트, 랙과 피니언에서 힌트를 얻어 톱니를 설치하여 한쪽의 고리가 움직이면 반대편에 있는 고리도 동시에 움직여 사용하기가 훨씬 편리하다. 또한, 톱니로 설치하여 그 위치에 고리가 오면 고정해 준다.

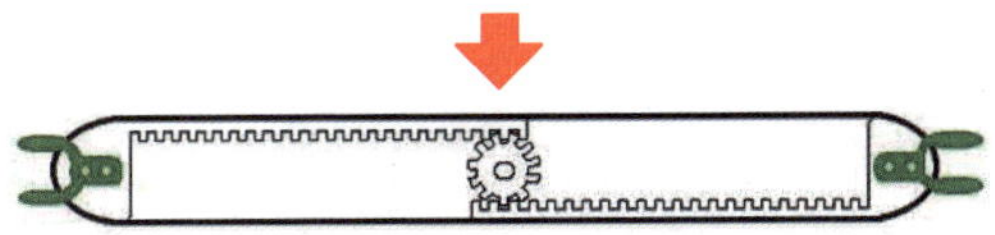

더 간단하게 제작하여 사용하기 편리하게 하였다.

구분	
연구 내용	– 연구 주요 과제 완성된 발명품을 검토하였다. – 문제점 기능적 문제점은 없었다. 상의를 걸 때는 옷걸이 윗부분이 올라와 어깨 굴곡선을 맞추어 주어 형태 그대로 보관할 수 있으며 바지도 편리하게 보관할 수 있다. – 개선점 기능과 디자인 모두 뛰어났다. 색깔과 디자인은 무궁무진하게 다양하니 시대에 걸맞게 바꿔 나가야겠다.
내용평가 및 검토의견	 ▶ 완성된 상, 하의 일체형 옷걸이 바지를 걸 때에는 옷걸이 모양이 그대로 있지만 상의를 걸 때는 옷걸이가 올라와 어깨 굴곡선을 맞추어 상의 모양 그대로 보관할 수 있다.

2) 스탠드형 빨래 건조대에서 찾은 발명

'벽걸이형 심플 건조대'

상윤이는 이웃집에 방문했을 때 스탠드형 빨래 건조대를 이용해 빨래를 건조하고 있는 모습을 보았습니다. 게다가 그것만으로는 빨래를 널어놓을 공간이 부족해 바닥에까지 옷가지 등을 하나하나 펴서 말리고 있었어요. 가족들은 빨래가 거실 구석을 차지하고 있어서 방에 들어가기 위해 빙 돌아가야 하는 불편함을 겪고 있었습니다. 이웃집은 집이 넓었기 때문에 큰 문제가 되지는 않았지만, 베란다가 없는 좁은 집에서 같은 상황에 처할 경우 그곳에 사는 사람들이 큰 불편을 겪을 것이라 생각한 상윤이는 자리를 적게 차지하는 빨래 건조대를 생각하게 되었습니다.

▶ 스탠드형 빨래 건조대

건조기가 없는 집은 사진과 같은 스탠드형 건조대를 이용하여 많은 양의 빨래를 널어놓습니다. 사용할 때 자리도 많이 차지하며, 보관 시 스탠드를 접어둔다 하더라도 어딘가에 수납을 해야 하는 불편함이 있습니다.

상윤이는 부엌에 갔다가 행주가 걸려 있는 행주걸이를 보았습니다. 그리고 원하던 아이디어를 떠올리게 됩니다. 바로, 빨래 건조대를 벽에 붙이는 것이었습니다. 잘 접어 벽에 붙이면 납작해져서 자리를 차지하지 않고, 펼치면 훌륭한 빨래 건조대가 되는 발명품을 만들기로 생각했습니다.

처음에는 창문에 건조대를 부착하는 방식을 생각했지만, 빨래를 널어놓았을 경우 창문으로 들어오는 햇빛을 막을 우려가 있어 좋지 않은 아이디어라고 생각했습니다. 그리고 생각을 거듭한 끝에 '벽에다 걸어놓는 빨래 건조대'로 결정하게 됩니다.

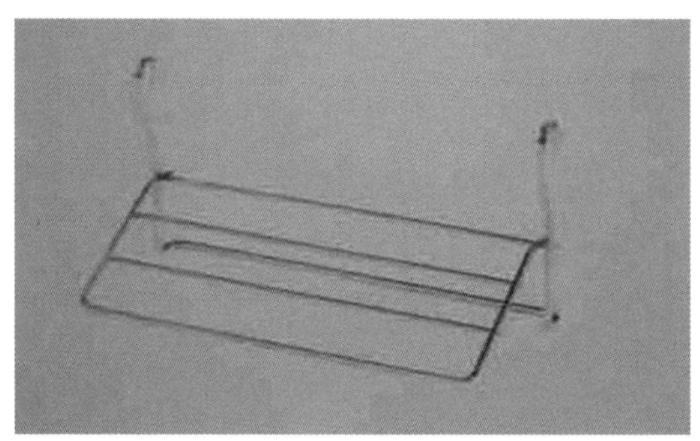

행주걸이에서 아이디어를 떠올리다.

1차 아이디어로는 일반적인 일자형 빨래 건조대를 벽에다 거는 형식으로 구상했습니다. 주로 베란다에 설치되어 있는 천장 부착형 빨래 건조대를 벽에다 접어 부착하는 형태로 생각한 것입니다.

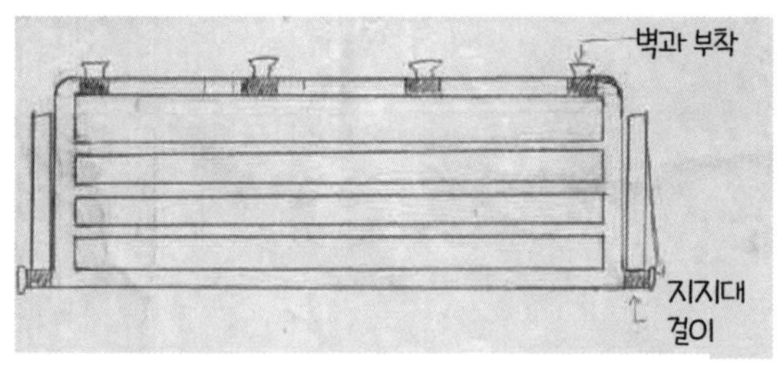

▶ 1차 아이디어 스케치(정면)

처음에 생각한 빨래 건조대는 다음과 같은 형태였습니다. 양옆에 있는 지지
대를 이용하여 벽에다 부착하는 식입니다.

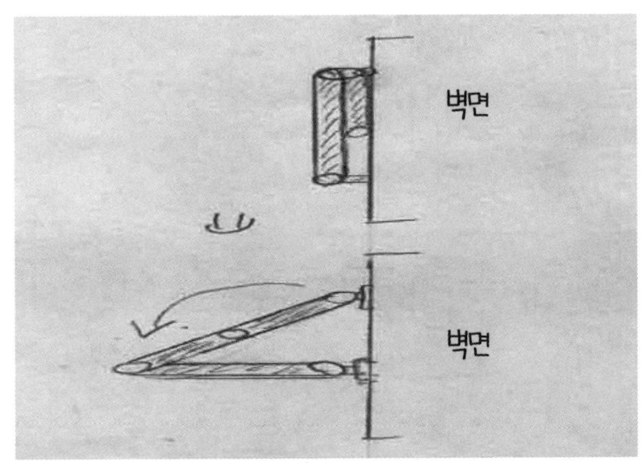

▶ 1차 아이디어 스케치(측면)

이런 식으로 펼치면 평소에는 자리를 전혀 차지하지 않다가 빨래를 널 수
있다고 생각했습니다. 게다가 그 위에 가벼운 물건을 수납할 수도 있다고 생각
하여 좁은 집에서 이용할 때 더욱 효율적인 공간 활용이 될 것으로 생각했습
니다.

그런데 여러 가지 상황을 그림으로 그리며 생각해 보다가 한 가지 결점을
발견했습니다. 이런 식으로 만들 경우, 제대로 된 빨래걸이 역할을 하기 위해
서는 펼쳤을 때 벽으로부터 상당히 많은 부분이 튀어나온다는 것이었습니다.
그러면 원하는 만큼 최적의 공간 활용이 불가능하다는 생각이 들었습니다. 또
한, 좌우 길이가 너무 길어 효율적이지도 못하다고 생각했어요.

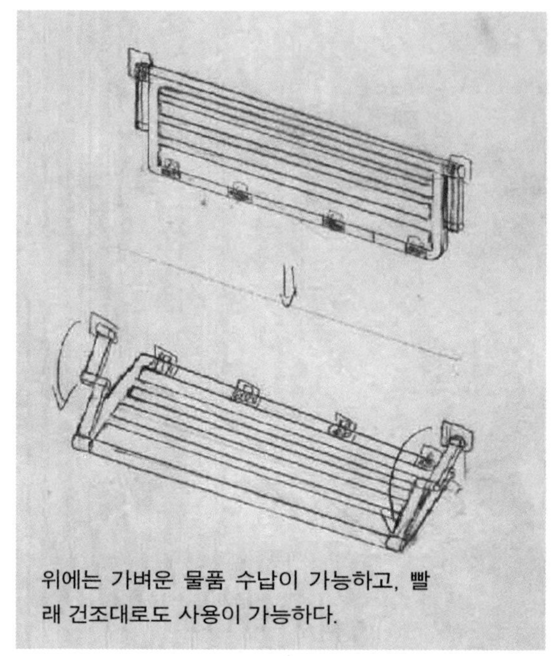

▶ 1차 아이디어 스케치(펼쳤을 때)

예상치 못한 걸림돌에 상윤이는 하루 종일 고민했습니다. 공간의 효율성을 높이기 위해서는 개선이 필요했습니다. '어떤 식으로 만들면 공간을 더욱 효율적으로 이용할 수 있을까?' 생각하던 상윤이는 방의 옷걸이를 보고 새로운 아이디어를 떠올렸습니다.

그 옷걸이는 자바라 형태로 되어 있었어요. 자바라 구조로 만들면, 접었을 때 차지하는 면적이 작아져 효율적입니다. 상윤이는 이 옷걸이를 접었다 폈다 하면서 빨래 건조대를 잘 접는 방법을 생각해 냈습니다.

▶ 자바라 구조의 옷걸이

▶ 자바라 구조의 문

자바라 구조는 상윤이가 새로운 형태의 건조대를 구상하기 시작한 계기가 되었습니다. 그리고 상윤이는 펼쳐지는 클리어 파일을 보고 또 다른 새로운 아이디어를 생각해 냅니다.

☞ **중요한 점**

- 상윤이는 빨래 건조대의 문제점을 찾았습니다.
- 상윤이는 주변의 행주걸이, 자바라 같은 주변 생활 물품에서 아이디어를 얻어 발명품에 적용했습니다.

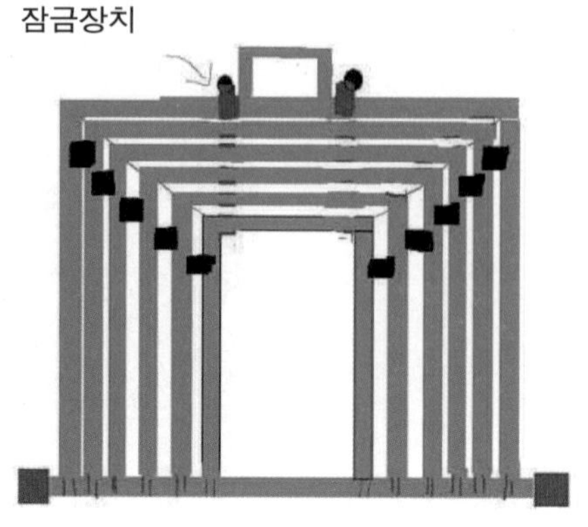

▶ 펼쳐지는 'ㄷ'자 형태 아이디어 그림

바로, 펼쳐지는 'ㄷ'자 형태의 구조물 여섯 개를 연결하여 만드는 것입니다. 이런 식으로 만든 후 펼치면 빨래를 걸 수 있는 봉이 총 다섯 개가 되어 기존 아이디어보다 훨씬 많은 빨래를 널어놓을 수 있어 더욱더 효율적으로 공간 활용을 할 수 있습니다. 기존에는 접은 빨래 건조대 위에 무언가 수납하는 방법을 생각했으나, 비효율적일뿐더러 가벼운 물품밖에 수납할 수 없다는 단점이 있었습니다. 그래서 수납 기능을 제거하고, 빨래 건조대로 공간 활용을 최적화하기로 한 것입니다. 상윤이의 발명품을 펼치면 옆에서 보았을 때 오른쪽 페이지 위의 그림과 같은 모습이 됩니다.

총 다섯 개의 구조물에 빨래를 걸어 놓을 수 있는데요. 상윤이는 자기 집에서도 보통 네 개의 철봉만으로 빨래를 모두 널고는 해서, 다섯 개의 철봉이라면 충분히 많은 양의 빨래를 널 수 있다고 생각했습니다.

'널려 있는 빨랫감이 겹쳐 있어 잘 마르지 않으면 어쩌지?' 하는 불안함이 있었지만, 집에서 빨래를 널어놓는 모습을 보고 웬만큼 겹치는 부분이 있어도

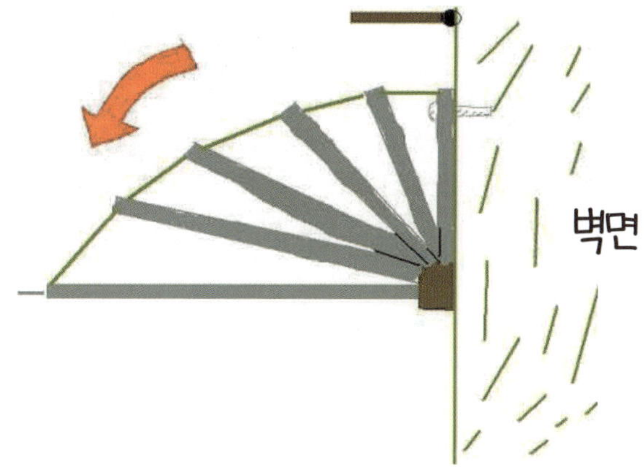

▶ 상윤이의 아이디어 그림

충분히 건조가 가능하다는 것을 확인했습니다.

세 번째 아이디어로 상윤이는 목재를 이용해 발명품을 완성한 후, 모형을 펼쳤다 접었다 하면서 한 가지 착안점을 떠올렸습니다.

▶ 목재를 이용한 아이디어

위와 같은 형태라면 반드시 다섯 개의 구조물을 모두 펼쳐야만 했습니다.

▶ 한 번에 펼쳐지는 모습

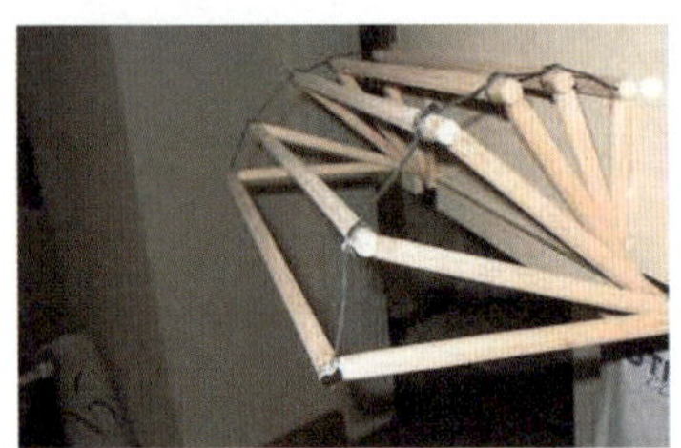

▶ 펼쳐진 모습

만약 빨랫감이 적어서 건조대를 모두 펼치지 않아도 충분한 상황이라면, 다섯 개를 모두 펼치는 것이 공간 낭비라는 생각이 든 것입니다. 그리하여 상윤이는 구조물을 하나씩 펼칠 수 있도록 연결 부분을 모두 제거하였습니다. 또한, 이렇게 되면 'ㄷ' 모양의 구조물이 다섯 개의 구조물을 지지할 이유가 없어지므로, 구조물을 다섯 개로 줄여 시각적 효과 또한 누릴 수 있었습니다. 하지만 문제는 줄 없이 각도를 고정하는 방법이었습니다. 상윤이는 이 문제를 해결하기 위해 또 다시 며칠간 궁리를 했습니다. 그리고 다음과 같은 구조물을 생각해 냅니다.

바로 위와 같은 구조물을 열두 개 준비한 후, 막대에 작은 돌기를 만드는 것입니다. 그리하여 붉은 부분은 하나의 철근으로 연결하여 돌아갈 수 있도록 하고, 초록색 돌기 부분은 파란색으로 패인 부분에 끼어들어 가도록 하는 것

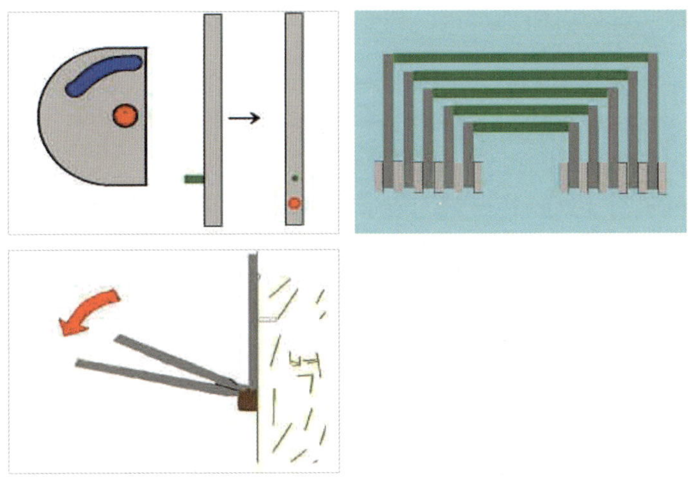

▶ 개선한 아이디어 그림

입니다. 이렇게 한 다음 각 구조물의 파란 부분의 길이를 다르게 함으로써 줄 없이도 각도를 고정할 수 있게 되고, 구조물의 개수를 다섯 개로 줄일 수 있게 되었습니다.

상윤이의 벽걸이형 빨래 건조대는 기존의 건조대에 비해 다음과 같은 장점과 차이점이 있습니다.

기존의 빨래 건조대는 사용할 때 많은 자리를 차지하거나 보관할 때도 수

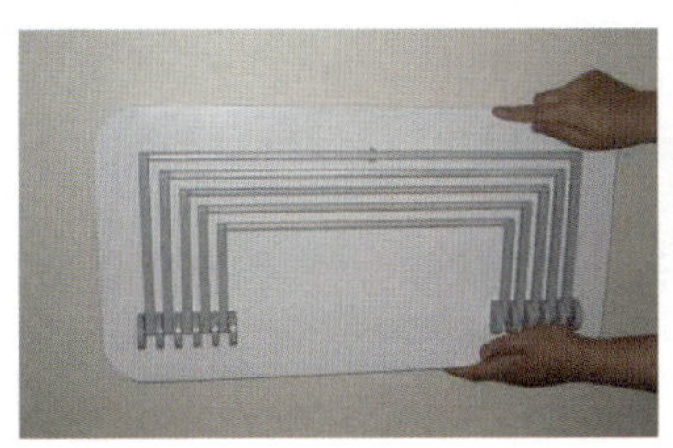

▶ 접은 모습

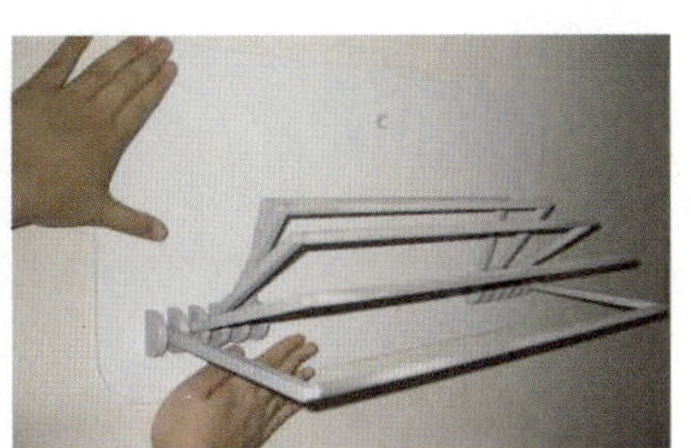

▶ 펼친 모습

납 공간을 마련해야 하는 불편함이 있지만, 벽걸이형 빨래 건조대는 접어 놓을 때 전혀 자리를 차지하지 않습니다. 그리고 기존의 빨래 건조대 중 자리를 적게 차지하게끔 만들어진 건조대는 널어놓을 수 있는 빨래의 양이 부족해 효율적으로 활용하기가 쉽지 않습니다. 하지만 벽걸이형 빨래 건조대는 빨래를 걸 수 있는 봉이 다섯 개나 있으면서도 자리를 적게 차지해 매우 효율적이라고 할 수 있습니다.

기존의 베란다형 빨래 건조대는 줄을 잡아당기고 고정해서 사용하므로 고장이 잦고 작동이 복잡합니다. 그리고 스탠드형 역시 설치 과정이 그다지 손쉽지 않습니다. 하지만 벽걸이형 빨래 건조대는 잠금 장치만 살짝 풀어주면 누구나 쉽게 설치할 수 있어서 노인처럼 거동이 불편한 사람들에게도 아주 효과적인 아이디어입니다.

2. 도구에서 찾은 아이디어

1) 드라이버에서 찾은 발명

'지지대를 갖춘 라이트 드라이버'

성림이는 일자 드라이버와 십자 드라이버를 모두 사용할 때, 보관 시 부피를 너무 많이 차지하고 일자에서 십자로 교체 시 작업의 신속성이 저하되는 문제점을 발견하였어요. 따라서 '하나의 드라이버를 일자와 십자 겸용으로 만들면 어떨까?' 하고 생각하였습니다. 그리고 볼펜처럼 버튼을 누르면 일자심이 나와 십자가 되는 드라이버를 만들어 봐야겠다고 아이디어를 고안했습니다.

또한, 드라이버가 정확하게 수직으로 꽂힐 수 있도록 지지대를 추가했고, 이 지지대는 탈부착이 가능하도록 발명하게 됩니다.

성림이의 발명 목적은 세 가지였습니다.

첫 번째로 일자와 십자를 모두 갖춘 복수 드라이버의 기능을 하나의 제품에 넣음으로써 두 가지 기능을 모두 수행하는 것이었습니다. 또한, 일자와 십자 드라이버를 쉽고 신속하게 변환시킬 수 있습니다. 결과적으로 사용이 매우 편리하며, 보관 및 휴대가 용이하고, 특히 복수의 드라이버를 갖출 필요가 없게 되어 경제적 절감 효과를 얻게 될 것입니다.

두 번째로 원하는 곳에 정확히 나사를 조일 수 있도록 지지대를 갖추는 것이었습니다. 지지대는 드라이버와 결합할 수 있고, 지면과 접촉하는 곳은 실리

콘으로 처리하여 미끄러지지 않게 만듭니다. 따라서 작업의 정확도가 늘어 나사를 조이는 데 더욱 편리한 드라이버가 될 것입니다.

세 번째로 지지대에 LED 전구를 부착하여 어두운 곳에서 나사를 조일 수 있게 도와주어 주변의 밝기에 상관없이 작업을 신속하게 수행할 수 있도록 하였습니다.

이 장치를 개발하기 위해서 성림이는 스프링의 종류를 조사했습니다. 그리고 연구 과정을 좀 더 세부적으로 진행하기 위해서 일정표를 작성했습니다.

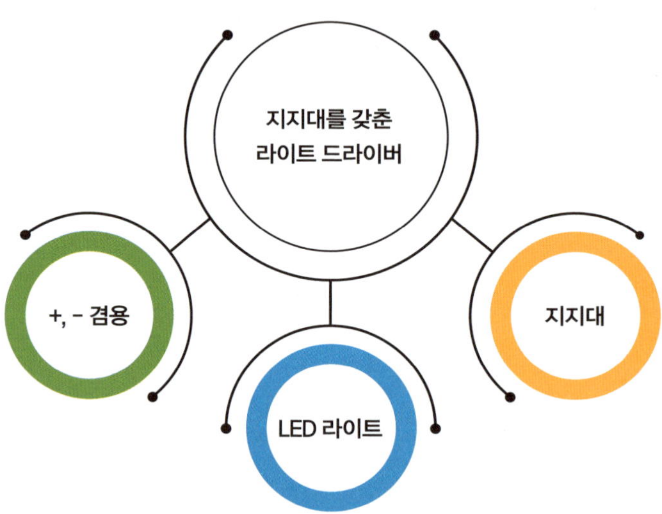

순서	항목	선행 내용
1	아이디어의 구상	(1) 기존 제품과의 차별화 (2) 기존 드라이버들의 문제점 파악 (3) 도안 작성 및 수정할 점 파악
2	실용성과 독창성 검토	(1) 본 발명품이 지니는 특성을 조사 (2) 기존의 제품과 차별화를 두어 독창성을 검토
3	선행연구조사	(1) 유사 제품이 있는지 검색해 봄 (2) 유사 제품의 단점을 파악하고 해결 방안을 발명품에 적용
4	작품의 도면 제작	(1) 작품의 세부 사항까지 도면에 기록함 (2) 작품의 단점이지만 보완해야 할 점이 있는지 검토함
5	작품 제작 단계	(1) 제1차 작품 완성 (2) 제2차 작품 완성 (3) 최종 작품 설계 및 제작
6	작품의 최종 검토	(1) 작품의 실용성 판단 (2) 작품의 내구성 판단 (3) 작품이 원래 의도에 맞게 수행하는가?
7	특허 및 무료변리 신청	최종 작품에 대한 특허권 신청

성림이의 아이디어 연구 과정 진행 계획표

여러분도 연구 활동을 좀 더 체계적으로 진행하기 위해서는 이러한 계획을 작성하는 것이 바람직합니다.

성림이는 이 과정을 바탕으로 1차 연구물을 만들게 됩니다. 이렇게 볼펜 형식과 유사한 드라이버가 완성되었습니다.

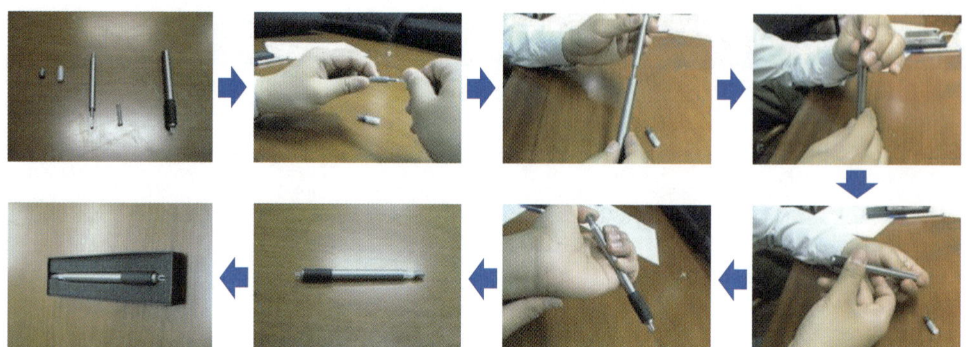

▶ 발명품의 제작 과정

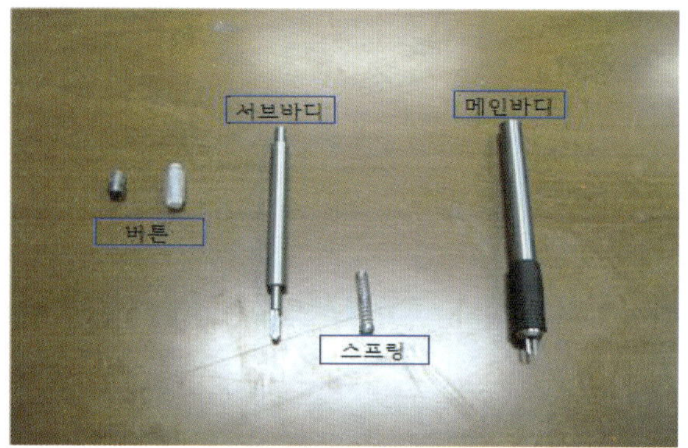

지지대 부분: 앞의 실리콘 부분으로 지지를 하고 봉에 달린 LED 전구로 나사
주변을 밝혀주어 외부의 밝기와 상관없이 작업을 할 수 있다.

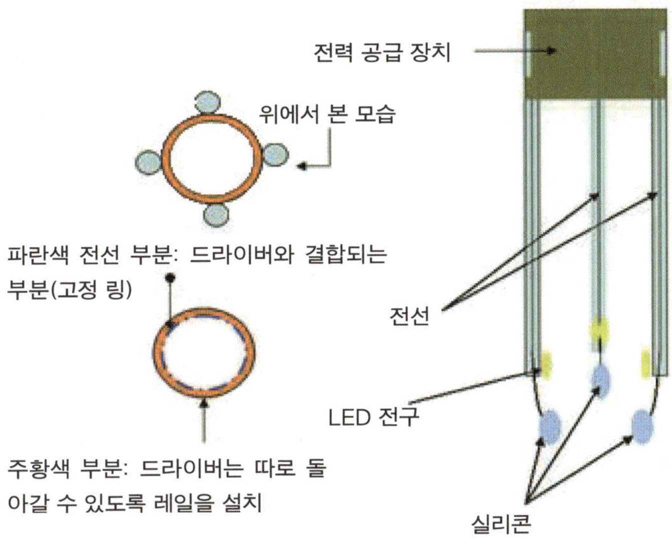

☞ 중요한 점

- 성림이는 드라이버의 문제점을 찾았습니다.

- 성림이는 볼펜의 구조를 드라이버에 적용했습니다.

- 드라이버는 만들기가 어려워서 철공소에서 제작했습니다. 그래서 다양한
  아이디어를 생각했지만 발명품의 구현이 어려웠습니다.

- 제작이 어려운 아이디어 발명의 경우에는 만들기 전까지 제작 방법, 구조
  등을 세밀하게 준비할 필요가 있습니다.

성림이의 발명품은 실용성, 보관성, 작업의 신속성 및 활용도가 높습니다.

실용성 측면에서는 일자와 십자의 기능을 모두 수행하고, 지지대를 이용하여 나사를 원하는 면에 수직으로 정확히 들어가게 도와줄 수 있습니다. 또한, 외부의 밝기에 상관없이 LED 전구를 이용하여 어두운 곳에서도 드라이버를 사용할 수 있습니다.

보관성에서는 복수의 드라이버를 지니지 않아도 되기 때문에 보관할 때 차지하는 부피를 최대한으로 줄여줍니다. 복수의 드라이버보다 크기가 훨씬 작으므로 더욱 편리하게 보관할 수 있을 것입니다. 또한, 두 개의 드라이버 중 어느 하나가 없어지는 일이 발생하지 않을 것입니다.

작업의 신속성 측면에서 기존의 드라이버들보다 십자 드라이버에서 일자 드라이버로 신속하게 교체할 수 있으므로 더욱 빠르고 쉽게 사용할 수 있을 것입니다. 또한, 기존 드라이버는 나사를 비뚤게 끼우면 다시 뺐다가 끼워야 하는데, 본 발명품은 지지대를 이용하여 정확하게 수직으로 끼울 수 있어서 위와 같은 실수가 없어질 것이고, 결과적으로 작업이 신속하게 이뤄질 것으로 생각했습니다.

발명품의 활용도에서는 평소에 부피를 최소화해 줄 뿐만 아니라 일자와 십자를 복수로 지니지 않아도 되어 경제적 절감 효과를 얻게 됩니다. 또한, 일자와 십자를 신속하게 변환시킬 수 있으므로 누구나 편리하게 드라이버를 사용할 수 있을 것이고, LED 전구를 이용하여 외부 밝기에 상관없이 작업할 수 있어 작업 효율을 높여줄 것입니다. 지지대도 활용도에 한몫합니다. 지지대를 이용한다면 작업의 정확도가 늘어날 것입니다. 결과적으로 이 발명품은 기존 드라이버의 단점을 보완하고 작업할 때 걸리는 시간을 최소화하며 편리성과 효

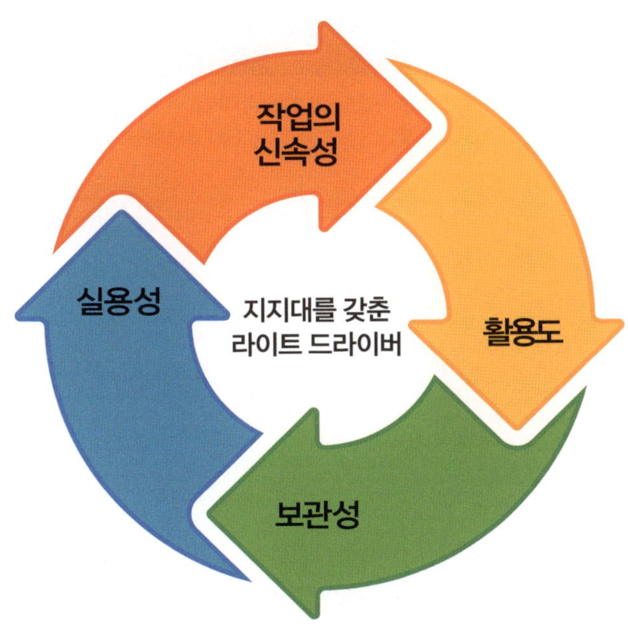

율성을 가지고 있습니다.

성림이는 이 과정을 연구 일지로 작성했습니다. 성림이의 연구 일지를 살펴볼까요?

제목	+ −가 누르면 나오는 볼펜 형식 드라이버

처음으로 그린 도면.

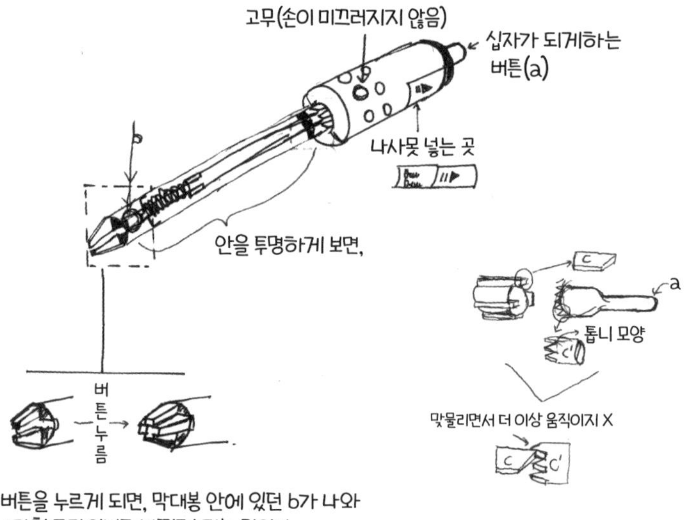

특징: 볼펜처럼 작동하는 드라이버로 일자와 십자의 기능을 모두 수행하며 나사못을 보관함에 넣어 보관할 수 있게 만들었다.

업그레이드: 발명품의 도면을 다시 보면서 홀더를 달아 휴대성을 추가해 보았다.

제목	볼펜 형식 드라이버

철공소에 도면을 들고 가서 제작함. 여러 가지 난관이 있었지만 1차 작품이 완성됨.

철제라서 어려운 점이 많음.

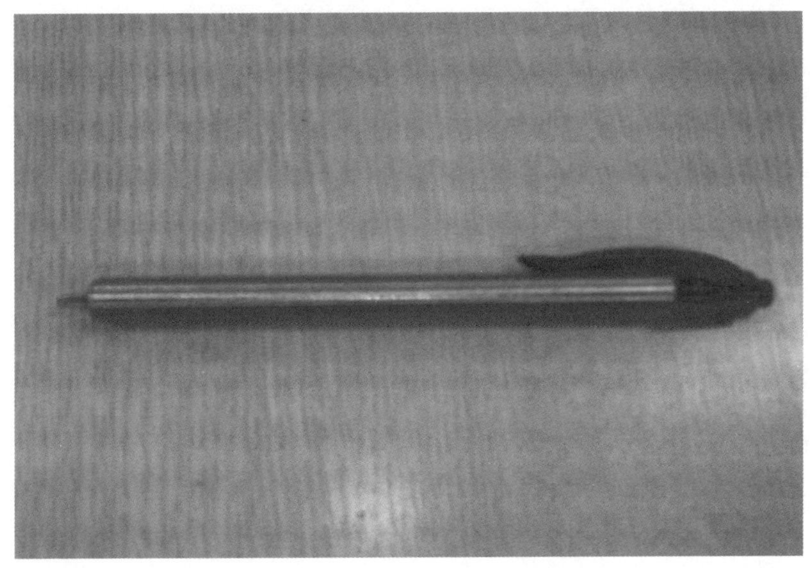

난관: 보관함을 만드는 부분. 주조해서 만들어야 했다.

업그레이드: 앞부분에 고무를 달아서 손이 미끄러지지 않게 만들기로 결정했다.

제목	+ – 겸용 드라이버

1차 작품의 손실로 업그레이드된 2차 작품의 도면을 다시 철공소에서 가공.

난관: 뒤의 버튼을 찾을 수가 없어서 150개가 넘는 펜을 찾다가 하나를 발견했다.

업그레이드: 조명이나 지지대를 달아서 편리성을 더욱 추가했다.

<table>
<tr><td colspan="2" align="center">최종 작품</td></tr>
<tr><td>제목</td><td>지지대를 갖춘 + − 겸용 라이트 드라이버</td></tr>
</table>

최종 작품 제작.

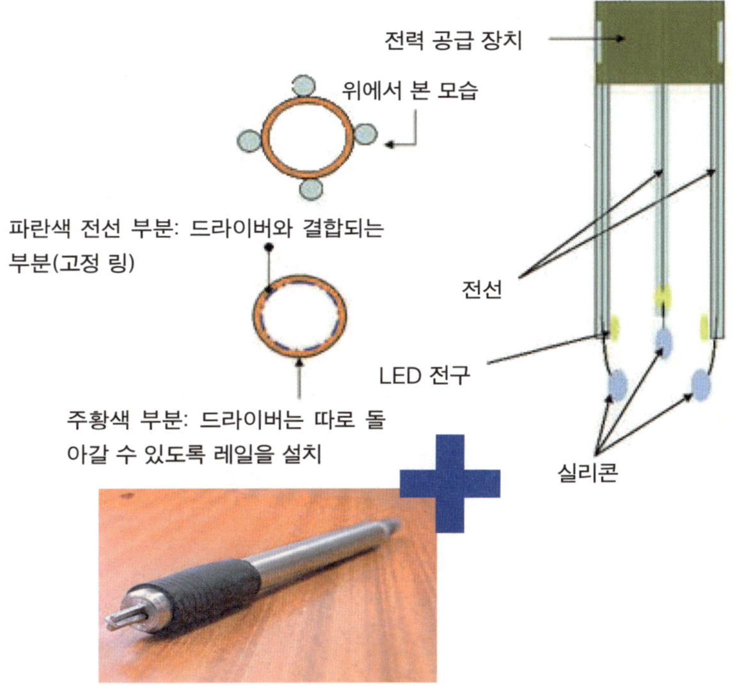

아직은 도면이 나오지 않았지만, 2차 작품과 그 외의 부속을 결합한 것이라고 예상한다.

난관: 제작소에서 지지대의 크기가 예상 외로 커질 것 같다고 말한다. 생각하지 못한 난관이다.

업그레이드: 볼펜 심을 강철이나 합금으로 만들어 봐야겠다.

3. 경험에서 찾은 아이디어

1) 엘리베이터에서 찾은 발명

'색깔이 바뀌는 승강기 운행 상황판'

현대인의 주거 생활에서 승강기가 차지하는 비중은 대단히 크다고 할 수 있습니다. 승강기는 주거 공간의 하나인 아파트나 많은 사람이 이용하는 빌딩과 백화점 등의 공간에 없어서는 안 될 소중한 발명품입니다.

민성이는 승강기는 날마다 수많은 사람이 직접 이용하는 만큼 그 효율성과 편리성이 지속해서 발전해야 한다고 생각했습니다. 하지만 기존 승강기를 편리성과 효율성의 측면에서 볼 때, 예전의 시스템에서 그리 벗어나지 않고 있는 것 같다고 생각했습니다. 특히 민성이는 14층짜리 아파트의 10층에 살고 있는데, 매일 아침 승강기를 타고 내려가려면 도중에 승강기가 자주 정차하여 시간이 매우 오래 걸릴 때가 많았습니다.

민성이가 날마다 승강기를 이용하면서 느낀 점은, 사람들이 승강기의 운행 상황을 쉽고 빠르게 알 수 있는 방법이 없다는 점입니다. 특히나 일반 아파트의 경우, 승강기 외부에서는 현재 승강기의 움직임만 표시될 뿐이었습니다. 승강기의 외부에서는 어느 층에서 사람들이 타고 내릴지에 대한 구체적인 정보가 전혀 없으므로, 마냥 기다려야 하는 비효율적인 부분이 항상 아쉬운 점으로 느껴졌습니다.

한 라인에 한 대의 승강기가 운행되는 아파트나 이용 횟수가 많고 층간 이동이 많은 백화점이나 빌딩의 경우, 기존 승강기로는 사람들이 타고 내리는 상황을 외부에서 한눈에 알 수 없습니다. 승강기에 타고 있는 사람들은 물론 외부의 각 층에서 기다리는 많은 사람이 마냥 승강기가 오기를 기다리는 불편을 감수해야 하는 것이 현실입니다.

높은 층에서 내려오는 승강기가 어느 층에서 멈출 것인지에 대한 정보를 알 수 없어서 마냥 기다리다가, 걸어 올라가는 것보다 훨씬 긴 시간을 낭비하는 경우가 많이 있습니다. 이런 비합리적인 문제점을 보완하고자 민성이는 승강기 외부에서 층별 버튼이 눌러져 있는 상황을 볼 수 있는 '색깔이 바뀌는 승강기 운행 상황판'을 발명하게 되었습니다.

이 아이디어는 각 층의 승강기 외부 문 옆에 본 발명품인 '승강기 운행 상황판'을 설치하여, 승강기를 이용할 것인지 아니면 계단을 이용하는 게 효율적인지를 판단할 수 있도록 도와주는 데 목적이 있습니다. 승강기 외부의 각 층에서 운행 상황을 알 수 있어 직접 승강기의 사용 여부를 한눈에 파악하여 행동하는 데 도움을 줍니다. 승강기 이용자들의 시간과 승강기 사용 에너지를 절약할 수 있어 매우 경제적이라는 장점이 있습니다. 기존에 설치된 승강기 시스템에 연결하여 장착하는 것으로 경제적으로 그리 부담이 되지 않는다는 게 장점이며. 우리 생활과 더없이 밀접하고 중요한 승강기의 실용성을 높이는 일이기에 매우 경제성 있는 발명품입니다.

한 대뿐인 대부분의 아파트 승강기나, 이용 횟수가 대단히 많은 빌딩이나 백화점 등의 승강기 외부 각 층에 승강기 운행 상황판을 도입하면 효율적인 승강기 이용으로 전력 낭비도 줄일 수 있고, 운동이 부족한 현대인들의 건강에 도움을 주는 일석이조의 효과를 얻을 수 있을 것입니다.

즉, 각 층의 승강기 외부 문 옆에 운행 상황판을 부착하여 승강기를 이용할 것인지 아니면 계단을 이용하는 것이 효율적인지를 판단할 수 있도록 도와주는 발명품입니다. LED를 이용하여 시각적으로 표현한 덕분에 승강기 내부뿐만이 아니라 각 층에서도 승강기의 현재 운행 상황을 파악하기 쉽게 되어 있습니다. 또한, 승강기를 이용할 것인지를 바로 결정하여 시간과 에너지를 절약할 수 있다는 큰 장점이 있는 발명품입니다.

이 발명을 위해서 민성이는 우선 승강기 정차 시간에 대해 조사를 했습니다.

■ 승강기 정차 시간에 대한 조사

- 장소: 송파구 소재 아파트 승강기

- 기간: 14일간

- 승강기 제원: 680kg, 10인승용

평균 정지 시간(벨 울림~문 닫힘): 14초

5층~1층 운행 시간: 20초

1층~5층 운행 시간: 21초

10층~1층 운행 시간: 34초

1층~10층 운행 시간: 35초

12층~1층 운행 시간: 38초

1층~12층 운행 시간: 40초

10층~한 층 경유~1층 운행 시간: 49초

10층~두 층 경유~1층 운행 시간: 1분 4초

10층~세 층 경유~1층 운행시간: 1분 19초

1층~한 층 경유~10층 운행시간: 50초

1층~두 층 경유~10층 운행시간: 1분 4초

1층~세 층 경유~10층 운행시간: 1분 19초

12층~한 층 경유~1층 운행시간: 1분

12층~두 층 경유~1층 운행시간: 1분 12초

12층~세 층 경유~1층 운행시간: 1분 23초

1층~한 층 경유~12층 운행시간: 1분 5초

1층~두 층 경유~12층 운행시간: 1분 14초

1층~세 층 경유~12층 운행시간: 1분 23초

1층~10층 걸어 올라가는 시간: 1분 11초

10층~1층 걸어 내려가는 시간: 1분 2초

1층~12층 걸어 올라가는 시간: 1분 25초

12층~1층 걸어 내려가는 시간: 1분 18초

1층~5층 걸어 올라가는 시간: 27초

5층~1층 걸어 내려가는 시간: 26초

1층~6층 걸어 올라가는 시간: 32초

6층~1층 걸어 내려가는 시간: 31초

* 위 측정값은 평균을 계산하여 소수 첫째 자리 반올림하여 나타낸 것이며, 같은 층까지 올라가고 내려가는 시간이 다른 이유는 측정값의 오차, 승강기 속도의 오차 등 때문이다.

그리고 발명품인 색깔이 바뀌는 승강기 운행 상황판을 설치했을 때의 구체적인 실례와 그에 따른 효과를 조사하여 그림과 함께 제시하였습니다.

직접 조사한 실험 결과로 볼 때, 승강기가 12층에서 세 개 층을 거쳐 내려가는 시간은 1분 21초가 걸리는데, 6층에서 1층으로 걸어서 내려가는 시간은 32초가 걸립니다. 결국 승강기를 이용하여 내려가는 것보다 걸어서 내려가면 약 50초를 절약할 수 있는 매우 효율적인 상황이 틀림없습니다. 그러므로 학생은 걸어서 내려가는 방법을 선택하여 바쁜 통학 시간을 더욱 효율적으로 사용할 수 있을 것입니다.

기존 승강기의 경우에는 이런 정보가 전혀 없어서 무작정 기다리다가 시간을 낭비할 수가 있습니다.

▶ 1층에 있는 학생이 6층으로 걸어 올라
가기로 한 경우

승강기는 10층에서 내려오고 있습니
다. 그런데 중간에 2개 층을 경유해서
내려와야만 함을 안내판을 통해 알 수
있습니다.

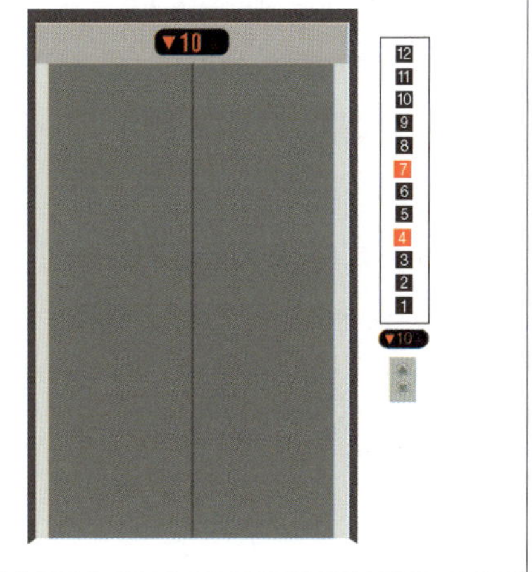

직접 조사한 실험 결과로 볼 때, 승강기가 10층에서 두 개 층을 경유하여
내려오는 데는 1분 2초가 걸리고, 다시 학생을 태우고 6층까지 올라가는 데
20초가 걸립니다. 즉, 승강기를 이용할 때 총 1분 22초가 걸립니다.

1층부터 6층까지 걸어서 올라가는 데 걸리는 시간은 34초가 소요되므로,
승강기를 탈 때보다 48초를 절약할 수 있어 매우 효율적입니다. 그러므로 학
생은 걸어서 올라가는 방법을 선택할 수 있을 것입니다.

▶ 12층에 사는 회사원이 1층으로 걸어 내려가기로 한 경우

승강기는 6층에서 올라오고 있습니다. 그런데 승강기는 그림과 같이 12층까지 올라와서 정차했다가, 네 개 층을 경유하여 1층에 도달함을 안내판을 통해 알 수 있습니다.

직접 조사한 실험 결과로 볼 때, 승강기를 타고 내려가는 데 걸리는 총 시간은 승강기가 6층에서 12층까지 올라오는 시간 20초에, 12층에서 네 개 층을 경유하여 1층까지 내려가는 데 걸리는 1분 34초를 더해 총 1분 54초가 소요됩니다.

12층에서 1층까지 걸어서 내려가는 시간은 1분 21초가 걸리므로, 승강기를 탈 때보다 33초가 단축됩니다. 그러므로 회사원은 걸어서 내려가는 방법을 선택하여 바쁜 출근 시간을 더욱 효율적으로 사용할 수 있을 것입니다.

▶ 1층에 있는 회사원이 12층으로 걸어 올라가기로 한 경우

승강기는 4층에서 올라가고 있습니다. 승강기는 한 개 층을 경유하여 10층까지 올라갔다가 다시 한 개 층을 경유하여 1층까지 내려와야 1층에 있는 회사원을 태울 수 있습니다.

그리고 다시 회사원과 다른 사람을 신고 한 층을 경유하여 12층에 도달해야 함을 알 수 있습니다.

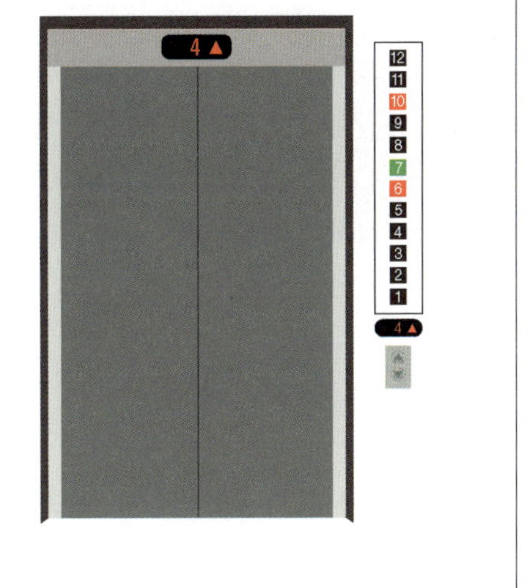

직접 조사한 실험 결과로 볼 때, 4층에서 한 층을 경유하여 10층까지 올라가는 데 36초, 10층에서 한 층을 경유하여 1층까지 내려오는 데 48초, 1층에서 한 층을 경유하여 12층까지 올라가는 데 1분 3초가 걸리므로 총 2분 27초가 걸림을 알 수 있습니다.

1층에서 12층까지 걸어 올라가는 데 1분 29초가 걸리므로 58초, 거의 1분을 절약할 수 있습니다. 그러므로 회사원은 걸어서 올라가는 효율적인 방법을 선택할 수 있을 것입니다.

보통 아파트에는 하나의 라인에 한 대의 승강기가 운행됩니다. 그러다 보니 바쁜 시간대에 승강기를 이용하는 일은 하나의 스트레스로 작용할 정도로 문제가 심각합니다. 이런 불편을 해소하기 위해서라도 본 발명품과 같이 운행 상황을 알려주는 시스템이 꼭 필요하다고 민성이는 생각했습니다.

승강기를 이용하는 사람들 측면에서 본, 기존 승강기의 문제점을 보완해서

만든 상황판을 부착한 발명품입니다.

LED 전구를 이용하여 승강기의 올라가는 버튼을 눌렀을 경우 초록색, 내려가는 버튼을 눌렀을 경우 빨간색이 들어오도록 하는 한 줄의 상황판을 설치합니다. 그래서 승강기를 이용하는 사람들에게 승강기의 전체적인 운행 상황에 관한 정보를 신속하고 정확하게 제공하는 아이디어입니다. 민성이는 이 아이디어를 바탕으로 모형을 제작하였습니다.

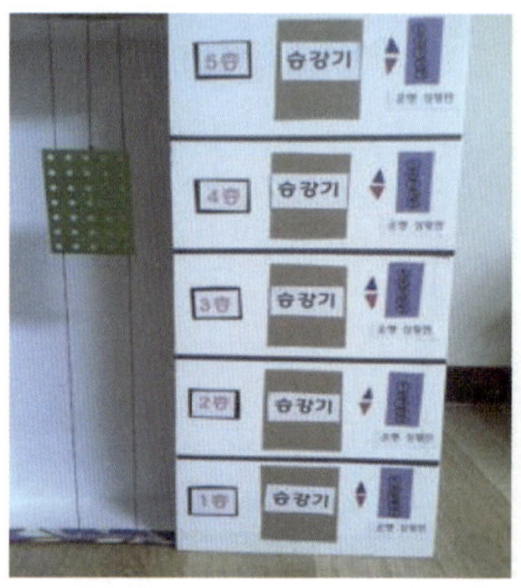
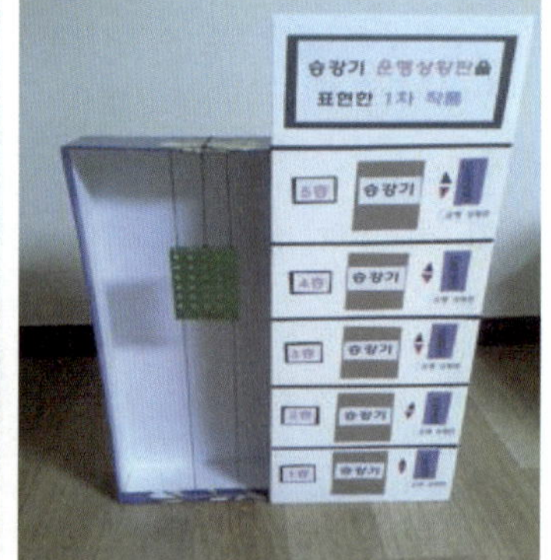

▶ 1차 작품

　1차 작품은 아이디어를 표현한 최초의 작품이므로 전기 회로를 이용하지는 않았지만, 앞으로의 작품을 체계화하고 구체화하는 데 매우 명확한 방향을 제시한 표현 방법이었습니다.

　그리고 2차 작품을 제작하기 위해 회로도를 작성한 후 기판에 제작하여 편하게 만들 수 있었습니다. 2차 작품에는 2색 LED를 사용했는데, LED에 맞춰 버튼을 두 개 사용하였습니다. 각각의 버튼을 누르면 LED가 다른 색깔로 점등되는 방식의 회로를 제작했는데, 이 회로가 4차 작품을 제작하는 데 중요한 기초가 되었습니다. 또한, 이것으로 승강기 운행 상황판에 적용할 수 있는 회로를 테스트하였습니다. 그래서 1차 작품에서 구상하였던 승강기 모형을 과학상자와 승강기 회로를 이용하여 제작하고 거기에 승강기 운행 상황판을 설치해 보았습니다.

　우선 과학상자의 부품을 사용해서 승강기 본체를 만들고, 모터를 장착해서 승강기의 움직임을 표현합니다. 승강기 본체 옆에 본 발명품인 승강기 운행 상

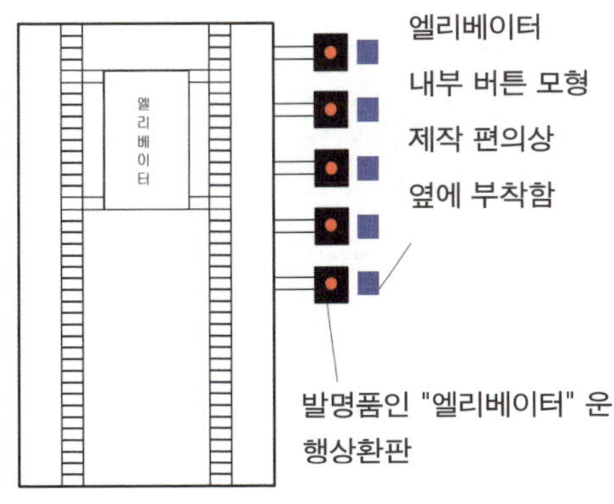

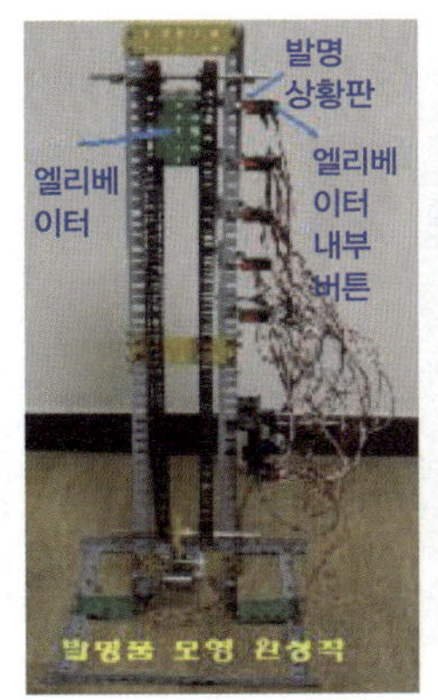

황판을 장착하고, 승강기 내부와 외부 버튼을 하나로 합하여 만들기로 결정하였습니다. 그리고 과학상자로 제작하였습니다.

3차 작품은 2색 LED, 저항 부품, 리드선, 전선, 만능기판, 납, 인두 등 공구를 준비하여 만들었습니다.

스위치에 따라 색이 두 가지로 변하는 2색 LED를 사용하여 전원을 공급하였을 때 닫히는 스위치에 따라 원하는 색이 나오도록 조절할 수 있도록 만들고, 외부는 폼보드로 제작했습니다.

승강기 층별 누름 버튼과 발명품인 승강기 운행 상황판을 만들어 붙인 완성품 모형은 승강기의 층별 외부를 나타내며, 발명품에서는 1층부터 10층까지의 상황을 가정하여 만들었습니다. 발명품인 승강기 운행 상황판을 설치하여 쉽고 정확하게 승강기 전체의 운행 상황을 한눈에 파악할 수 있게 하였습니다.

아래의 모형은 승강기 안쪽 모습이며, 승강기 안에도 상황판을 설치한 모습을 보여주는 것입니다.

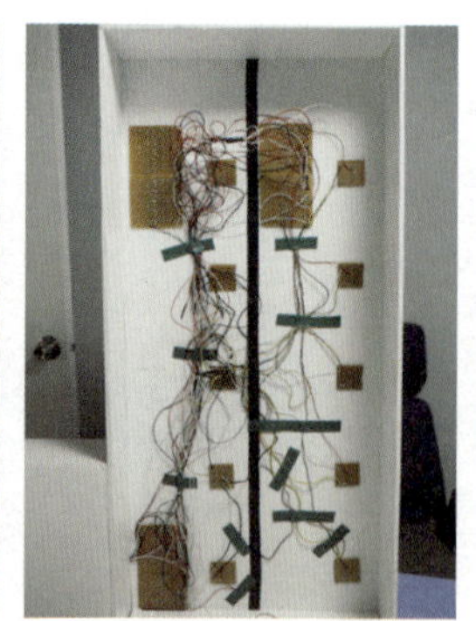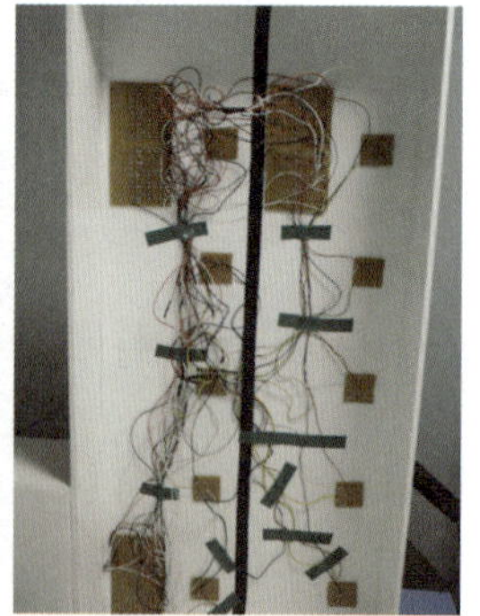

▶ 완성품 모형 내부

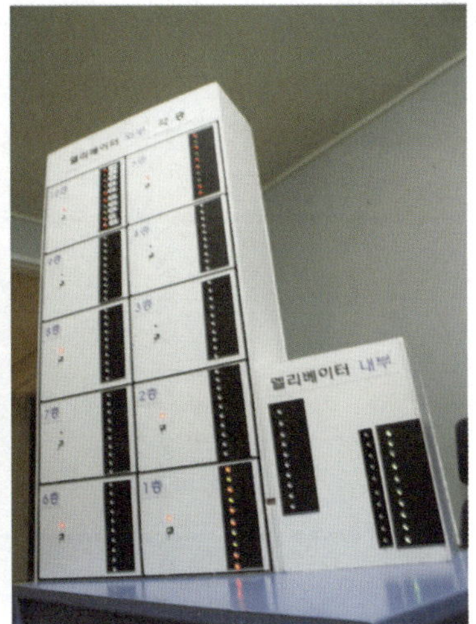

▶ 완성품 모형의 승강기 안쪽 모습

실제 승강기에서는 층마다 올라가는 버튼과 내려가는 버튼이 있어 어떤 버튼을 누르냐에 따라 LED의 색이 바뀌는 방식을 포함하고 있지만, 작품을 제작하다 보니 작업상의 어려움에 부딪혀 승강기의 외부와 내부만을 구별하여 색깔이 바뀌는 방향으로 제작하였습니다.

민성이의 발명품은 기존 승강기 시스템에 약간의 전기, 전자적 기술을 접목해서 장착할 수 있는 것으로, 승강기 외부 각 층의 사람들이 승강기를 이용할 것인지 아닌지를 LED를 이용한 한 줄의 상황판을 통해 쉽게 알아보게 하여 시간을 절약하도록 한 것이 가장 큰 장점입니다. 몇 초 몇 분에 따라 버스나 지하철을 놓칠 수 있는 바쁜 등교 시간이나 출근 시간대 상황을 생각해 본다면, 이러한 발명품으로 인해 얻을 수 있는 장점이 매우 크다고 확신할 수 있습니다. 또한, 실용화될 때 경제적으로 그리 부담이 되지 않는다는 것도 큰 장점

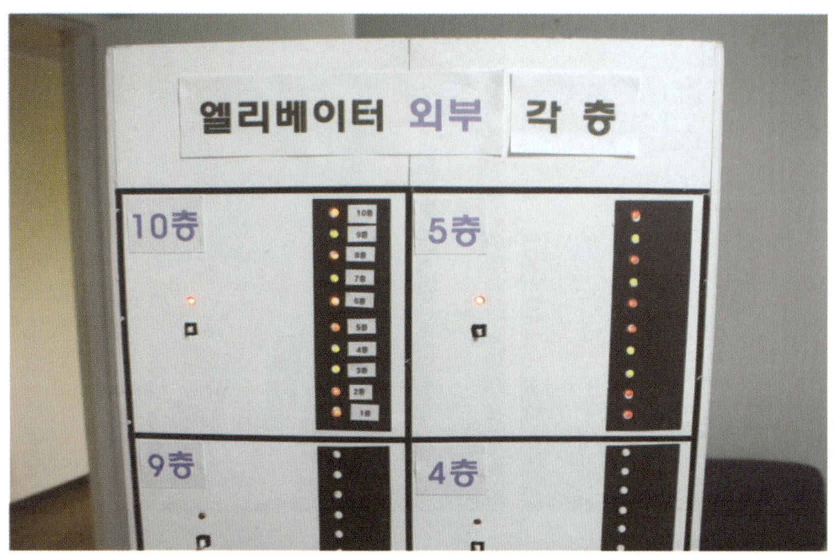

▶ 완성품 모형의 승강기 바깥쪽 모습

이며, 불필요한 승강기 이용을 줄일 수 있어 에너지 절약에도 큰 도움이 될 것입니다. 우리 생활에 있어서 더없이 밀접하고 중요한 부분을 차지하는 승강기의 실용성을 높이는 일이기에 매우 경제성 있는 발명품이라 할 수 있습니다.

더욱이 민성이는 모든 부문에서 최첨단 기능이 도입되고 있는 현실에 비추어 볼 때, 이젠 우리 생활과 긴밀한 관계를 유지하고 있는 승강기에도 이런 편리성과 에너지 절약을 추구하는 시도가 반드시 있어야 한다고 생각하였습니다.

한 라인에 한 대가 운행 중인 대부분 아파트나, 운행 횟수가 잦고 층간 이동이 많은 백화점이나 빌딩 등의 승강기의 경우, 이 시스템을 도입하면 효율적인 승강기 이용으로 전력 낭비의 손실을 막을 수 있고, 운동이 부족한 현대인들의 건강에 도움을 주는 일석이조의 효과를 얻을 수 있을 것으로 기대된다고 생각했습니다.

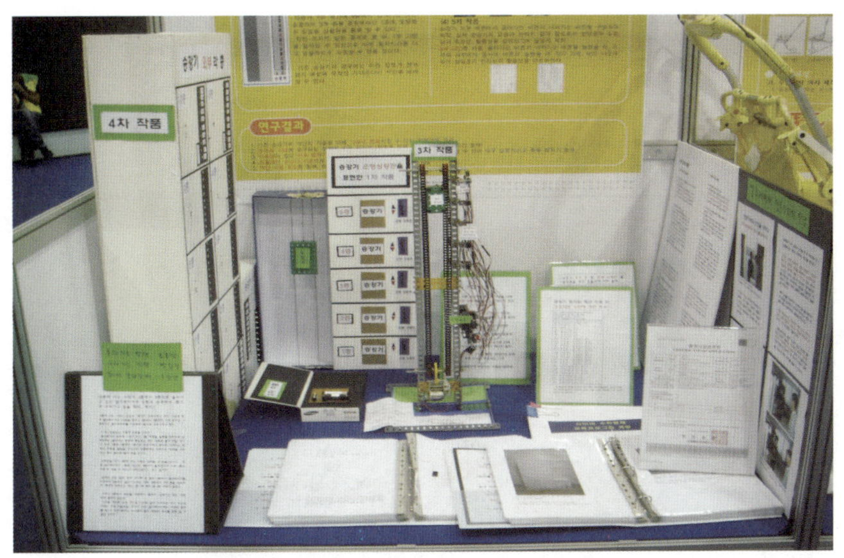

▶ 전국대회에 전시한 발명품 모형과 발명탐구일지

　많은 사람이 이용하는 승강기에 적용되는 발명품이니만큼, 본 발명품이 실용화될 경우, 도움이 되는 범위가 매우 넓고 지속적입니다. 그러므로 본 발명품은 수많은 사람에게 직접적으로 도움을 줄 수 있는 실용성과 활용성의 측면에서 볼 때 매우 큰 가치가 있다고 할 수 있습니다.

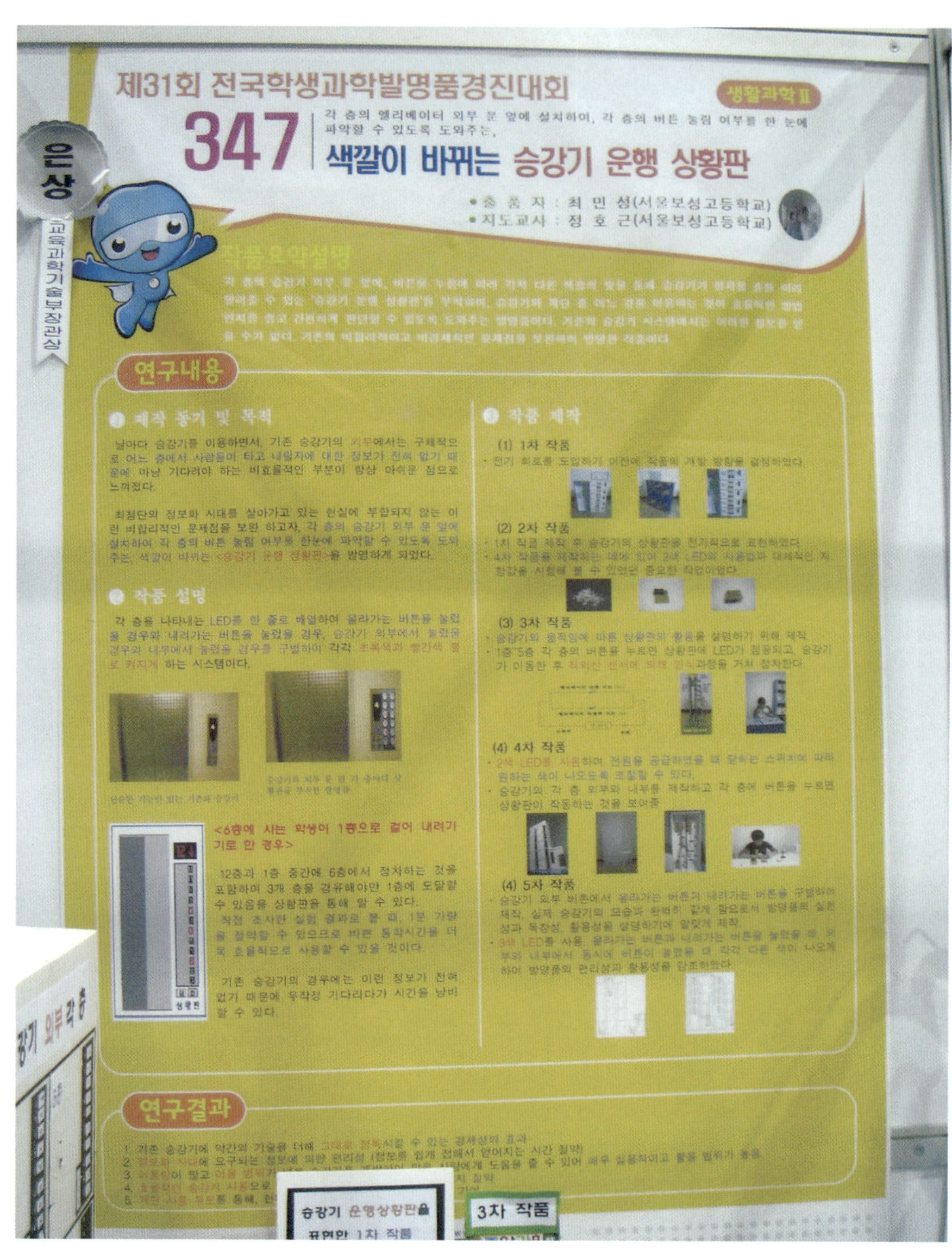

▶ 전국학생과학발명품경진대회에 전시한 '색깔이 바뀌는 승강기 운행 상황판'

4. 수업에서 찾은 아이디어

1) 수학 공부에서 찾은 발명
'셈놀이보다 쉬운 과학완구 적분기'

형식이에게는 평소 수학에 관심이 많은 사촌동생이 있습니다. 동생이 어린이 과학책을 읽다가 우연히 '적분'과 '미분'이라는 단어를 보고 그 뜻이 궁금하여 질문했습니다. 하지만 형식이도 실질적인 계산 방법에만 익숙할 뿐, 실제로 아이들에게 어떤 방식으로 적분을 설명해야 할지 난감했습니다.

형식이는 수학책을 찾아보고 적분 개념 설명에 중요한 키워드가 '면적'과 '무한소'라는 것을 알았습니다. 즉, 그래프나 도형의 적분값이 면적을 의미한다는 점과 무한히 폭이 작아지는 막대로 가득 채웠을 때 점점 실제 넓이에 근접한다는 무한소의 개념을 알게 된 것입니다. 형식이는 사촌동생이 어떻게 이 내용을 쉽게 이해할 수 있을까 궁리하다가 '아이들이 좋아하는 블록이나 구슬로 개념을 설명하면 이해에 도움이 되지 않을까?'라는 생각을 하게 되었습니다.

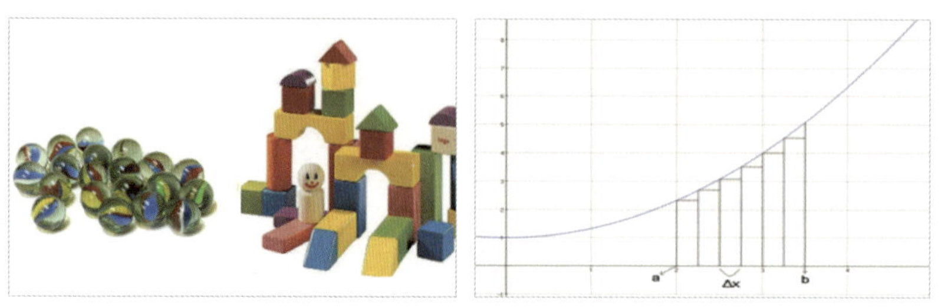

▶ **발명품의 구상 단계 설명: 구슬 블록**(좌), **적분**(우)

　형식이는 보다 구체적으로 '넓이'의 개념을 설명하기 위해, 아이들이 흔히 접하며 그 넓이를 계산할 수 있는 도형을 작은 블록으로 채워봄으로써 '넓이 공식'에서 자연스럽게 '적분'의 개념으로 넘어가도록 유도하였습니다. '무한소'의 개념을 설명하기 위해서는, 크기가 다른 네 가지 블록을 만들어 입자의 크기가 작아질수록 실제 면적에 근접한다는 것을 경험으로 알 수 있도록 하였습니다.

　형식이는 수학적 지식이 부족한 학생들에게 수식으로 적분을 가르치기 전에 놀이를 통하여 적분을 느껴보고, 경험으로 이해하도록 하여 적분의 개념 확립과 이해력 향상을 도모하고자 발명에 도전합니다. 이 연구 과정을 통해 만든 발명품이 '셈놀이보다 쉬운 과학완구 적분기'입니다.

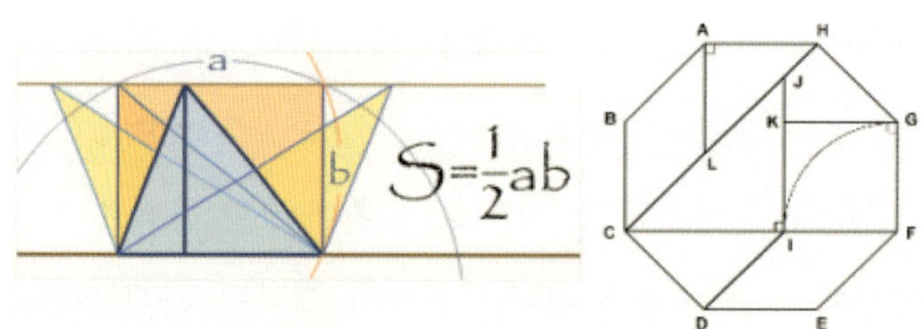

▶ **아이들이 접하는 여러 가지 도형**

이 발명품은 난이도에 따라 상급자용과 초급자용으로 나뉘는데요. 상급자용은 초등학교 고학년 및 수학에 대한 이해도가 떨어지는 중, 고등학생을 대상으로 하는 발명품으로, 블록을 통하여 적분에 대한 개념 숙지와 무한소의 개념 파악에 그 목표가 있습니다. 초급자용은 초등학교 저학년 및 기타 수학에 대한 이해도가 떨어지는 학생을 대상으로 하는 것으로, 구슬을 이용하여 흥미를 유발함으로써 적분에 대한 기본 개념 숙지가 목표입니다.

또한, 부수적 목표로는 공식으로만 암기하고 이해했던 도형의 면적을 실제로 블록을 채워가며 구해봄으로써 이론과 실제가 일치함을 확인하고, 놀이를 통하여 수학 및 공학 분야의 학습에 대한 거부감을 완화하는 것입니다.

항목	상급자용	초급자용
대상	• 초등학교 고학년 • 적분에 대한 이해가 떨어지는 중, 고등학생	• 초등학교 저학년 • 적분에 대한 이해가 떨어지는 모든 학생 및 수학에 대한 흥미 유발이 필요한 학생
학습목표	• 적분의 기본 개념 파악 • 무한소의 개념 파악	• 적분의 기본 개념 파악
수단	• 네 가지 종류의 블록	• 한 가지 종류의 구슬

단계	설명
1	본체의 우측 측면 상단에 있는 전원 스위치를 이용하여 본체에 전원을 인가한다.
2	아크릴 관을 통하여 구슬을 투입한다.
3	이때 전면의 LED 패널을 통하여 도형의 모양을 확인한다.
4	구슬을 받치고 있던 판을 제거하여 본체의 하부로 모든 구슬이 떨어져 모이도록 한다.
5	빗면을 따라 내려오는 구슬들을 확인할 수 있다.
6	구슬을 모아 수량을 파악함으로써 LED 패널을 통하여 보았던 도형의 넓이를 파악한다.

▶ 적분기의 사용 방법

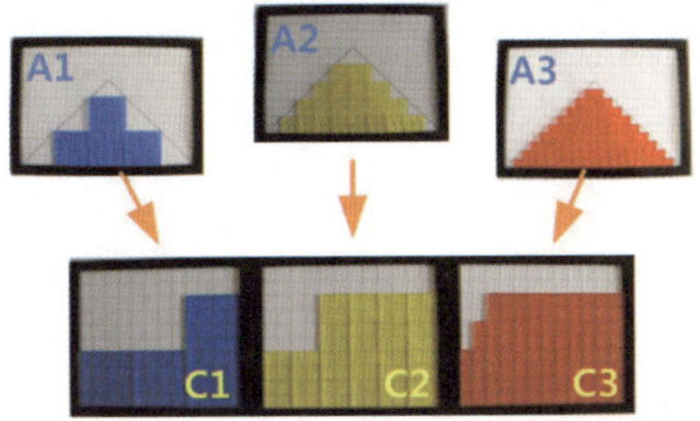

A(A1,A2,A3)에 제공된 혹은 직접 작성한 그림을 넣고 모양에 맞추어 블록을 채운 뒤 이를 그대로(모든 블록을) C(C1,C2,C3)로 옮기면 구하기 쉬운 넓이로 환산할 수 있다. 이때 블록의 크기를 달리해 가며 반복해 보면 블록의 크기가 작아짐에 따라 실제 넓이에 근접한다는 '무한소'의 개념을 파악할 수 있다.

상급자용과 다르게 전면부에 직접 원하는 그림을 그려 넣고 구슬을 투입하여 모양과 일치하도록 만든 뒤 모든 구슬을 빼내면서 수량을 파악하여 넓이로 환산할 수 있다. 이때 센서가 구슬의 수량을 자동으로 파악해 주며, LED가 점등되어 아이들의 흥미를 유발할 수 있다.

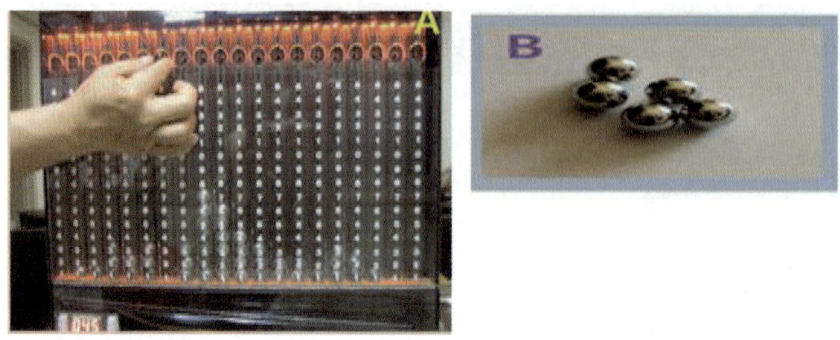

▶ 적분기의 구성

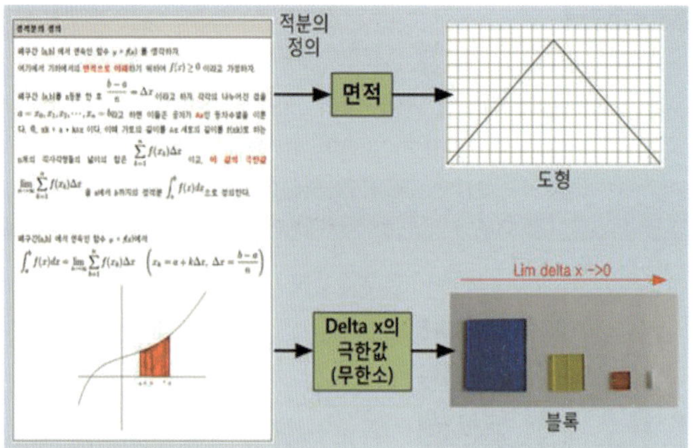

▶ 발명에서 사용하는 적분의 개념

본 발명의 핵심 아이디어 중 하나인 '면적'과 적분의 연관성에 관하여 초등학교 수학 교과서를 참고하면 아래와 같은 내용을 확인할 수 있다.

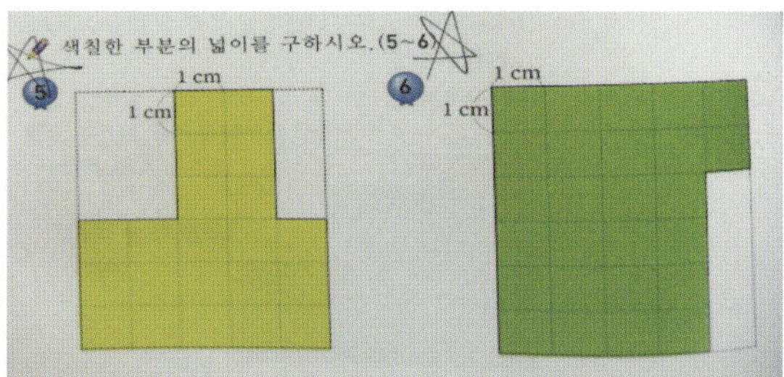

▶ **초등학교 수학 교과서에서 찾은 적분의 개념**

위의 문제는 일정한 넓이의 사각형 수량을 파악함으로써 큰 도형의 면적을 구하는 것으로, '적분의 개념 익히기'와 동일한 목적 및 학습 효과를 지닌다. 이는 본 발명이 실제 초등학생들의 학습 활동에 활용될 가능성이 높다는 것을 의미한다.

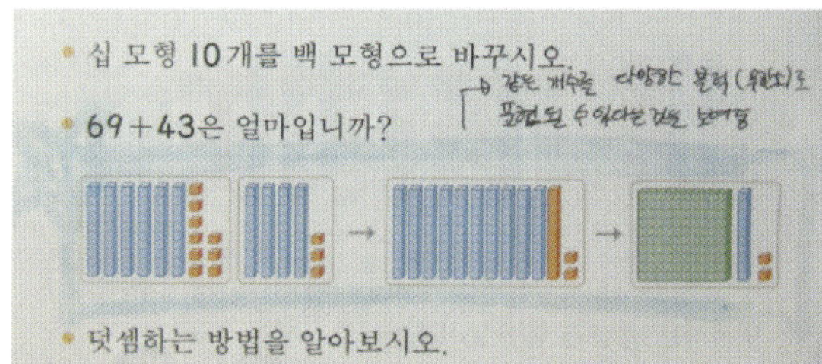

▶ **초등학교 수학 교과서에서 찾은 무한소의 개념**

위 그림의 내용은 같은 수량을 여러 종류의 블록으로 나타낼 수 있다는 것을 보여 준다. 이는 '무한소의 개념'의 초기 도입 개념으로, 본 발명을 통하여 학습할 수 있다. 이 또한 본 발명의 실제 활용 가능성이 높음을 증명해 준다.

그럼 형식이의 연구 노트를 살펴봅시다!

1. 아이디어의 구체화 단계

본격적인 제작에 앞서 어떻게 발명 아이디어를 실제로 구현하여 나타낼 것인지 직접 도면으로 그리면서 구상하였다.

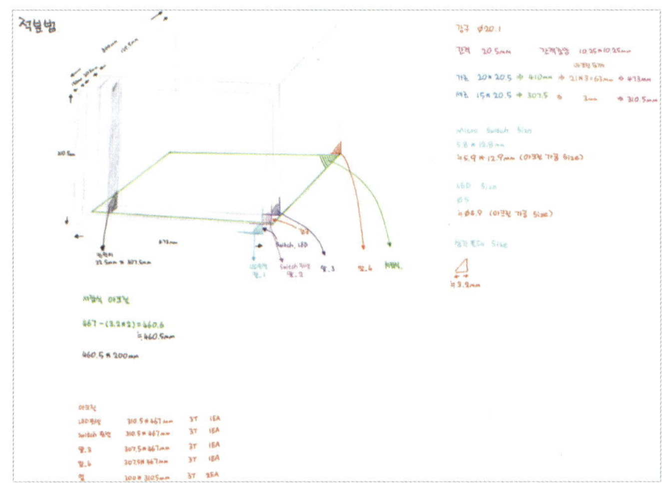

▶ 초급자용 적분기의 설계 도면

핵심 아이디어는 두 번째 아크릴판과 세 번째 아크릴판 사이의 간격이 구슬 직경보다 조금 큰 여러 개의 구멍이 일렬로 배치되어 있는데, 이 구멍에 구슬을 집어넣으면 첫 번째 아크릴판에 장착되어 있는 LED가 점등되어 구슬을 넣은 숫자만큼 막대그래프와 같은 형태로 표시해 주는 것이다. 따라서 여러 개의 구멍에 구슬을 넣어가며 원하는 형태의 도형을 LED 패널(첫 번째 판의 전면부에 달린 다수의 LED)을 통하여 만들 수 있다. 이후에 모든 구슬을 빼내어 그 수량을 파악함으로써 LED 패널에 표시되었던 도형의 넓이를 파악할 수 있다.

2. 상급자용 적분기를 통한 적분의 개념 익히기

* 삼각형 모양 / 넓이가 1인 블록 기준으로 설명하였다.

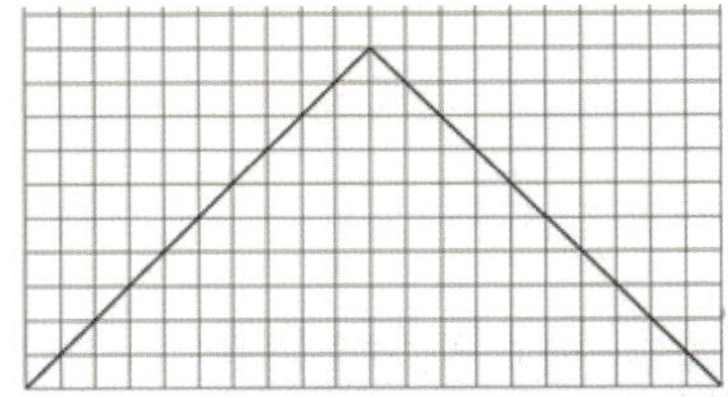 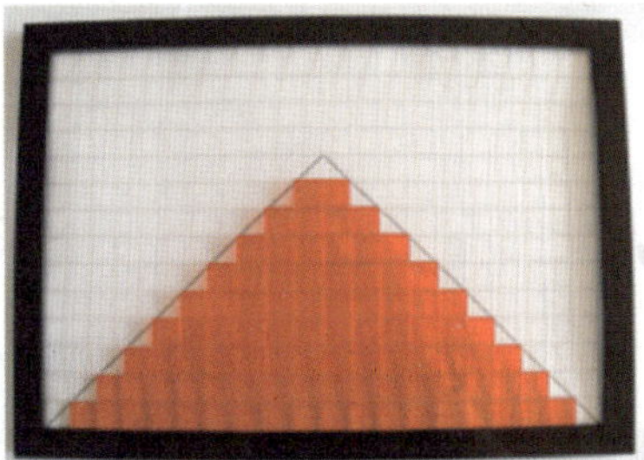

▶ **삼각형(좌)과 넓이 1인 블록으로 채운 모습(우)**

$$S = \frac{1}{2} \times 20 \times 10 = 100$$

이를 넓이가 1인 블록으로 가득 채운 뒤 넓이를 구하는 판으로 옮기면 오른쪽 그림과 같다.

그림에서 볼 수 있듯이 넓이가 1인 블록의 총개수는 90개이고, 이를 통하여 삼각형의 넓이가 90임을 알 수 있다.

실제 넓이와 적분기를 통하여 구한 넓이가 차이가 나는 것에 대해서는 학생들과 같이 토론한다.

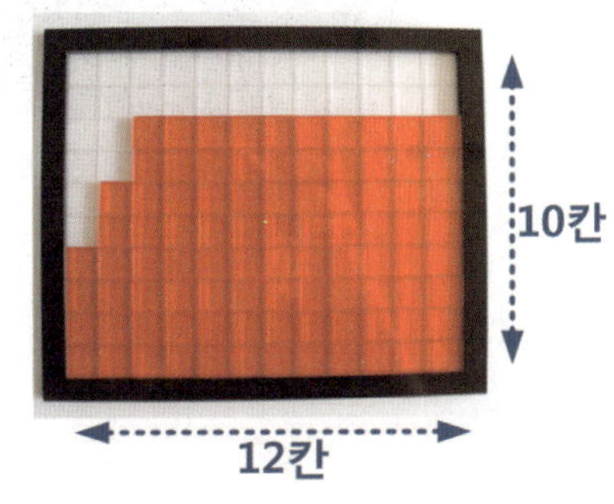

▶ **넓이 구하는 판에 옮긴 모습**

3. 초급자용 적분기를 통한 적분의 개념 익히기

* 삼각형 모양 기준으로 설명하였다.

우리가 흔히 알고 있는 삼각형의 넓이 구하는 공식을 통하여 267쪽에 있는 삼각형의 넓이를 구하면 다음과 같다.(한 칸의 가로 세로를 1로 간주)

$$S = \frac{1}{2} \times 20 \times 10 = 100$$

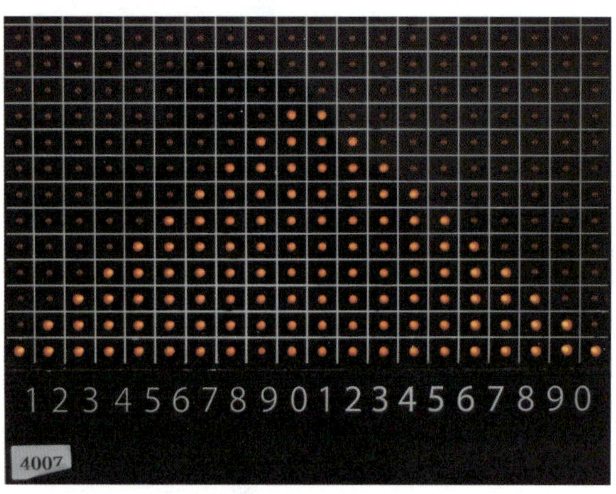

▶ 초급자용 적분기를 통하여 삼각형을 구현한 모습

그림에서 볼 수 있듯이 점등된 LED의 총개수는 90개이고, 이를 통하여 삼각형의 넓이가 90임을 알 수 있다.

실제 넓이와 적분기를 통하여 구한 넓이가 차이가 나는 것에 관해서는 무한소의 개념 익히기를 통해 이야기할 수 있다.

5. 장애인과 노약자를 위한 아이디어

▶ 도쿄 2020 패럴림픽 보치아 BC3 페어 금메달 시상식
(출처: 대한장애인보치아연맹)

사진은 2020년 도쿄 패럴림픽에서 금메달을 수상한 자랑스러운 대한민국 대표 선수들입니다. 바로 '보치아'라는 종목에서 금메달을 땄는데요. 많은 사람에게 생소한 운동인 보치아는 고대 그리스의 공던지기 경기에서 유래하였고, 가죽으로 된 공을 던지거나 굴려 표적구와의 거리를 비교하여 점수를 매겨 경쟁하는 구기 스포츠입니다. 보스(boss)를 의미하는 라틴어 bottia에서 유

래한 보치아(Boccia)는 이탈리아어로 공을 뜻합니다. 뇌성마비 장애인, 특히 뇌성마비 1~2등급의 중증장애인을 위한 경기 종목으로 고안되었고, 현재는 각종 운동 기능 장애를 겪고 있는 장애인이 많이 참여하고 있습니다.

▶ 보치아 경기

현재 우리나라의 장애인학교에서는 보치아가 널리 보급된 운동 중 하나로, 남녀 구분 없는 혼성 경기로 진행되고 있습니다. 그리고 우리나라는 2024년에 패럴림픽 보치아 10연패라는 쾌거를 이루어냈습니다. 정말 자랑스럽습니다!

여러분은 보치아를 알고 계셨나요? 몰랐다면 지금부터 우리 주변에 있는 많은 장애인을 이해하기 위해 노력하기를 바랍니다. 그리고 함께 다양한 발명 활동을 해보면 좋을 것 같습니다.

우리 주변의 장애인을 도와줄 수 있는 방법을 찾아 노력해 봅시다. 장애인이 겪는 어려움을 여러분이 발명으로 해결해 줄 수 있습니다. 발명은 함께 살아가는 우리 주변 사람들을 도와주는 방법입니다. 발명은 '사랑과 배려의 손 길'입니다. 장애인을 위한 발명에 도전해 보세요!

1) 시각장애인을 위한 발명

'시각장애인을 위한 방향 지시형 유도블록'

우리 주변에서는 장애인을 위한 공공 편의시설을 많이 볼 수 있습니다. 그 중에 우리가 보행 시 흔히 볼 수 있는 시각장애인을 위한 점자유도블록이 있습니다. 민석이는 횡단보도를 건널 때마다 점자유도블록의 역할과 기능에 대해 의구심이 들어 조사해 보니 이 시설이 잘못 설치된 경우가 많음을 알 수 있었습니다. 특히 인도 및 횡단보도 앞에 설치된 점자유도블록이 올바른 방향을 지시하지 못함으로 인해 시각장애인들에게 교통사고 등 피해를 줄 우려가 있었는데요. 민석이는 이런 문제를 개선할 수 있는 방법을 찾아 시각장애인들의 불편과 위험을 줄이고 보행 안전을 위하여 이 발명 연구를 하게 되었습니다.

▶ **횡단보도의 방향과는 다르게 표시된 유도블록**

위 그림과 같이 잘못 설치되어 있으면 앞을 못 보는 시각장애인에게 아주 큰 위협이 될 수 있다.

외국의 사례는 어떨까요? 민석이는 외국의 사례를 조사하였습니다. 유도블록은 영어로 'braille block'이라고 하는데, 크기와 형태가 우리와 다르지 않고 색상도 대부분 노란색이었습니다.

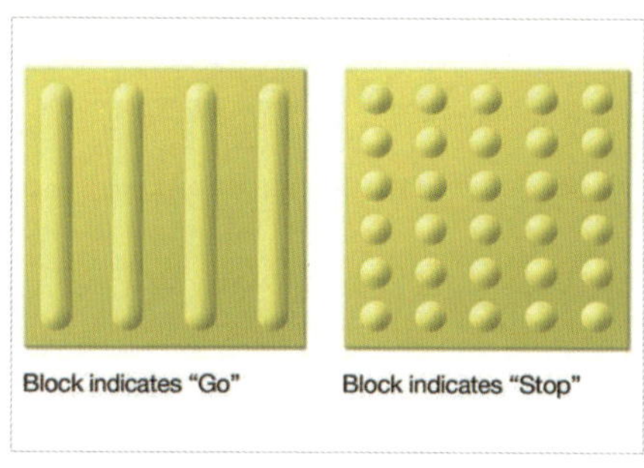

▶Block indicates "Go": "이동"을 의미하는 블록, Block indicates "Stop": "멈춤"을 의미하는 블록
돌기 형태가 둥글게 되어 있는 유도블록으로 미끄러질 염려가 있어 보인다.(좌)
선형블록의 선이 연결되어 있고, 선과 점의 혼합형이 있는 특이한 블록이 있다.(우)

(일본)횡단보도 중앙에 점형으로 변형시킨 블록을 설치하였다.(좌)
선형블록을 지그재그 모양으로 만들어 독특하나 점형과 구별하기 어려울 수 있다.(우)

(중국)돌기의 크기를 줄이고 개수를 늘린 블록으로 기능은 동일하다.(좌)
점형 돌기에 LED 조명등을 설치한 블록으로 야간에 비장애인에게도 유용하고 가로등과 연계하여 사용하게 되어 있다.(우)

외국의 사례를 조사해 보아도, 사용하는 형태는 다양했지만 방향을 알려주는 형태의 장애인 유도블록은 찾아볼 수 없었습니다. LED를 이용한 유도블록은 유지비용이 문제겠지만 저시력자나 야간보행 시 비장애인에게도 유용하게 적용될 것으로 생각됩니다. 그러면, 우리 주변의 유도블록은 어떨까요?

유도블록의 색상은 무엇일까요?

노란색입니다. 시각장애인 중 1급 전맹은 약 20~30%, 저시력 장애가 약 70~80%이며, 색맹자와 저시력자들은 노란색(황색)이 잘 보인다고 합니다. 현행법규에 따라 장애인 유도블록에는 노란색을 사용해야 하며, 저시력자에게 가장 좋지 않은 것은 현휘(눈부심) 현상이라고 합니다.

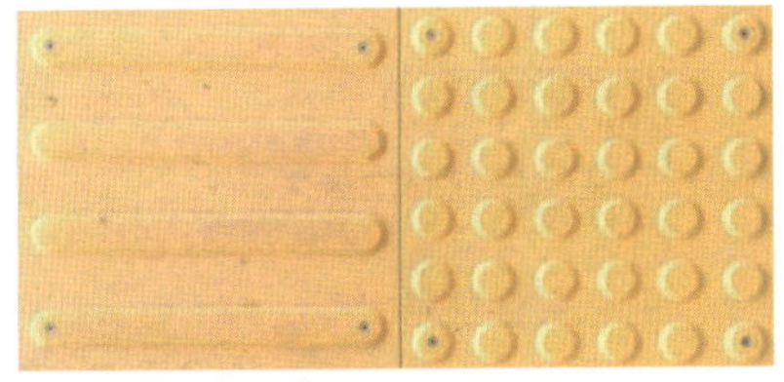

▶ 노란색 장애인 유도블록

유도블록의 요철 모양은 무엇일까요?

블록의 요철은 시각장애인이 보행 상태에서 발바닥이나 지팡이의 촉감으로 그 존재 및 형태를 확인할 수 있는 중요한 부분입니다. 각지지 않은 원형, 그중에서도 단면이 완만한 형태가 외부 힘이 가해져도 안정적이어서 변형이 작은 구조인 현재의 형태가 만들어졌어요.

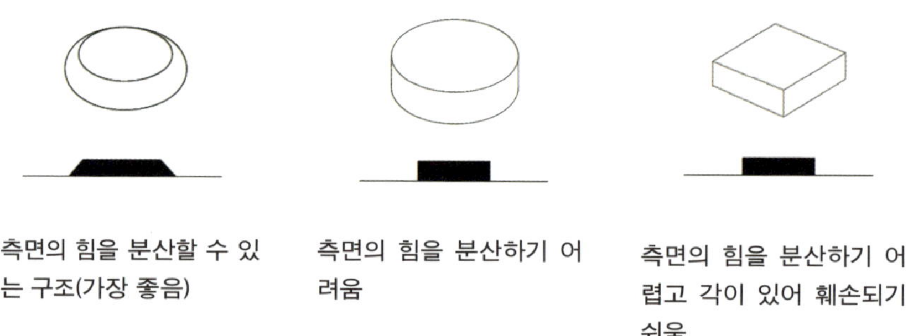

측면의 힘을 분산할 수 있는 구조(가장 좋음)

측면의 힘을 분산하기 어려움

측면의 힘을 분산하기 어렵고 각이 있어 훼손되기 쉬움

유도블록의 방향성은 무엇일까요?

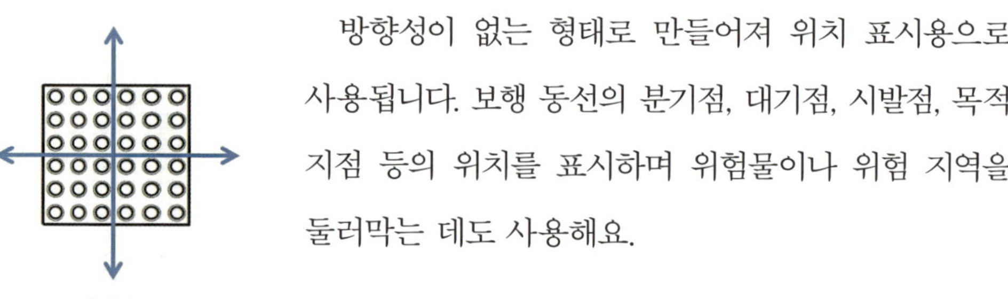

점형블록

방향성이 없는 형태로 만들어져 위치 표시용으로 사용됩니다. 보행 동선의 분기점, 대기점, 시발점, 목적 지점 등의 위치를 표시하며 위험물이나 위험 지역을 둘러막는 데도 사용해요.

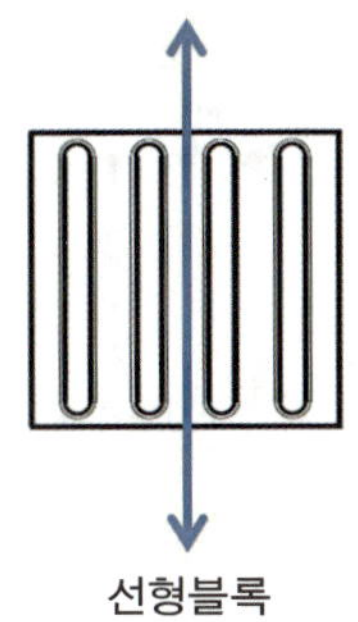

선형블록

방향성이 있는 형태로 방향 표시용으로 사용됩니다. 보행 동선의 분기점, 대기점, 시발점에서 목적 방향으로 일정한 거리까지 설치하여 정확히 방향을 잡는 데 사용됩니다.

현재 유도블록의 문제점이 무엇일까요?

현재 두 가지 형태의 유도블록만으로는 횡단보도와 연석이 직각이 아닐 경우와 횡단보도의 연석이 곡선으로 되어 있을 경우, 시각장애인에게 올바른 보행 방향을 알리기에 부족한 점이 있음을 알 수 있습니다. 이러한 문제를 기반으로 민석이는 새로운 유도블록을 생각했습니다.

분기점이나 멈춤 표시에 사용하는 점형 유도블록에 다음 진행 방향을 지시하는 기능을 넣는 방안을 착안하여 문제점을 해결하기 위해 노력하였습니다. 그리고 방향 지시형 유도블록을 제안했습니다.

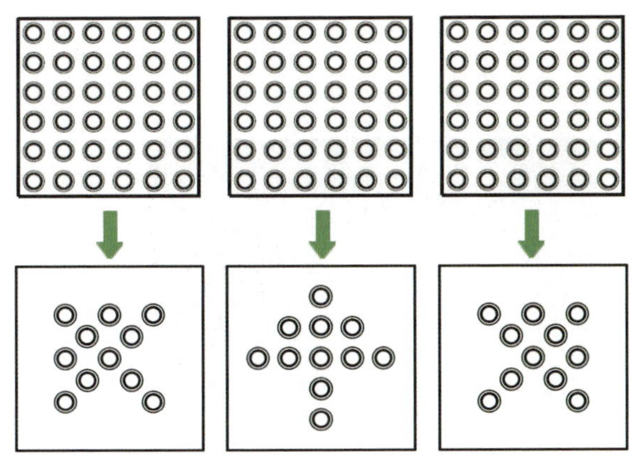

기존의 방향성 없는 형태의 점형블록의 문제점을 확인하였다.

방향을 설정하여 사용할 수 있게 개선하였다.

다음은 방향 지시형 유도블록의 사용 방법입니다. 단계별 진행 방향은 화살표 방향과 같습니다.

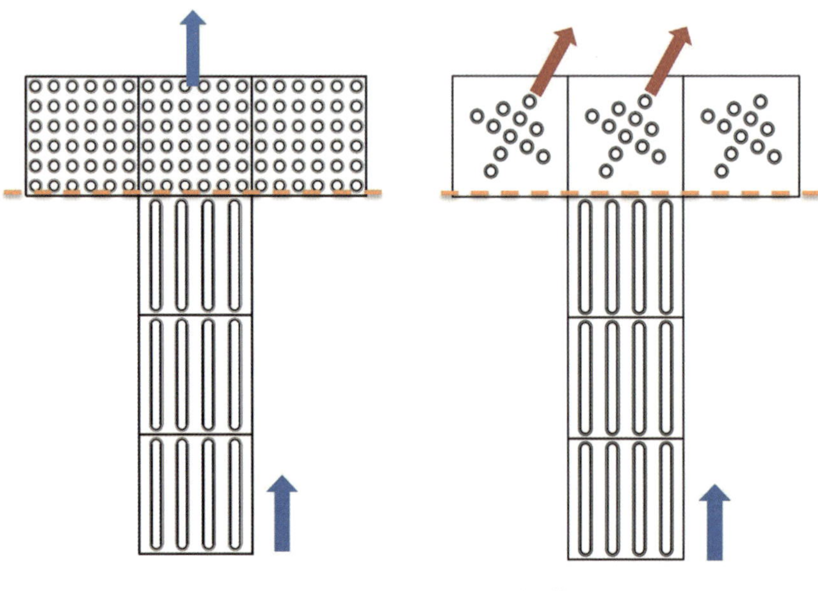

▶ **기존 형태의 조합**(직진만 안내 가능)   ▶ **개선안의 조합**(직진 후 방향 전환 안내 가능)

민석이는 실물을 제작하기 전에 여러 형태의 방향 지시형 유도블록 모형을 우드록으로 만들어 확인하였습니다.

1. 밑그림 종이에 작도

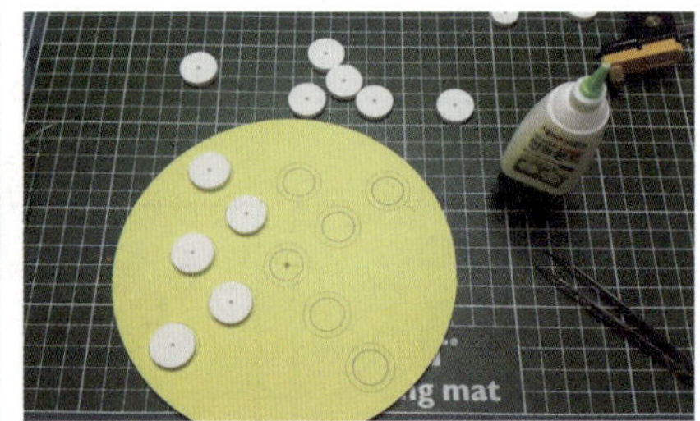

2. 우드록 제작 붙임

3. 노란 색지 붙임

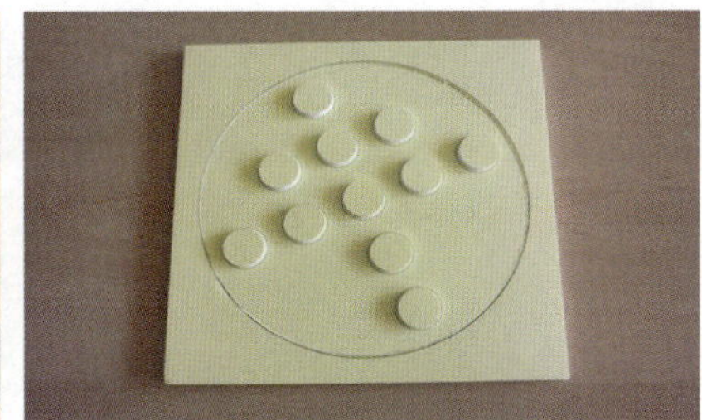

4. 모형 완성

① 1차 제작(고정형 유도블록)

직진 지시형 블록과 좌우 45도 방향 지시형 블록을 각각 제작하여 사용하는 방안을 제안했습니다.

1차 제작 모형	직진 지시형 (직진 지시 블록)	좌우 45도 지시형 (방향 지시 블록)	방향이 한정되어 있고 각각 제작하여 사용해야 하므로 경제성이 떨어진다.

② 2차 제작 (팔각 회전형 유도블록)

여덟 방향으로 회전할 수 있게끔 팔각형 형태로 제작하여 사용하는 방안을 제안했습니다.

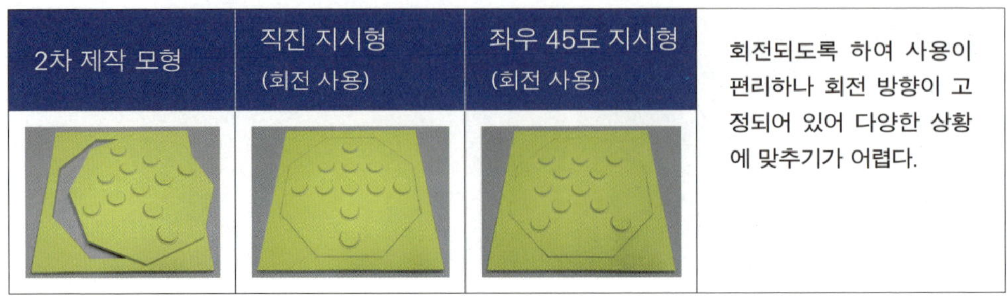

③ 3차 제작(원형 회전형 유도블록)

자유롭게 회전할 수 있게끔 원형으로 제작하여 사용하는 방안을 제안했습니다.

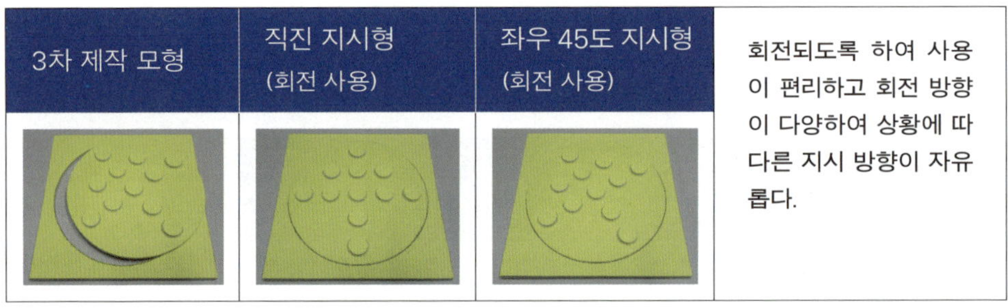

방향 지시를 회전형으로 제작한 3차 제작 모형이 만들기도 단순하고 여러 가지 도로 상황에도 대처하기에 적합하다고 판단되었습니다. 그래서 원형 회전형 유도블록으로 실물 모형을 제작하여 실험을 진행하였습니다.

다음으로는 회전되는 방향 지시형 유도블록의 요철 돌기 형태 및 색상 연구를 진행하였습니다.

- 설명: 회전판 위에 노란색 돌기와 철 돌기를 사용해 화살표 모양의 유도블록을 만들었다.
- 장점: 전맹이 아닌 시각장애인들은 철로 된 화살표 모양을 인식할 수 있다.
- 단점: 지팡이나 발의 촉감에 의지하는 사람은 차이를 느끼기 어렵다.

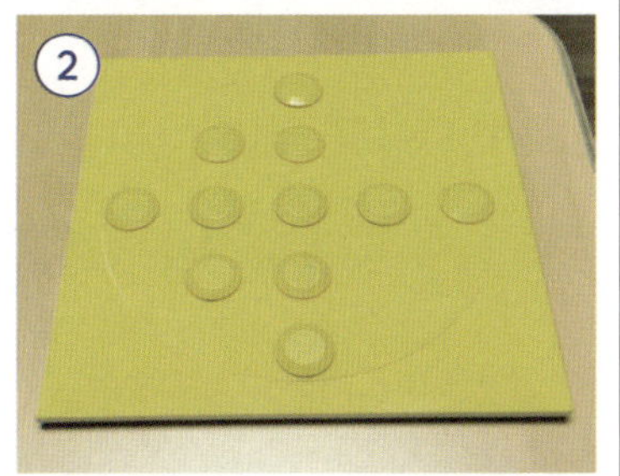

- 설명: 노란색 돌기만을 사용하여 화살표 모양을 만들었다.
- 장점: 깔끔하고, 지팡이에 의존하는 사람도 쉽게 모양을 느낄 수 있다.
- 단점: 색깔이 눈에 잘 띄지 않아서 전맹이 아닌 사람도 지팡이나 발에 의지해야 한다.

- 설명: 노란색 돌기와 철 돌기를 사용하되, 철 돌기로 화살표의 테두리를 강조하여 보다 쉽게 방향을 인식할 수 있게 하였다.
- 장점: 모든 사람이 방향을 쉽게 알 수 있다.
- 단점: 거의 없다. 단, 빛 반사를 고려해 철 돌기 대신 빨간색이나 검은색 등 유색 돌기로 교체하도록 한다.

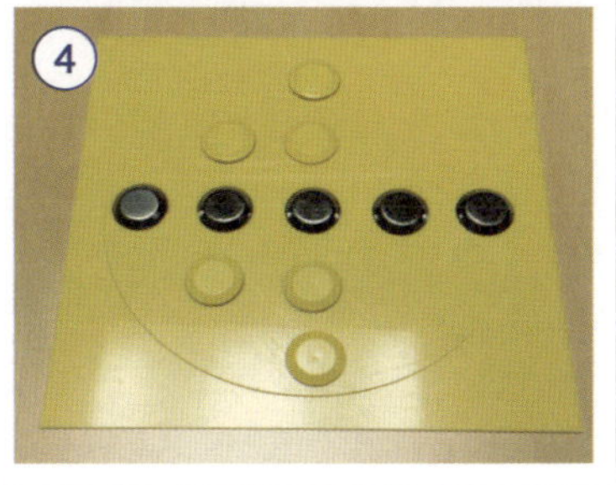

- 설명: 화살표를 노란색 돌기와 철 돌기로 만들었는데, 방향을 철 돌기로 선명히 표시했다.
- 장점: 방향을 지시하는 데 도움이 된다.
- 단점: 직선이어서 앞쪽으로 가라는 것인지 뒤쪽으로 가라는 것인지 오해의 소지가 있다.

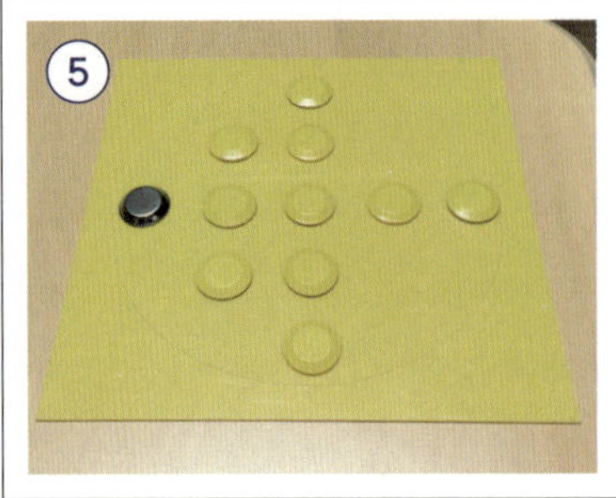

	- 설명: 노란색 돌기로 화살표를 만들고, 맨 앞은 철 돌기로 마무리했다. - 장점: 깔끔하게 맨 앞만 강조하여 방향을 표시할 수 있다. - 단점: 너무 단순해서 정확한 방향을 알기 어렵다.

여러 가지 형태의 장단점을 비교한 후에 단점이 거의 없는 ③번 모형을 선택하였습니다. 그리고 제작된 회전 방향 지시형 유도블록의 효율성을 실험을 통해 확인하였습니다.

① 효율성 실험 1

가) 실험 설계

- 실험 주제: 회전 방향 지시형 유도블록의 방향을 인식할 수 있을까?
- 실험 방법:

  Ⓐ 각기 다른 네 방향을 가리키는 회전형 유도블록 실험 모형에 번호를 매겨 준비한다.

  Ⓑ 실험자마다 무작위로 모형 번호를 뽑아 눈을 가리고 블록 위를 걸으며 방향을 찾아본다.

  Ⓒ 방향을 인지하는 횟수를 결과표에 기록한다.

  Ⓓ 위의 실험을 실험자당 10회씩 실시한다.

나) 실험

Ⓐ 사용한 회전 방향 지시형 점자 모형 실험 모형지

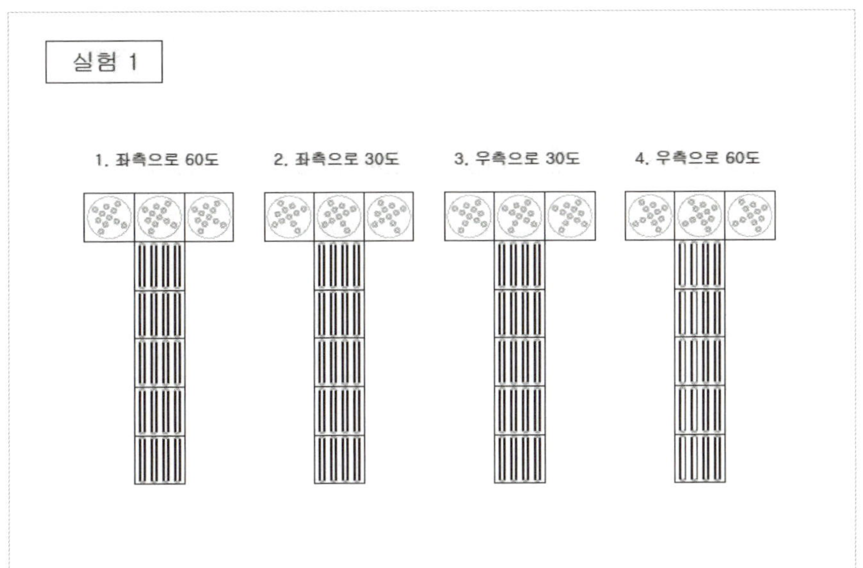

Ⓑ 실험 사진

회전형 유도블록 설치 및 실험

다) 실험 결과표

실험자	선택안	실험 횟수										인지 횟수
		1	2	3	4	5	6	7	8	9	10	
A	1	○								○	○	9/10
	2					○			○			
	3		○				X					
	4			○	○			○				
B	1				○					○		8/10
	2	X	○					○				
	3			○		○					○	
	4						○		X			
C	1	X							○			8/10
	2		○	○	X						○	
	3						○	○				
	4					○				○		
D	1	○			○	○				○	○	10/10
	2			○			○		○			
	3		○									
	4				○			○				
E	1					○			X			9/10
	2			○							○	
	3	○			○		○	○				
	4		○							○		

② 효율성 실험 2

가) 실험 설계

- 실험 주제: 실제 상황에서는 회전형 유도블록이 효과적일까?

- 실험 방법:

  Ⓐ 횡단방향과 선형블록 방향이 다른 실제 횡단보도를 재현하여 설치한다.

  Ⓑ 회전 방향 지시형 유도블록이 올바른 횡단방향을 지시하도록 설치한다.

  Ⓒ 방향을 인지하는 횟수를 결과표에 기록한다.

  Ⓓ 위의 실험을 실험자당 세 번씩 실시한다.

  Ⓔ 횡단보도 및 블록의 형태를 바꾸어 위의 실험을 반복한다.

나) 실험

Ⓐ 사용한 실제 횡단보도 앞 유도블록 모형

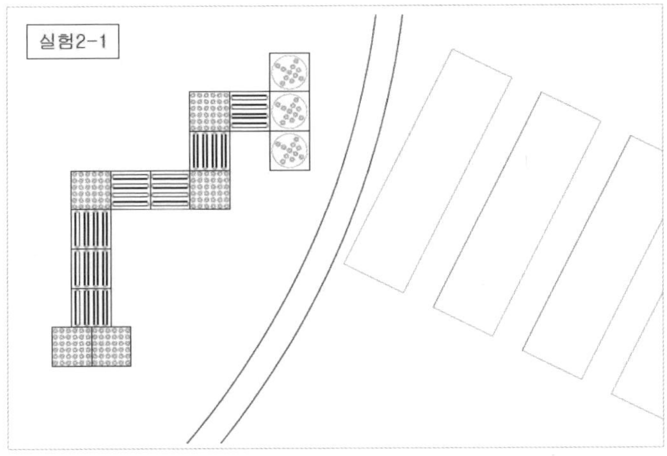

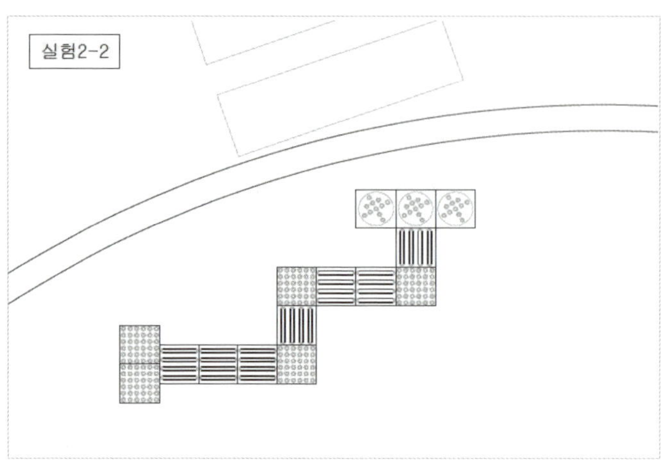

Ⓑ 실험 사진

횡단보도 및 유도블록 설치 및 실험

다) 실험 결과표

실험자	실험 횟수										인지 횟수
	1	2	3	4	5	6	7	8	9	10	
A	X	○	○	○	X	○	○	○	○	○	8/10
B	○	X	○	○	○	○	○	○	○	○	9/10
C	X	○	○	X	○	○	X	○	○	○	7/10
D	X	○	○	○	○	○	○	○	○	○	9/10
E	○	X	○	○	○	○	○	○	○	○	9/10

결과적으로 현재 사례를 통해 시각장애인을 위한 보행 편의시설인 유도블록이 횡단보도의 형태에 따라 시각장애인의 보행에 도움이 되지 않는 경우가 많음을 알 수 있었습니다. 현재 점자블록의 문제를 보완하기 위해 제작한 회전식 방향 지시형 유도블록의 규격은 아래의 표와 같습니다.

회전 방향 지시형 유도블록 규격			
몸체 규격	30cm×30cm		
돌출점의 수	11개		
돌출점의 높이	0.6±0.1cm		
돌출점의 형태	원뿔 절단형		
돌출점의 규격	직경 3.5cm		
돌출점 및 몸체 색상	노랑	방향 표시부 색상	빨강
특징	중앙의 원형 회전판에 화살표 모양의 돌출점이 있는 형태		

회전형 유도블록의 유효성 실험 결과는 아래의 그래프와 같습니다. 실험자별 인지 횟수를 막대그래프로 표현하였고, 실험자 평균 인지 횟수는 초록색 막대로 표시되어 있습니다.

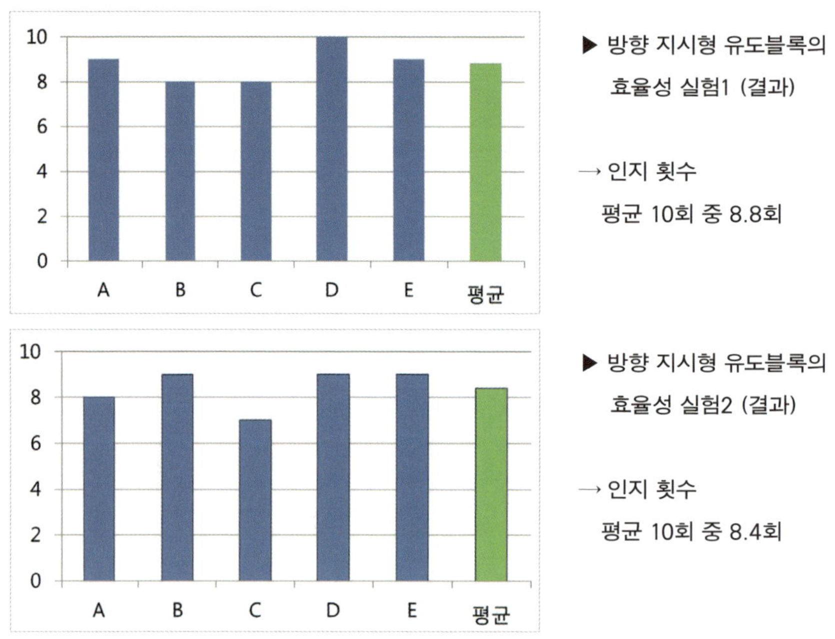

기존 유도블록의 문제를 보완하는 방법으로 회전식 방향 지시형 유도블록을 제작하여 실험한 결과, 회전형 유도블록은 현재 표준화된 유도블록과 같은 재질과 색상을 사용하되, 색 구분이 가능한 저시력자를 위해 방향을 지시하는 부분의 화살표 모양에 빛 반사가 되는 금속 재질의 돌기 대신 보색 대비가 강한 색을 입히는 것이 좋다는 것을 알 수 있었습니다.

회전형 유도블록의 유효성 실험 결과, 1차 실험에서는 평균 88%, 2차 실험에서는 평균 84%의 확률로 회전형 유도블록이 지시하는 방향을 인지하는 것으로 나타나 비교적 우수한 지시 효과를 가진 것으로 드러났습니다.

민석이는 발명 과정을 통해 '교차로나 횡단보도 앞의 기존 시각장애인용 유도블록이 장애인에게 올바른 보행 방향을 지시해 주지 못하므로 시각장애인에게 올바른 보행 방향을 알려줄 수 있는 방향 지시형 점자블록이 필요하다'라는 자신의 생각이 옳았다는 것을 알 수 있었습니다.

연구와 실험 결과, 고안한 회전이 가능한 방향 지시형 유도블록은 시각장애인이 도로와 수직으로 설치되지 않은 횡단보도를 건널 때 올바른 방향을 인지하도록 방향을 안내하기에 적합하다고 생각합니다. 점자블록은 세계에서 비슷하게 약속과도 같이 사용하고 있는 공공시설물이라 할 수 있습니다. 그러므로 유도블록, 그중에서도 점형블록의 틀에서 조금만 변형하여 서로 약속하여 사용한다면, 기존의 점자블록과 선형블록을 이용하여 시각장애인의 불편과 위험을 줄이는 역할을 할 수 있을 것으로 판단됩니다.

이 아이디어는 기존 유도블록의 문제점을 해결하고자 만들어졌습니다. 유도블록은 많은 사람의 약속으로 만들어 적용하고, 사용하는 공공 편의시설입니다. 그러므로 더더욱 정확하고 문제가 없어야 하는데, 기존 유도블록으로는 도로의 모든 문제 상황을 해결하기 어려운 게 현실입니다. 그런 이유로 전맹인 시각장애인은 아주 가까운 거리가 아니면 되도록 '시각장애인용 봉사 차량'으로 이동한다고 합니다. 민석이는 슬픈 현실이라 생각했고, 그래서 작은 변화로 이런 문제와 위험을 줄이는 발명 아이디어를 제출했습니다. 기존의 유도블록을 제대로 사용하고 이 방향 지시형 유도블록을 보완하여 적용한다면 많은 장애인의 안전이 더 보장되리라 생각됩니다. 또한, 색상을 넣거나 LED를 활용한다면 저시력자나 비장애인에게도 안전하게 안내를 하는 발명품이 될 것입니다.

　민석이는 장애인을 위해 설치된 편의시설이 오히려 장애인을 불편하거나 위험하게 만들 수 있다는 것을 탐구 과정에서 알게 되었습니다. 진정한 과학은 모든 사람이 평등하고 안전하고 행복하게 살기 위해 연구되어야 한다는 생각이 들었습니다. 민석이는 장애인들의 어려움을 조금이나마 변화시키기 위해 노력했다는 것에 많은 보람을 느꼈습니다.

☞ **중요한 점**
- 민석이는 마음이 따뜻한 학생입니다. 주변의 어려운 친구들의 문제점을 찾았습니다.
- 민석이는 연구 과정 중 발명품의 효과가 있는지 실험을 통해서 확인했습니다.

2) 외할아버지를 위한 발명

'구분, 구획과 픽토그램을 이용한 장애인용 언어 제작기'

　지훈이의 할아버지께서는 병상에 누워 몸을 움직이지 못하셨습니다. 지훈이는 그런 할아버지와 대화를 나누고 싶었지만, 눈빛만으로는 도저히 서로 의사소통할 수가 없었습니다.

　지훈이는 할아버지께 하고 싶은 말이 너무나 많았지만 아무 말도 못 하고 집으로 돌아오면서, '환자와 간병인이 자유롭게 의사소통할 수 있는 시스템이 있다면 얼마나 좋을까?' 하고 생각했습니다.

그로부터 얼마 후 지훈이는 TV로 다큐 프로그램을 봤습니다. 프로그램은 뇌성마비 환자인 자식을 간병하는 어머니의 내용이었습니다. 그 어머니는 자식과 대화하기 위해 국어책을 갖다 놓고서 말을 하나하나씩 짚어가며 대화하고 있었습니다. 그러나 오직 눈밖에 움직일 수 없는 아들에게서 사인을 받아 말을 만들기까지 굉장히 오랜 시간이 걸렸습니다. 게다가 아들이 무엇을 원하는지, 무엇을 하고 싶은지 뚜렷하게 이해할 수 없어서 아들과 어머니가 소통하는 데는 상당한 노력이 필요했습니다.

방송을 보던 지훈이는 '바로 그거야!' 하고 아이디어를 생각해 냈습니다.

[문제 & 아이디어]

1. 단순한 음절의 나열만으로는 말을 만드는 데 오랜 시간이 걸린다.
⟨Solution⟩
음절의 단순한 나열이 아닌, 행과 열에 따른 '구획 구분'과, 자주 조합하는 조합 구조만을 표시하여 '동의 여부'에 따라 기타 모음을 제작하는 두 단계의 과정을 통해 찾는 속도를 빨리하자.

2. 계속해서 말을 만들기에는 환자가 하고 싶은 말이 많다.

⟨Solution⟩

단순한 제작 틀 외에, 환자가 원하는 상태를 나타내 주는 말들을 따로 정리하자.

3. 말할 수도 없고 몸도 움직이지 못하는 환자가 정확히 요구하는 것이 무엇인지 자
세하게 이해하기 힘들다.

⟨Solution⟩

환자가 요구하는 행동이나 상태 등을 '픽토그램화' 하여 보기 쉽고 검색하기도 쉽게
만들자.

작품의 원리는 구획별로 글자를 분배하여 단순히 나열된 음절을 따라가는
것보다 훨씬 빠르게 글자를 찾을 수 있도록 한 것입니다. 또한, 자주 사용하는
단어는 따로 정리할 수 있으며 실제로 이용할 수 있는 말의 합성 구조별로 분
류하여 사용의 효율성을 높였습니다.

이 발명품은 신체의 그림을 이용하여 '요구사항'과 '외부 상태' 등을 가장
빠른 속도로 가장 정확하게 짚어낼 수 있습니다. 본 발명품의 '요구사항'과 '외
부 상태' 목록은 실제로 간병인들이 자주 사용하는 말들을 조사하여 추려낸
것입니다.

이 작품은 고통받는 환자들이 최대한 빨리 의사를 전달하기 위한 발명품으
로서 글자의 블록식 구획 구분과 요구사항, 외부 상태의 '픽토그램화'에 큰 의
미가 있습니다.

이 아이디어는 장애인의 언어 제작에 효율적으로 사용하기 위한 것이므로,

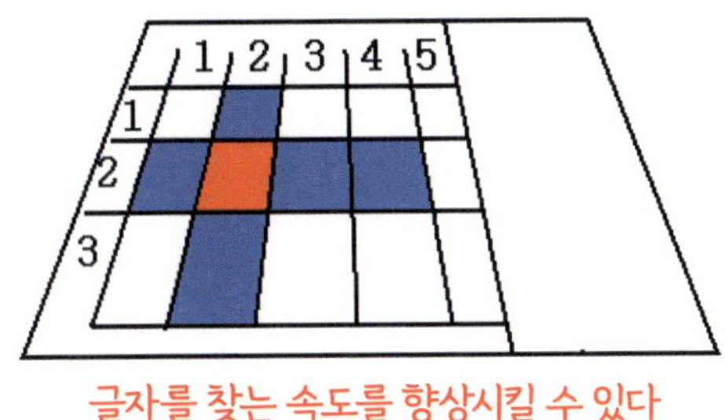

▶ 기본 아이디어의 모습

지식적인 측면의 창의성이 강조된 작품입니다. 따라서 물리적, 금전적 요소가 매우 적게 들어가 쉽게 제작할 수 있는 매우 경제적인 작품입니다. 또한, 필요에 따라서 작게 만들 수도 있어서 높은 휴대성을 자랑합니다.

지훈이는 다음과 같은 과정으로 발명품을 만들었습니다.

첫 번째, 자모 조합 방법 선택입니다. 자모 조합 방법에서 가장 고민한 것은 '특수 경우를 제외한 자모의 시각화'인가 아니면 '천지인 표기법의 사용'인가 였습니다.

자모의 단순 시각화가 단순 나열과 다른 점은 '구획 구분법'과 자주 조합하는 구조의 구분입니다. 이와 반대로 천지인 표기법을 사용한다면 전체적인 표기 방식이 'ㆍ' 표식 하나로 대체되기 때문에, 표기법의 선택은 본 발명품의 진행 방향에 크나큰 영향을 미치는 중요한 과정이었습니다. 그러나 주요 사용 대상이 장애인, 뇌성마비 환자 또는 루게릭병 환자 등이라는 점을 고려하여, 눈을 통한 의사전달만으로는 의사소통이 쉽지 않고 결국 말의 제작 시간을 더 길게 만들 수 있다는 단점을 지닌 천지인 표기법을 포기하고 글자의 구획 구분법을 선택하게 되었습니다.

두 번째는 자음과 모음의 구획 구분입니다. 초기 자모의 구분법은 조금 복잡했습니다. 자음은 '거센소리'를 제외하고는 사용 빈도가 높은 순서대로 나열하였기 때문에 괜찮았습니다. 그러나 모음의 경우 상당히 복잡했습니다. 천지인 표기법을 포기한 상태에서 할 수 있는 방법은 '단모음'과 '복모음'을 구분하는 것이었습니다. 그러나 단모음의 경우 자음의 종류에 따라서 실제로 자주 조합하는 구조가 달랐기 때문에, 구획이 나뉜 자음의 블록마다 모음체계가 붙게 되었습니다. 게다가 복모음의 경우 양성 모음은 ㅘ, ㅑ 등이 있고 음성 모음은 ㅝ, ㅕ 등이 있습니다. 이를 다시 ㅑ, ㅕ 등과 ㅘ, ㅝ 등으로 나누어 표기하는 번거로움이 가중되었습니다. 그러나 최종도안에서는 이런 복잡함을 단순화하기 위해 고민한 결과, 단모음과 복모음 모두 순서대로 표기하되, ㅘ, ㅝ 등은 표기하지 않고, 복모음의 조합 여부를 물어보는 칸을 만들었습니다. 그렇게 '과학적 측면'에서는 한 걸음 물러난 것이지만, '효율적 측면'에서 두 걸음 앞서 나갔지요.

세 번째, 요구사항과 외부 상태의 별도 표시 방법입니다. 요구사항과 외부

ㄱ ㄴ ㄷ ㄲ ㄸ	ㄹ ㅁ ㅂ ㅃ	ㅅ ㅇ ㅈ ㅆ ㅎ ㅉ	ㅊ ㅋ ㅌ ㅍ	기타 모음
ㅏ ㅓ ㅗ ㅜ ㅑ ㅕ ㅛ ㅠ ㅐ ㅣ	ㅏ ㅓ ㅗ ㅜ ㅚ ㅣ	ㅏ ㅓ ㅗ ㅜ	ㅏ ㅓ ㅗ ㅜ	

▶ 자모 시각화표 초기 도안

상태의 경우 '춥다, 덥다, 원하다' 등 환자가 현재 원하는 신체적, 외부적 상황 등에 대하여 정리하기로 하였습니다. 이러한 요구사항에 대한 말들은 현재 병원에서 간병인으로 활동하는 분들에게 설문조사를 통해 '실제 상황에서 가장 많이 필요로 하는 것'을 빈도별로 조사하여 재정리한 것입니다. 제작 초기에는 이러한 '요구 사항과 외부 상태' 칸과 픽토그램을 구분하여 표기하였으나, 복잡해진다는 단점이 있어서 후기에는 픽토그램과 함께 조합하여 원하는 부위에 맞는 표현을 빨리 사용할 수 있도록 하였습니다.

아래는 그렇게 1차 제작한 아이디어입니다. 초기 제작본은 글자의 구획 구분과 조합 가능 모음의 구별에 중심을 두었습니다. 조합 가능 모음을 자음의 구획 밑에 표기함으로써 효율성을 높였지요. 그리고 말을 먼저 찾는 것이 아니라, 행과 열에 따라서 블록을 먼저 찾은 다음 그 블록 안에서 말을 찾는 방법으로 시간을 단축할 수 있습니다.

제작 이후 눈에 띄는 문제점이 드러나기 시작했습니다. 우선 언어 제작 부분이 보기에 불편했습니다. 환자와 간병인이 의사소통하려면 무엇보다도 눈에

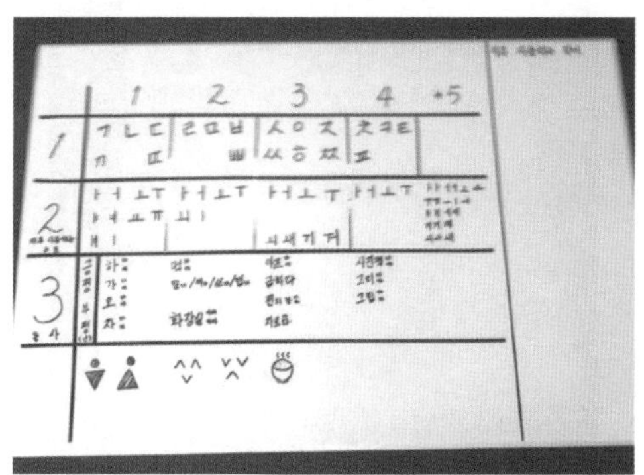

▶ 초기 제작본

잘 들어와야만 했습니다. 이를 해결하기 위하여 다음과 같은 세 가지 목표를 정했습니다.

첫째, 접이식 판으로 만들어 필기 공간을 충분히 한다.

둘째, 모음의 배열을 간단히 하여 구별하기 쉽게 한다.

셋째, 조합식 복모음은 선택에 따라 제작하도록 생략한다.

또한, '요구 사항 및 외부 상태' 칸과 픽토그램을 조합하여 '신체 픽토그램을 이용한 상태 선택'을 적용하기로 하였습니다.

다음은 최종 제작 모습입니다. 말을 하지 않고 오직 상대방이 가리키는 판의 순서대로 말을 만드는 것과 구획에 따라 순서를 정해본 결과, 말을 만들어 내는 속도가 굉장히 빨랐으며, 간단한 요구사항과 몸의 외부 상태에 관해서는 신체 그림을 이용하여 효과적으로 의사소통할 수 있었습니다.

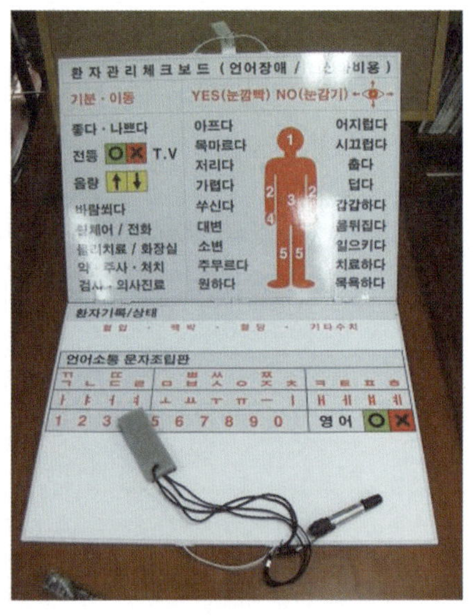

▶ 최종제작 모습

이 아이디어는 신체를 자유롭게 움직이지 못하여 의사를 전달하지 못하는 중태의 환자나 뇌성마비, 루게릭병 등을 앓고 있는 환자들에게 앞으로 큰 도움이 될 것으로 생각합니다. 또한, 장애인들과 말이 익숙하지 않은 유아들의 언어 학습과 의사소통에도 매우 도움이 될 것입니다.

☞ **중요한 점**

- 지훈이는 외할아버지의 의사소통하지 못하는 어려움을 해결해 드리고 싶었습니다.
- 지훈는 연구 과정 중 다른 장애인의 문제점을 확인하고, 해결했습니다.
- 지훈이는 픽토그램으로 말을 대신 전하는 방법을 사용했습니다.

너는 싫지만….

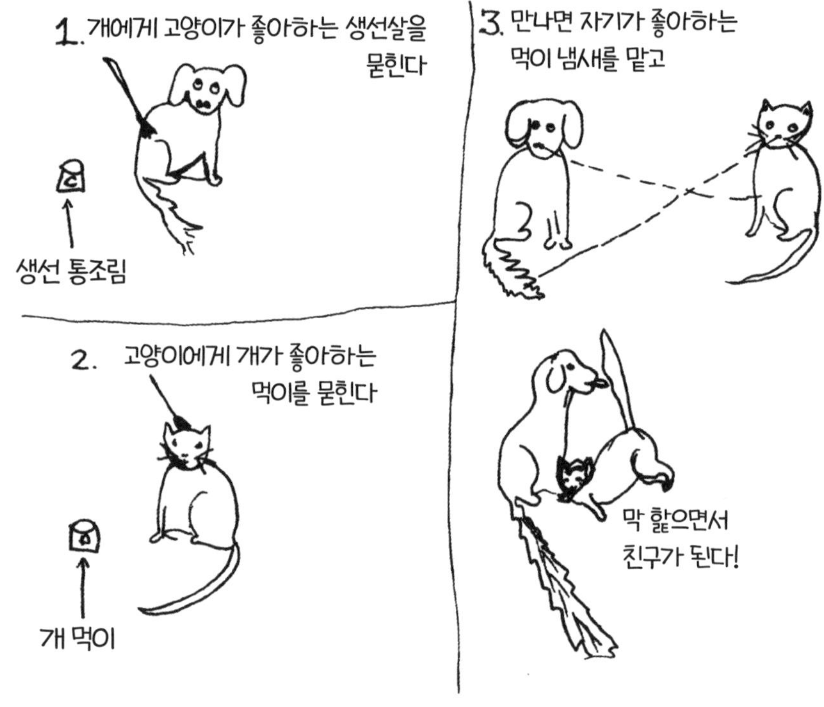

서로에게 익숙하게 만든다고 생각할 수도 있지만, 각자의 이기심을 자극하는 방법으로 보는 것이 좋을 것 같다. 이 아이는 개의 몸에 고양이의 먹이를 묻히고 고양이의 몸에도 마찬가지로 개의 먹이를 묻혔다. 개와 고양이가 서로 만나면 상대방의 몸에서 자기가 좋아하는 먹이의 냄새가 나는 것을 발견하고, 상대방의 몸을 핥으면서 금방 친해질 수 있다. 이 아이디어는 자신의 이익을 위해서라면 국가나 민족 간의 뿌리 깊은 적대감쯤은 가볍게 극복할 수 있는 어른들의 모습을 상기시켜 준다.

Chapter 4

발명하다가 생긴 궁금증을
풀어보자!

01

선생님, 발명 아이디어는 어떻게 떠올리고,
발전시키나요?

아이디어를 생각해 낸 다음에는 그 아이디어를 좀 더 발전시키고자 노력하게 됩니다. 어떻게 아이디어를 발전시킬 수 있을까요? 한번 도전해 봅시다!

만일 쓰레기통에 대한 아이디어로 발명한다고 생각하면, 다음과 같이 따라 해보면 좋을 것 같습니다.

쓰레기통과 관련된 내용의 아이디어를 포스트잇에 하나씩 적어봅시다. 그리고 큰 폼보드나 도화지에 그 포스트잇을 붙여봅시다. 그러던 중에 또 새로운 아이디어가 생각나면 추가로 포스트잇을 붙여보세요.

1. 쓰레기통을 발명할 때 아이디어를 정리하기

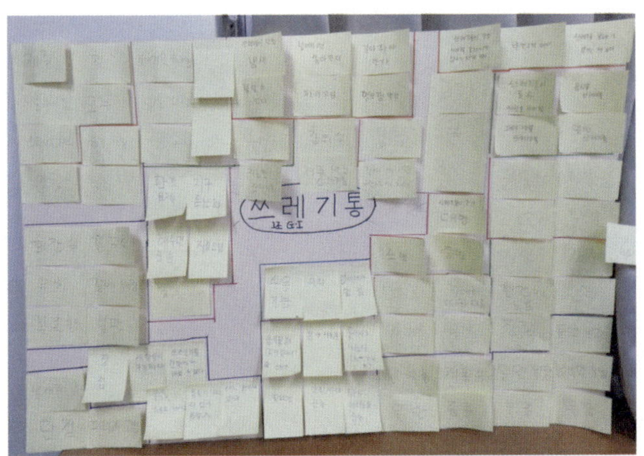

가운데에 '쓰레기통'이라 쓰고 다양한 아이디어를 포스트잇에 적어 정리하여 붙일 수 있다.

2. 아이디어를 나만의 기준으로 정리하기

아이디어를 나만의 기준에 따라 정리해 봅시다.

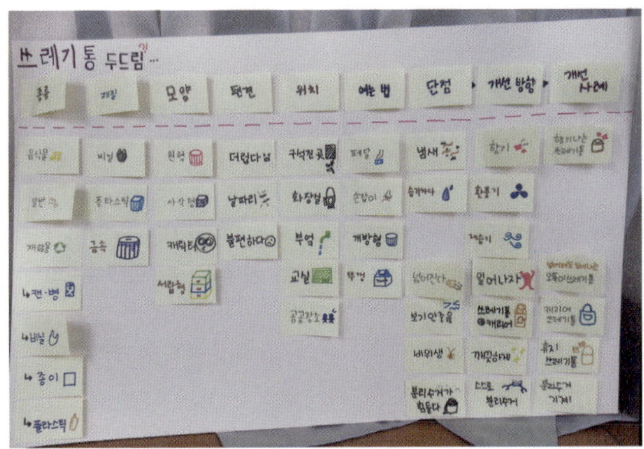

쓰레기통에 대한 아이디어를 종류, 재질, 모양, 편견, 위치, 여는 법, 단점, 개선 방향, 개선 사례에 따라 정리할 수 있다. 이러한 과정에서 나의 아이디어에서 가장 중요한 요소가 무엇인지도 알 수 있다.

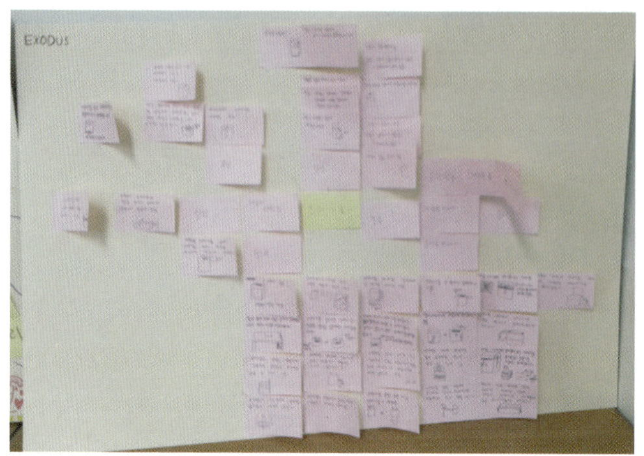

개발하고자 하는 아이디어를 제품 중심으로 스케치하여 정리한 사례이다. 스케치를 하다 보면 아이디어의 구체적 모습까지 고려할 수 있다.

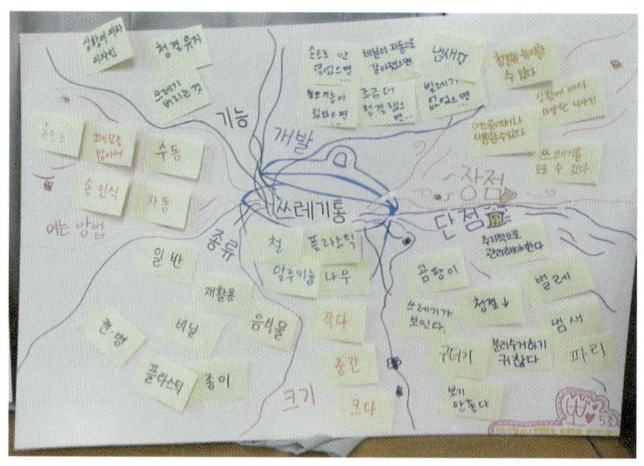

쓰레기통에 대한 아이디어를 기능, 개발, 장점, 단점, 크기, 종류, 여는 방법 등으로 다양하게 정리한 사례이다. 이때 현재까지의 문제점 및 개발할 점까지 생각할 수 있다.

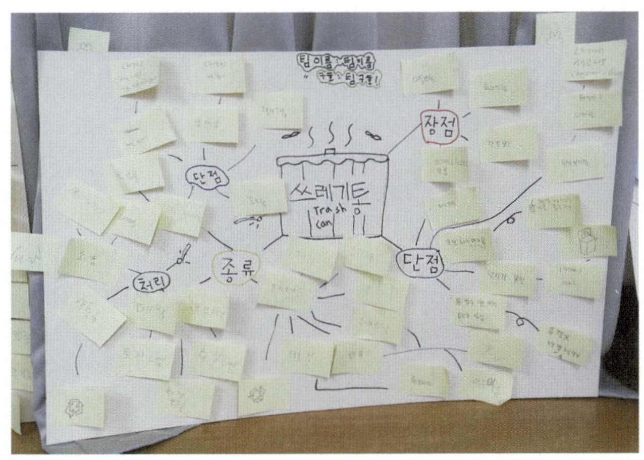

장단점을 중심으로 마인드맵을 작성한다. 단점이라고 생각한 부분을 해결하는 것이 우리에게는 새로운 발명 아이디어로 연결된다.

3. 전문가가 된 것처럼 쓰레기통 문제를 바라보기

각 분야의 전문가가 되었다고 생각하고 다양한 관점에서 쓰레기통 문제를 바라보면 그만큼 여러 관점에서 아이디어를 창출할 수 있습니다.

여러분이 디자이너, 과학자, 공학자, 경제학자 등이 되었다고 생각하고 질문을 만들어 봅시다. 어떤 질문을 할 수 있을까요?

전문가	쓰레기통에 대한 질문 또는 아이디어
디자이너	
과학자	
공학자	
경제학자	

전문가는 지금까지 자신이 걸어온 길에 따라 각자의 관점에서 사물을 바라봅니다. 우리도 아래의 정의를 토대로 전문가가 되어 사물을 바라봅시다.

• 디자이너(Designer)

디자인을 연구, 개발하는 디자인 전문가. 분야에 따라 광고물을 주로 하는 그래픽(graphic) 디자이너, 제품 디자인을 주로 하는 산업(industrial) 디자이너, 패션(fashion) 디자이너 등이 있다.

• 공학자(工學者, Engineer)

전자, 전기, 기계, 항공, 토목, 컴퓨터 분야를 연구하는 사람. 공학은 공업의 이론, 기술, 생산 따위를 체계적으로 연구하는 학문이다.

• 과학자(科學者, Scientist)

이론적 또는 실험적 연구를 통해 과학 지식을 탐구하는 사람. 과학은 보편적인 진리나 법칙의 발견을 목적으로 한 체계적인 지식이다. 좁은 뜻으로는 자연 과학을 의미한다.

• 경제학자(經濟學者, Economist)

경제학을 전문으로 연구하는 학자. 경제는 인간 생활의 유지·발전에 필요한 재화를 획득·이용하는 과정의 일체 활동을 뜻한다.

예를 들어 디자이너라면 쓰레기통의 디자인을 가장 많이 생각할 것입니다. 공학자는 쓰레기통의 기계적 장치, 예를 들면 발로 문을 열 수 있도록 하는 장치 같은 것을 중심으로 생각할 수 있습니다. 과학자는 음식물 쓰레기를 자연적으로 없애는 미생물의 연구 등을 생각할 수 있습니다. 경제학자는 가격을 낮추기 위한 경제성을 생각해 볼 수 있습니다. 이처럼 다양한 관점에서 접근하면 새로운 아이디어를 쉽게 생각할 수 있습니다.

이번에는 쓰레기통에 대한 아이디어를 키우는 연습을 위해서 냉장고에 관련된 아이디어를 생각해 봅시다. 어떤 질문들을 떠올려 볼 수 있을까요?

전문가	냉장고에 대한 질문 또는 아이디어
디자이너	- 냉장고의 모양은 어떻게 변화되었을까? - 보통의 냉장고와 다른 모양과 기능의 냉장고는 없을까?
과학자	- 냉장고의 냉장 원리는 무엇일까? - 냉장고에 음식을 넣어두면 상하지 않는 이유는 무엇일까?
공학자	- 음식물을 오랫동안 냉장고에 보관하는 방법은 무엇일까? - 냉장고 안을 효과적으로 정리하는 방법은 무엇일까?
경제학자	- 냉장고 전기 요금을 줄일 수 있는 방법은 무엇일까? - 김치 냉장고 구매 시 꼭 알아야 하는 사항은 무엇일까?

이렇게 냉장고를 대상으로 아이디어를 생각하는 방법을 연습했다면, 쓰레기통 문제로 돌아가 다시 생각해 봅시다. 많은 아이디어가 떠오르시나요? 아이디어를 전문가 관점에서 좀 더 구체화하는 작업을 해봅시다. 여러 개의 아이디어를 생각할수록 좋습니다.

이번에는 그 아이디어를 PMI 기법으로 평가해 봅시다. PMI 기법은 많이 사용하는 아이디어 생각 방법입니다.

> ▶ P 부분에는 장점이나 긍정적인 면을 적는다.
>
> ▶ M 부분에는 단점이나 부정적인 면을 적는다.
>
> ▶ I 부분에는 재미있는 점이나 개선할 점을 적는다.

PMI 기법

1. 정의

P = Plus 제시된 아이디어의 좋은 점(내가 좋아하는 이유)

M = Minus 제시된 아이디어의 나쁜 점(내가 싫어하는 이유)

I = Interesting 제시된 아이디어와 관련하여 흥미롭게 생각하는 점

2. 방법

① 개인이나 소집단, 가족끼리 아이디어를 정리한 후 메모장에 핵심 단어 위주로 간단히 정리하여 발표해 본다.

② 다른 사람에게 어떤 아이디어에 대해 PMI를 하도록 요구할 수도 있고 우리 스스로 해볼 수도 있다.

3. 예시

주제: 만일 학교에서 시험이 없어진다면 어떤 상황이 될까?

P = 재미있는 학교 생활, 고민 끝, 스트레스 안녕, 여러 가지 다양한 지식을 얻을 수 있다.

M = 학습 의욕을 상실, 산만한 분위기, 기본적 지식 습득의 어려움이 있을 수 있다.

I = 공부가 특기인 학생들의 실망감, 시험 아닌 새로운 시험 출현의 가능성을 생각하게 하는 흥미로운 시험 아이디어

그렇다면 전문가로서, 쓰레기통에 대해 PMI를 적어봅시다.

아이디어			
전문가	P(장점)	M(단점)	I(재미있는 점)
디자이너			
공학자			
과학자			
경제학자			

4. 전문가가 되어 아이디어를 창출한 사례를 패널에 정리해 봅시다.

(1) 마인드맵 작성 방법

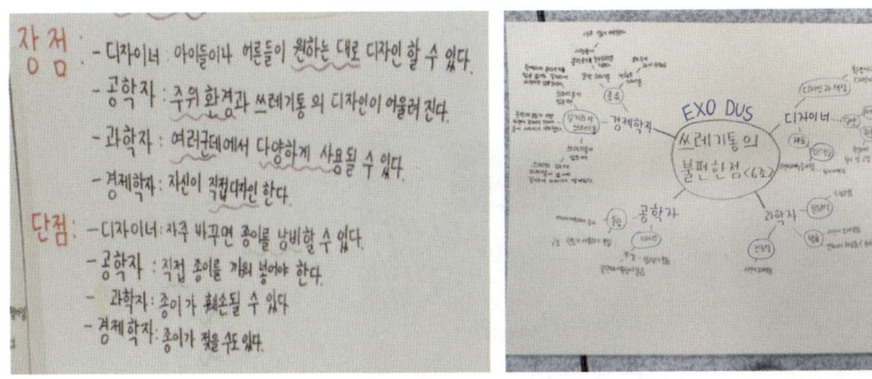

경제학자, 디자이너, 공학자, 과학자의 관점에서 쓰레기통의 장단점을 생각해 보거나(좌)
문제를 해결할 수 있다.(우)

(2) 포스트잇을 이용한 마인드맵 작성 방법

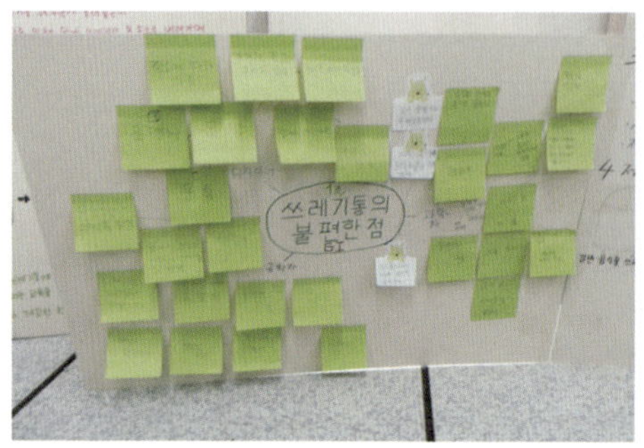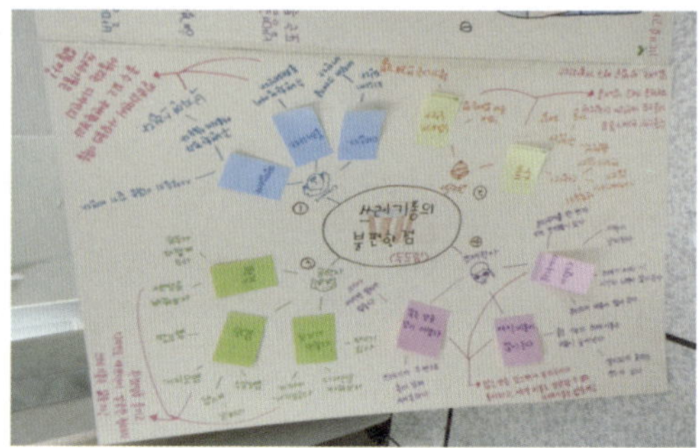

쓰레기통의 불편한 점을 포스트잇에 쓰고 이를 경제학자, 디자이너, 공학자, 과학자의 관점으로 나누어 붙여본 다음 해결책을 생각해 본다.

이렇게 떠올린 쓰레기통에 관한 아이디어 중에서 가장 좋은 아이디어라고 생각하는 것을 최종 선택하여 발전시켜 나가면 됩니다. 이제 어떻게 아이디어를 생각해 내면 되는지 조금 알겠나요? 무엇을 해야 할지 모르겠던 처음보다 훨씬 쉽지요?

▶ 박스와 종이로 만든 쓰레기통 모형

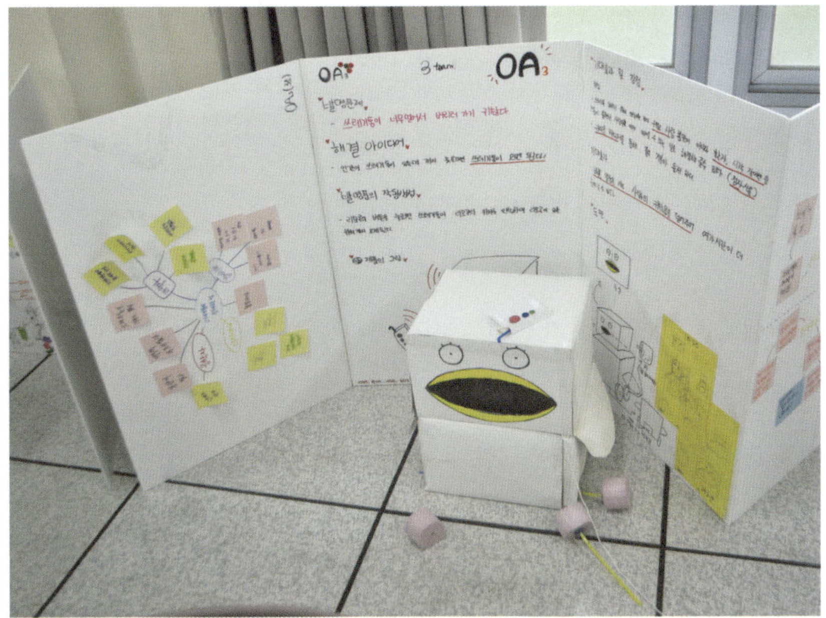

▶ 발명 과정과 함께 전시한 쓰레기통 모형

그다음에 여러분은 생각해 낸 아이디어를 반영한 쓰레기통 모형을 직접 만들어 보는 것이 좋습니다. 모형을 만들어 보면서 작품의 문제를 찾고, 고쳐가면 더욱 좋은 아이디어로 발전시킬 수 있습니다.

발명품 제작 과정(Product design process)

발명품 제작 과정이 정형화되어 있는 것은 아닙니다. 발명품은 제작하면서 언제나 좀 더 좋은 방향을 지향하기 때문에 가변적입니다.

1. 발명 콘셉트 설정: 발명 초기 단계로, 시장 조사를 하고 제품을 더 잘 이해하기 위해 학습을 하는 과정입니다. 여러 가지 자료를 수집하고 현장 조사를 하는 등의 학습을 통하여 발명 전략을 수립합니다.

2. 아이디어 스케치: 앞서 생각한 발명 연구 방향을 토대로 무한한 아이디어를 전개하면서 간단한 그림으로 남기는 과정입니다. 많은 창의력이 필요합니다.

3. 도면 그리기: 여러 아이디어 스케치 중에서 삭제할 것은 삭제하고, 더할 것은 더해서 디자인을 좀 더 구체화하는 과정입니다.

4. 목업(mock up)/프로토타입 만들기: 도면을 아무리 실제처럼 그린다고 해도 실제로 만들어 보는 것과는 많이 다르기 때문에 도면 작업을 거쳐서 실제 사이즈와 모양, 색, 질감과 똑같은 모형을 제작합니다. 이렇게 해서 디자인 목업(더미 목업: 겉모양만 똑같고 작동은 안 되는 것)과 도면이 나오면 공식적으로 목업 작업이 끝나고, 도면은 기구 설계 쪽으로 넘어가게 됩니다.

5. 제품 제작: 실제 제품을 만드는 과정입니다.

선생님, 특허 검색을 하고 싶어요!

특허 검색은 '선행기술조사'라고도 합니다. 이때 선행기술이란 무엇일까요? 선행기술이라는 것은 '특정 일자 전에 어떤 발명에 대해서 어느 형태로든 일반에게 공개된 모든 정보'를 말합니다.

즉, 특허 검색은 이미 출원된 발명의 신규성이나 진보성 등 특허 요건을 심사하기 위하여 관련된 선행기술을 검색하는 것을 이야기합니다. 이러한 검색을 위하여 특허청에서는 '특허정보넷 키프리스'를 운영하고 있습니다.

특허정보넷 키프리스는 특허청이 보유한 국내외 지식재산권 관련 정보를 누구나 무료로 검색 및 열람할 수 있는 지식재산권 정보 검색서비스입니다. 인터넷 주소창에 키프리스, 특허정보넷, 특허 검색, 특허 정보 등을 입력하여 특허정보넷 키프리스 홈페이지(http://www.kipris.or.kr)에 들어갈 수 있습니다.

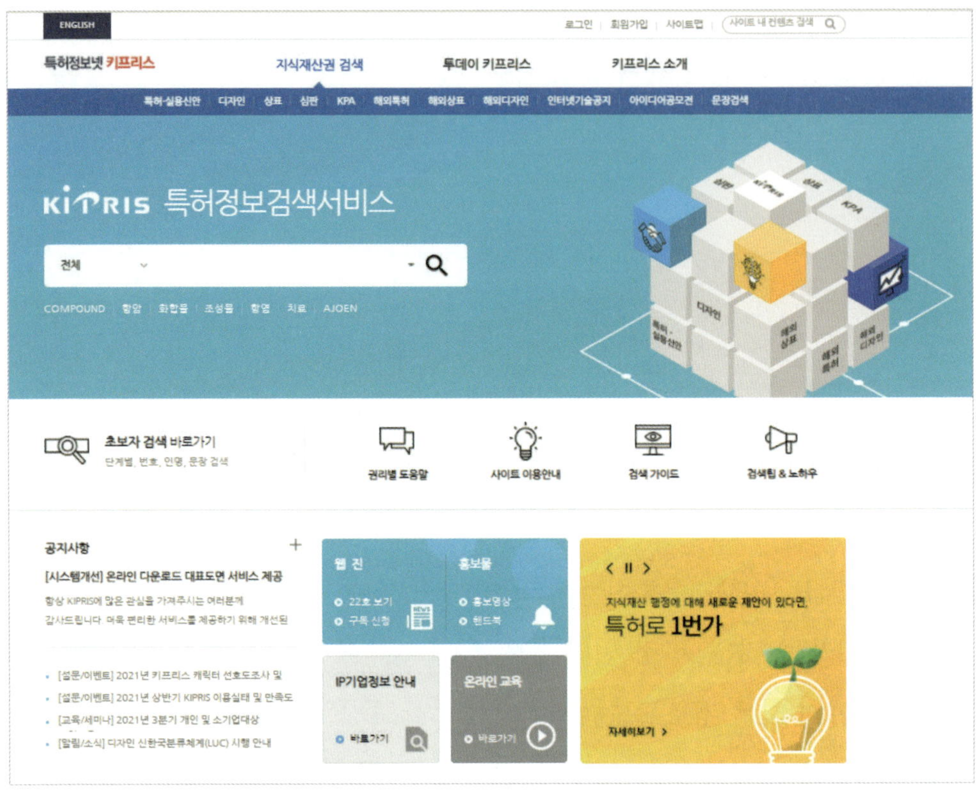

▶ **특허정보넷 키프리스 웹 사이트 첫 화면**

    홈페이지에는 초보자 검색 바로가기, 초보자 검색 가이드(키프리스 소개-가이드)가 있습니다. 꼼꼼히 읽어보고, 한번 도전해 보세요!

▶ 웹 사이트 이용 초보자를 위한 키프리스의 검색 가이드

키프리스 통합 검색에서 관련 정보를 검색하는 방법은 다음과 같습니다.

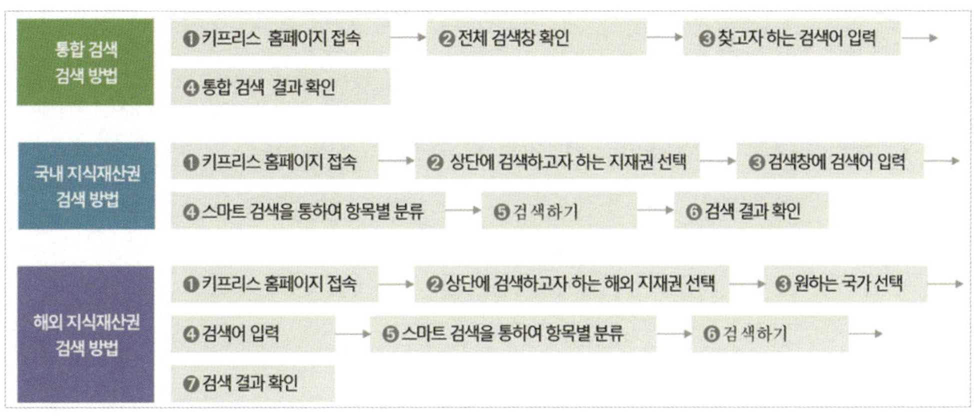

▶ 키프리스 통합 검색 방법

키프리스에는 '일반 검색'과 '스마트 검색'이 있습니다. 일반 검색은 처음 보이는 검색창에서 키워드, 번호, 이름 등을 입력하여 특허를 검색해 보는 것입니다. 스마트 검색은 일반 검색창 아래에 있는 박스에 발명의 명칭, 특허 번호, 특허를 출원한 사람(출원인) 등으로 검색할 수 있습니다.

검색할 때는 우선 발명 키워드를 생각해야 합니다. 발명의 구성 요소, 목적, 효과, 재료, 용도 등 기술의 내용으로부터 핵심 키워드를 선정해야 합니다. 핵심 키워드로는 해당 특허 문헌에 꼭 들어가야 하는 단어나 어구를 선정합니다.

예를 들면 '쓰레기통'을 알고 싶으면 '쓰레기통'을 작성하면 됩니다. 만일 '쓰레기통'과 '뚜껑' 관련 발명품을 찾고 싶으면, '쓰레기통*뚜껑' 또는 '쓰레기통+뚜껑'으로 작성하면 됩니다. '쓰레기통*뚜껑'은 '쓰레기통'과 '뚜껑' 모두를 포함하는 문서를 찾아줍니다. '쓰레기통+뚜껑'은 '쓰레기통'과 '뚜껑' 중 하나라도 포함하는 문서를 찾아줍니다.

키프리스에서 다양한 발명품을 검색해 보면서 여러분들의 검색 실력을 키우세요. 이러한 검색 과정을 통해 여러분의 발명 역량을 더 키울 수 있습니다. 발명 아이디어와 관련된 내용을 키프리스에서 찾아보다 보면, 나의 아이디어를 더 좋은 방향으로 변화시킬 방법을 찾을 수도 있답니다.

선생님, 발명을 하면서 처음으로 모형을 제작해 보려고 해요.
어떻게 하면 될까요?

모형 제작을 위해서는 생각할 것이 많습니다. 제일 먼저 각종 재료와 친숙해져야 합니다. 그리고 여러 제작 방법도 배워야 합니다. 다양한 재료로 여러분이 직접 만들어 보면서 작품 제작 역량을 키우면 좋습니다.

만약 처음으로 발명품 모형 제작을 한다면, 하나의 재료를 이용하여 작품을 만들어 보는 것이 좋습니다. 의자를 만든다고 생각해 봅시다.

우리가 자주 가는 레스토랑에 놓여 있는 의자처럼 일반적으로 그냥 앉는 것이 목적인 의자를 만드는 경우에는 충족시켜야 할 기본 사항이 비교적 간단합니다. 식사를 하는 사람이 테이블 앞에 앉을 수 있도록 도와줄 수 있으면 되는 것입니다. 그러나 이렇게 간단해 보이는 사항을 지키는 일도 간단하지 않은 다양한 문제를 가지고 있습니다.

탁자 아래 들어가서 돌아다녀도 머리가 닿지 않는 어린아이의 의자, 또는 문을 통과해 갈 때 고개를 숙여야 할 만큼 키가 큰 농구 선수가 앉을 의자,

식사하는 사람이 손과 팔을 필요에 따라 자유롭게 움직일 수 있고, 테이블 가까이 의자를 잡아당겨 앉기에도 좋은 높이의 의자같이 다양한 조건을 만족하는 의자는 어떻게 만들어야 할까요? 많은 생각을 하게 되지요?

즉, 기능성, 인체공학적 측면, 심미성, 제조의 용이성, 합리성, 내구성, 지속성, 소비자의 만족도, 합리적인 가격 등 우리는 의자를 만들거나 선택할 때 정말 많은 고민을 한답니다.

찰스 마운트라는 디자이너는 패스트푸드 식당 의자는 두 가지 조건을 충족시켜야 한다고 믿었습니다. "첫째, 강도 검사에서 합격점을 받아야 한다. 2층에서 내던졌는데도 부서지지 않는 의자라면 2년은 갈 것이다. 둘째, 손님들이 너무 오래 앉아 있지 않을 만큼 적당히 불편해야 한다"라는 것입니다.

이처럼 의자 하나에도 다양한 요구가 적용됩니다. 발명할 때에도 우리가 어떤 목적으로 발명할 것인가가 매우 중요한 이유입니다.

여러분이 의자를 발명한다면 첫 모델을 어떻게 만들어 보겠습니까? 저는 학생들과 첫 모델을 제작해 볼 때 주로 종이를 사용합니다. 우리가 쉽게 구할 수 있는 재료이기 때문입니다.

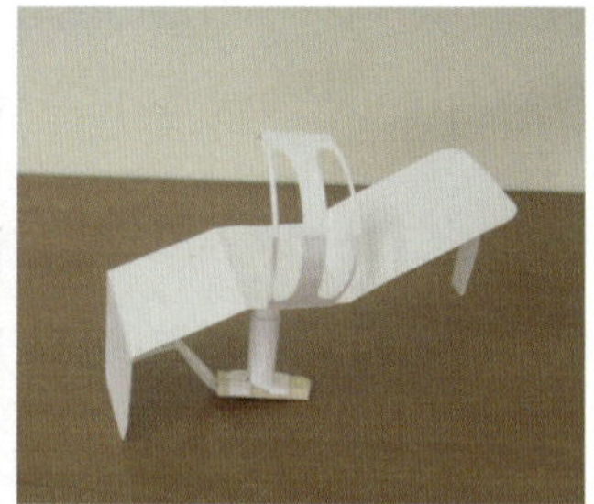

 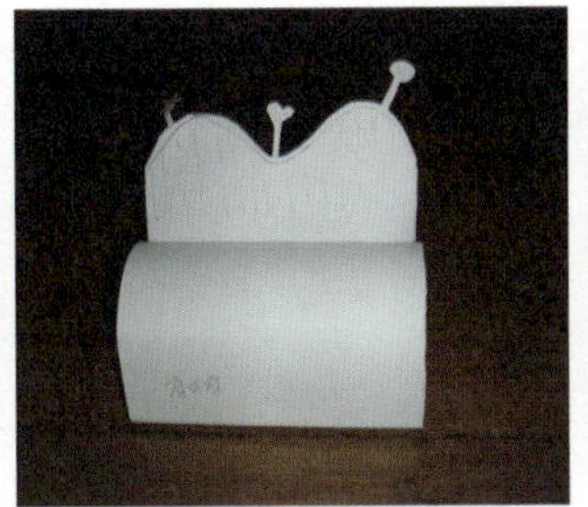 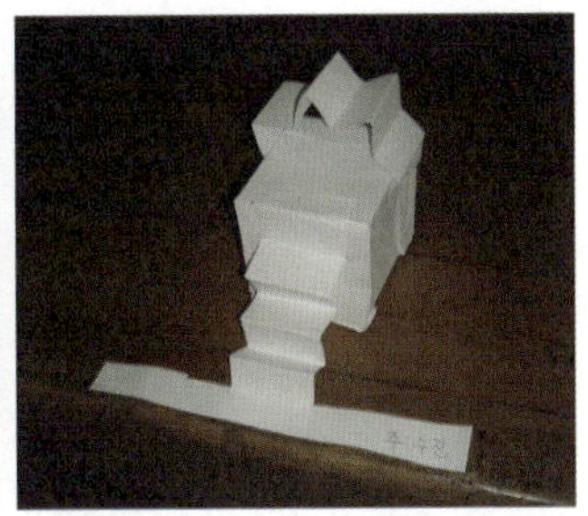

▶ 종이로 만들어 본 다양한 의자 아이디어

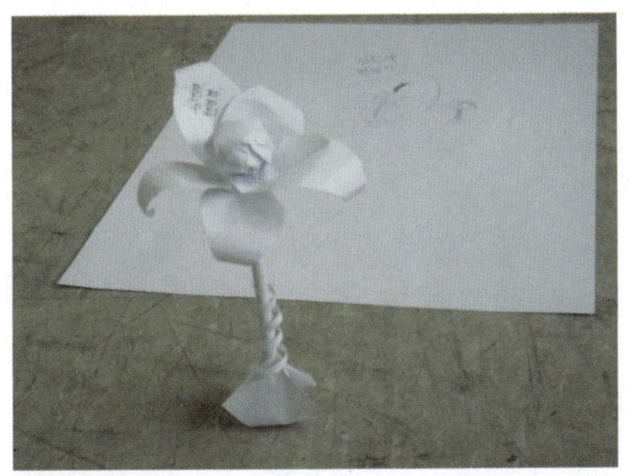

종이는 발명 아이디어를 실물 모델로 만들어 보는 데 유용한 재료이다.

어떤가요? 모두 같은 종이로 만든 의자지만 형태와 구조가 다양합니다.

이러한 과정을 통해 우리는 생각만 했던 발명품의 모양과 기능을 확인하고 문제점을 유추해 볼 수 있습니다. 자, 이제 여러분도 종이로 의자를 만들어 봅시다!

발명품을 만들어 볼 때 재료를 다양하게 사용하여 변화를 주는 연습 과정도 있습니다. 다음 예시에서, 예술가들이 동일한 의자에 다양한 아이디어를 적용하여 완전히 다른 작품을 만든 것을 볼 수 있습니다. 우리도 이렇게 다양한 제작 활동을 통해 역량을 키울 수 있습니다.

다음은 휴게 공간에서 볼 수 있는 플라스틱 의자를 다양한 아이디어로 바꾼 것입니다.

▶ 예술가들이 다양한 재료를 사용하여 변화를 준 플라스틱 의자

이처럼 같은 모형이라도 재료에 따라 매우 다양하게 표현할 수 있습니다.

예전에 많은 사람들이 신던 고무신이 있습니다. 다음은 앞의 의자 사례와 같이 고무신으로 다양하게 표현한 작품입니다.

▶ 개성 있는 다양한 모습으로 재탄생한 고무신

 이러한 작업을 하면서 우리는 재료의 특성과 사용 방법에 대하여 다양한 아이디어를 생각해 볼 수 있습니다.

 또한, 과학상자 사용법, 3D 프린터 사용법 등을 알게 된다면 좀 더 다양한 모양과 구조의 발명 시제품을 만들 수 있습니다.

선생님, 모형을 종이로 제작해 제출해서
수상해 보신 적도 있나요?

네, 있습니다. 대한민국학생발명전시회였습니다. 성훈이의 아이디어는 '젖혀 앉는 의자'였습니다. 사람들이 바른 자세를 유지하고 허리와 골반에 몰리는 하중을 등 전체가 나눠 받을 수 있도록 한 아이디어입니다.

▶ 종이로 만든 '젖혀 앉는 의자' 모형

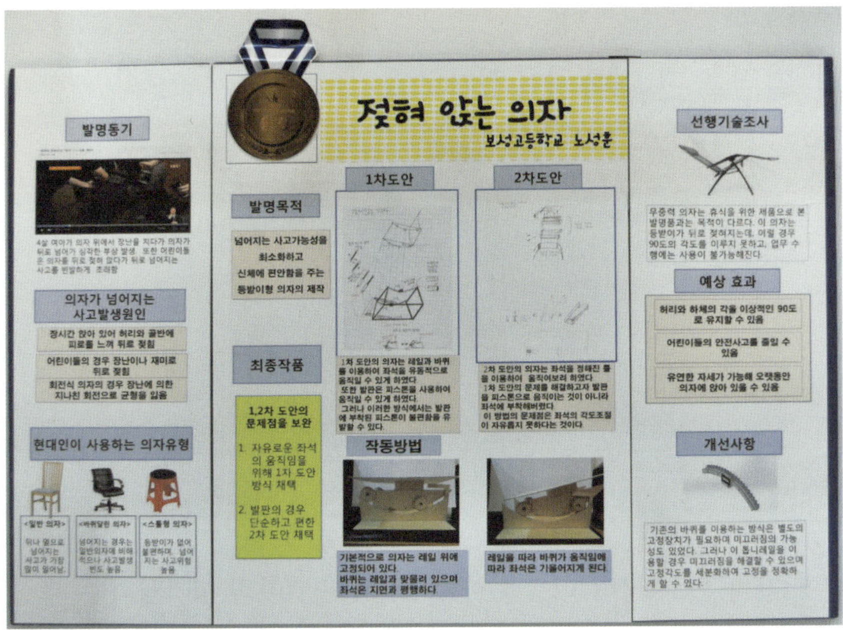

▶ 발명대회에 전시한 '젖혀 앉는 의자'

이 아이디어의 최종 작품은 두꺼운 종이를 이용하여 제작하였습니다. 이유는 나무를 사용하면 곡선 등을 만들기 어려웠기 때문입니다. 그래서 최종적으로 두꺼운 종이를 자르고, 붙이고, 연결해서 모형을 만들었습니다.

어떤가요? 여러분도 도전할 수 있을 것 같지요? 거창한 재료가 필요한 것이 아니랍니다. 이렇게 여러분의 아이디어를 직접 눈으로 볼 수 있도록 모형을 만들어 보세요! 더욱 다양한 제작 아이디어를 생각해 볼 수도 있답니다.

선생님, 발명을 한 대통령이 있다고요?

우리가 잘 아는 미국의 대통령 에이브러햄 링컨이 발명가였다는 사실을 아시나요?

1849년 3월 10일에 미국의 열여섯 번째 대통령 에이브러햄 링컨은 미국 특허청에 '여울 위로 선박을 부력시키는 장치'에 대한 특허 출원을 했습니다. 이 특허는 두 달 후 승인되어 에이브러햄 링컨은 특허를 보유한 미국 대통령이 되었습니다.

링컨은 미시시피강에서 뱃사공으로 일한 적이 있는데, 짧은 기간 동안 배가 두 번이나 좌초하는 경험을 했습니다. 그는 이 경험을 바탕으로 '조절 가능한 부력 공기 챔버'라는 아이디어를 생각하게 되지요. 이 발명품은 보트의 측면에 부착하여 부풀릴 수 있도록 만든 것입니다. 보트가 장애물에 걸려 있을 때 보트를 들어올려 지나갈 수 있게 말이에요.

이처럼 조절 가능한 부력 공기 챔버를 증기선 또는 기타 선박과 결합하는 새롭고 개선된 방식으로 화물을 내리지 않고도 일정 장애물을 넘거나 얕은

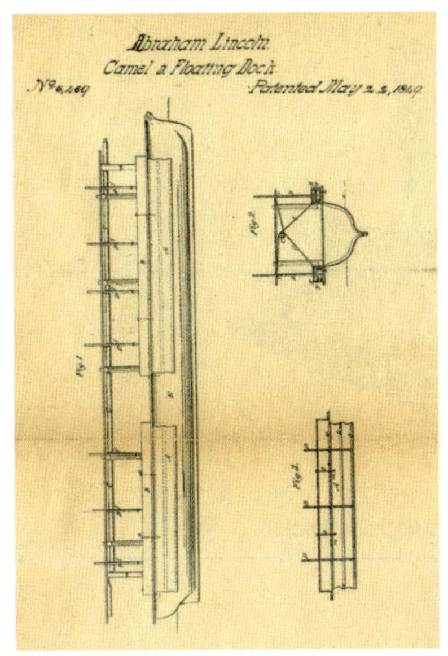

▶ **에이브러햄 링컨의 특허 도면**(1849.5.22.), **3쪽** (출처: Gilder Lehrman Collection)

물을 쉽게 통과할 수 있게 되었습니다.

또한, 미국의 세 번째 대통령이었던 토머스 제퍼슨도 뛰어난 발명가였습니다. 그는 철제가 포함된 개선된 쟁기를 개발했습니다. 철제 쟁기는 흙을 더 깊숙이 파고 일반적인 나무 쟁기보다 내구성이 뛰어났기 때문에 미국 농업 발전에 큰 도움이 되었습니다.

토머스 제퍼슨의 가장 유명한 발명품 중 하나는 '거짓말 탐지기'입니다. 이름 때문에 거짓말을 알아내는 탐지기로 생각할 수 있지만, 토마스 제퍼슨의 거짓말 탐지기는 문자 복사 장치였습니다.

이 장치는 펜 두대가 연결되어 있어서, 펜 하나가 움직일 때 나머지 펜이 똑같이 따라 움직이도록 제작되었습니다. 누군가가 하나의 펜으로 서명하면 두 번째 펜이 동일한 서명을 따라 그리는 것입니다. 이 장치로 편지를 쓰면 사본

▶ 토마스 제퍼슨이 발명한 거짓말 탐지기 장치(출처: 위키미디어)

을 남길 수 있었는데, 복사기가 없었던 당시에는 굉장히 새로운 것이었습니다.

우리나라 노무현 전 대통령도 직접 발명을 했습니다. 항상 사물을 관찰하면서 편리한 장치를 만들려고 노력하였는데요. 노무현 전 대통령이 발명한 유명한 발명품은 '개량 독서대'와 '이지원 시스템'입니다.

개량 독서대는 1974년 10월 12일 실용신안권과 디자인권이 등록되었습니다. 사법고시 준비를 할 때 겪은 공부 환경의 어려움을 발명으로 연결한 아이디어입니다. 좌식으로 공부할 때 허리를 굽히지 않고도 바른 자세로 독서할 수 있도록 책이나 노트 등을 받쳐주는 받침대의 높이와 각도를 조절할 수 있게 고안한 아이디어였습니다.

이 개량 독서대를 이용하면 책을 여러 각도로 놓을 수 있어서, 책을 보는 사람이 어떤 자세로 있어도 항상 편하게 책을 볼 수 있습니다. 의자 등받이에 깊숙이 기대서도 볼 수 있고, 심지어는 비스듬히 누운 것 같은 편안한 자세로

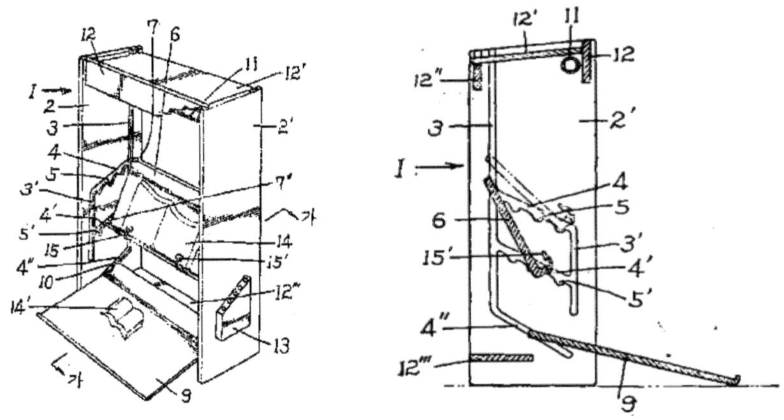

▶ 노무현 대통령의 개량 독서대(출처: 특허청 키프리스)

도 볼 수 있습니다. 당시 시험을 준비하면서 보는 책이 두꺼웠기 때문에 수험
서와 법전을 동시에 올려놓고 볼 수도 있도록 한 발명이었습니다.

06

선생님, 우리가 사용하는 가정용품은
어떻게 발명되었나요?

식기 세척기를 발명한 사람은 누구일까요? 미국의 조세핀 코크런은 집 뒤 창고에서 최초의 상업적 자동 식기세척기를 발명했습니다.

조세핀은 이 기계를 만들기 위해 먼저 접시와 컵의 규격을 측정하고 그에 맞춰 특별히 설계한 구획을 철사로 만들었습니다. 그리고 이 구획을 평평하게 놓인 바퀴 내부에 배치했습니다. 바닥에서는 뜨거운 비눗물이 분출해 접시에 물을 뿌릴 수 있도록 만들었어요. 이 식기세척기는 기계 내부의 접시를 청소할 때 수세미 대신 수압을 사용한 최초의 제품이었습니다.

그러나 최초의 식기세척기는 많이 사용되지 못했습니다. 그릇을 깨끗하게 헹구려면 온수가 필요했는데 당시에는 온수가 많이 나오지 않았기 때문입니다. 수없는 시행착오를 거쳐 지금 우리가 사용하는 식기세척기까지 발전하게 된 것입니다.

여러분은 김치를 좋아하나요? 김치를 오랫동안 맛있게 먹을 수 있도록 보

▶ 금성 김치냉장고 신문기사 (출처: 특허청 보도자료)

관하는 김치냉장고는 이제 우리나라 주방의 필수품입니다. 김치 종주국답게 김치냉장고도 대한민국이 최초로 개발했습니다. 최초의 김치냉장고는 금성사 (현재의 LG전자)에서 내놓은 '금성 김치냉장고'였습니다.

처음에 김치냉장고는 성공하지 못했습니다. 왜냐하면 당시에는 김치를 항아리에 넣어서 땅에 묻어 보관하는 것이 일반적이었기 때문입니다. 당시 주부들은 김치냉장고가 필요 없다고 생각했습니다.

김치냉장고가 팔리기 시작한 것은 1990년대 아파트에 사는 사람들이 많아지기 시작하면서입니다.

1994년 만도위니아에서 김치의 옛말인 '딤채'라는 이름으로 김치냉장고를 출시했습니다. 딤채는 조선 중종 때 사용하던 김치의 옛말입니다. 우리 고유의 음식인 김치의 옛 맛을 지키고 이어가고 싶었던 작은 소망을 담아 김치의 옛

말을 붙인 딤채가 탄생했던 것입니다. 이 딤채는 출시 후 히트 상품이 되었고 지금의 김치냉장고 전성시대를 이끌었습니다.

김치냉장고는 김치의 신선한 맛을 보존하기 위해 가장 적합한 온도에서 오래 저장할 수 있도록 김치에 특화된 온도 조절 장치와 형태를 갖추고 있습니다. 이를 위해서 외부 공기와의 접촉면을 최소화하는 항아리형 구조가 도입되었습니다. 이 외에도 서랍처럼 앞으로 빼는 형태의 김치냉장고도 있습니다.

더운 여름을 시원하게 보낼 수 있도록 만든 에어컨의 발명가는 누구일까요? 바로 윌리스 하빌랜드 캐리어입니다. 그는 에어컨뿐만 아니라 1902년 최초의 전자식 공기조화기를 발명하였습니다. 1915년에는 히터, 통풍기, 에어컨 전문 생산 유통기업인 캐리어 기업을 설립하였습니다.

에어컨의 탄생은 출판사의 의뢰에서 시작됩니다. 당시 출판사에는 여름이 되면 고온과 습기 때문에 인쇄용지가 변질하여 책을 제대로 만들 수 없다는 문제가 있었습니다.

윌리스는 뜨거운 증기를 파이프로 보내 난방을 하는 기존 난방시스템을 변경하여 찬물(냉매)을 파이프로 보내 건물의 온도를 낮추는 냉방시스템을 고안했습니다.

그런데 이때 '더운 여름에 어떻게 찬물을 공급하느냐'는 발명 문제가 있었습니다. 캐리어는 안개 낀 기차역에서 그 해답을 찾아냈습니다. 물이 안개로 변하면서 열을 흡수해 온도가 낮아진다는 사실을 파악하고 이를 자신이 만든 시스템에 적용한 것입니다. 이렇게 에어컨이 탄생했고, 마침내 인쇄소는 여름에도 문제없이 책을 인쇄할 수 있게 되었습니다.

이렇게 발명된 에어컨은 온도와 습도를 제어하고, 공기를 정화하고 순환시킨다는 현대 에어컨의 네 가지 구성 요소를 모두 갖추고 있었고, 에어컨의 원리와 공기 조절 설비는 특허를 받을 수 있게 됩니다.

여러분이 일상적으로 사용하는 많은 물품은 발명가들의 피와 땀이 어린 발명 문제 해결, 기술적 진보, 그리고 시대적 요구에 따라 태어난 것입니다. 또한, 발명품의 성공과 실패는 이렇듯 다양한 요인에 의해 이루어집니다. 시대와 장소뿐만 아니라 다양한 요인이 발명품에게 생명을 불어넣는 요소가 되기도 합니다. 그래서 새로운 발명품이 사랑을 받기 위해서는 정말 많은 사람의 노력과 행운이 꼭 필요합니다.

07

선생님, 세계의 친구들에게 자랑할 수 있는
우리나라 발명품을 소개해 주세요!

특허청에서 발명의 날을 맞아 '우리나라를 빛낸 발명품 10선'을 발표했습니다. 온라인 투표를 통해서 선정된 열 개의 발명품을 소개할게요.

우리나라를 빛낸 최고의 발명품으로는 훈민정음이 선정되었습니다. 2위는 거북선, 3위는 금속활자, 4위는 온돌, 5위는 커피믹스가 차지했어요. 뒤를 이어 6위는 이태리 타월, 7위는 김치냉장고, 8위는 천지인 한글 자판, 9위는 첨성대, 10위는 거중기가 뽑혔습니다.

1위인 훈민정음은 여러분도 알다시피 세종대왕이 창제한 한글로, 반포되었을 당시의 공식 명칭입니다. 세계 문자 가운데 유일하게 만든 사람과 반포일, 글자를 만든 원리까지 아는 문자입니다.

2위 거북선은 임진왜란 때 사용된 전함으로 이순신 장군에 의해 건조된 것으로 알려져 있습니다. 임진왜란에서 조선 수군의 승리를 이끌어 낸 가장 중요한 전함이었습니다.

3위 금속활자는 세계에서 가장 오래된 금속활자로, 고려 우왕 시절에 청주 흥덕사에서 인쇄한 『백운화상초록불조직지심체요절(일명 직지)』입니다. 지금은 프랑스 국립 박물관에 보존되어 있습니다.

4위 온돌은 우리 고유의 난방 장치로 아궁이에서 불을 때면 불기운이 방 밑을 지나 방바닥 전체의 온도를 높여주고, 연기는 굴뚝으로 빠집니다.

5위 커피믹스는 커피와 크리머, 설탕이 배합되어 1976년 동서식품에 의해 세계 최초로 만들어졌습니다. 불과 50여 년 전만 해도 상류층 위주로 판매되던 커피가 대중화된 것이 커피믹스의 발명 덕분이라고 할 정도로 큰 인기를 끌었습니다.

6위는 이태리 타월로 1967년 국내 한일직물이라는 회사에서 처음으로 개발했는데, 비스코스 섬유의 거친 질감이 때를 벗겨내는 데에 최적이었습니다. 제조법이 간단하고 원가 또한 저렴했기 때문에 널리 보급될 수 있었습니다.

7위는 김치냉장고입니다. 금성사가 1984년 3월 세계 최초로 내놓은 김치냉장고(모델명 GR-063)는 플라스틱 김치통 네 개(총 18kg)가 들어가는 45리터 용량에 혁신적인 고급 기능성 냉장고였으며, 보조 냉장고의 역할도 할 수 있도록 만들었습니다.

8위는 천지인 한글 자판입니다. 1998년 삼성전자 휴대폰 애니콜(SPH-2580)에 최초로 적용되어, 모든 모음을 천(·), 지(ㅡ), 인(ㅣ) 세 개의 버튼만으로 입력할 수 있게 구성해 SNS 사용을 편하게 했다는 평가를 받고 있습니다.

9위는 첨성대입니다. 『삼국유사』에 따르면 신라 선덕여왕 때 건립된 천문대입니다.

10위는 거중기입니다. 도르래의 원리를 이용해 작은 힘으로 무거운 물건을 들어올리는 장치로, 다산 정약용이 1792년 수원의 화성을 쌓기 위해 발명했습니다.

대한민국 선조들은 이렇게 훌륭한 발명품들을 새로 생각하여 만들어 냈답니다. 여러분도 우리나라의 훌륭한 발명품을 외국의 친구들에게 자랑스럽게 이야기해 주세요! 그리고 다음에 뽑힐 우리나라를 빛낸 발명품에는 여러분의 발명품이 선정되기를 바랍니다.

부비부비

개랑 고양이를 들고
코를 부비부비하면 친하게 지낸다.

아주 직접적인 방법으로, 이 아이는 개와 고양이를 양손에 들고 서로의 코를 맞대고 비비면서 사이좋게 지내라고 시킨다. 사실 사랑은 설득하고 연습하는 것이 아닐까?

참고문헌

1. 참고 도서

- 정호근, 『STEM 창의적으로 발명 문제 해결하기』, 특허청 발명교육센터, 2008.
- 정호근, 『지식재산일반 교과서』, 성림출판사, 2024.
- Abraham Lincoln's patent, May 22, 1849(Gilder Lehrman Collection)

2. 참고 자료

○ 대한민국학생발명전시회 보성고등학교 자료
- 2002 대한민국학생발명전시회 장려상 고재호
- 2003 대한민국학생발명전시회 금상(교육인적자원부장관상) 박재형
- 2003 대한민국학생발명전시회 은상(산업자원부장관상) 홍건영
- 2004 대한민국학생발명전시회 동상(특허청장상) 권민재
- 2005 대한민국학생발명전시회 장려상(한국발명진흥회장상) 임환균
- 2006 대한민국학생발명전시회 동상(특허청장상) 정재원
- 2006 대한민국학생발명전시회 장려상(전국경제인연합회장상) 이영석
- 2006 대한민국학생발명전시회 입선(발명진흥회장상) 이영석
- 2011 대한민국학생발명전시회 특별상(WIPO사무총장상) 송재현
- 2013 대한민국학생발명전시회 은상(산업통상자원부장관상) 양현민
- 2013 대한민국학생발명전시회 동상(한국발명진흥회장상) 김찬수
- 2015 대한민국학생발명전시회 금상(미래창조과학부장관상) 이영현
- 2016 대한민국학생발명전시회 동상(한국발명진흥회장상) 노성훈
- 2016 대한민국학생발명전시회 동상(한국발명진흥회장상) 이한별
- 2016 대한민국학생발명전시회 동상(한국발명진흥회장상) 김우석
- 2018 대한민국학생발명전시회 입선(대한상공회의소회장상) 양성민
- 2019 대한민국학생발명전시회 우수상(특허청장상) 오원빈
- 2019 대한민국학생발명전시회 장려상(한국발명진흥회장상) 이정찬
- 2021 대한민국학생발명전시회 장려상(한국특허정보원장상) 원종윤

○ 과학발명품경진대회 보성고등학교 자료

• 2005 전국학생과학발명품경진대회 금상 권민재

• 2005 전국학생과학발명품경진대회 동상 배상윤

• 2007 서울시학생과학발명품경진대회 장려상 김지훈

• 2008 전국학생과학발명품경진대회 동상 김성림

• 2009 전국학생과학발명품경진대회 은상 최민성

• 2011 전국학생과학발명품경진대회 은상 김형식

• 2018 전국학생과학발명품경진대회 장려상 안민석

3. 참고 사이트

• 발명진흥회 원격연수 사이트 아이피티처 https://b2b.ipacademy.net

• 한국과학창의재단 STEAM 융합교육 https://steam.kosac.re.kr

• 메이크올 https://www.makeall.com

• 발명교육포털사이트 https://www.ip-edu.net

• 국립중앙과학관 https://www.science.go.kr

• *국립중앙과학관 ▷ 특별전 · 행사 ▷ 전국학생과학발명품경진대회

• 키프리스 특허정보 검색서비스 https://www.kipris.or.kr

• 특허청 https://www.kipo.go.kr

친구야, 나와 함께 발명대회 도전하자

2024년 10월 15일 1판 1쇄 펴냄

지은이 | 정호근
펴낸이 | 김철종

펴낸곳 | (주)한언
출판등록 | 1983년 9월 30일 제1-128호
주소 | 서울시 종로구 삼일대로 453(경운동) 2층
전화번호 | 02)701-6911   팩스번호 | 02)701-4449
전자우편 | haneon@haneon.com
ISBN 978-89-5596-968-9 （43500）

이 책은 저작권법에 따라 보호를 받는 저작물이므로 무단 전재와
무단 복제를 금지하며, 이 책의 전부 또는 일부를 이용하려면 반드시
저작권자와 (주)한언의 서면 동의를 받아야 합니다.

만든 사람들
기획 · 총괄 | 손성문
편집 | 배혜진
디자인 | 이화선

한언의 사명선언문
Since 3rd day of January, 1998

Our Mission   – 우리는 새로운 지식을 창출, 전파하여 전 인류가 이를 공유케 함으로써 인류 문화의 발전과 행복에 이바지한다.

– 우리는 끊임없이 학습하는 조직으로서 자신과 조직의 발전을 위해 쉼 없이 노력하며, 궁극적으로는 세계적 콘텐츠 그룹을 지향한다.

– 우리는 정신적·물질적으로 최고 수준의 복지를 실현하기 위해 노력하며, 명실공히 초일류 사원들의 집합체로서 부끄럼 없이 행동한다.

Our Vision   한언은 콘텐츠 기업의 선도적 성공 모델이 된다.

저희 한언인들은 위와 같은 사명을 항상 가슴속에 간직하고
좋은 책을 만들기 위해 최선을 다하고 있습니다.
독자 여러분의 아낌없는 충고와 격려를 부탁드립니다.

· 한언 가족 ·

HanEon's Mission statement

Our Mission   – We create and broadcast new knowledge for the advancement and happiness of the whole human race.

– We do our best to improve ourselves and the organization, with the ultimate goal of striving to be the best content group in the world.

– We try to realize the highest quality of welfare system in both mental and physical ways and we behave in a manner that reflects our mission as proud members of HanEon Community.

Our Vision   HanEon will be the leading Success Model of the content group.